全国水利行业"十三五"规划教材(职业技术教育)

中国水利教育协会策划组织

水轮机调速器及机组辅助设备

(修订本)

主　编　雷　恒　　万晓丹　　陶永霞

副主编　张云根　　周志琦　　李国晓

　　　　曹明伟　　职保平　　崔勇乐

　　　　曹永娣

主　审　陈炳森　　王　俊

U0268660

黄河水利出版社

·郑　州·

内 容 提 要

本书是全国水利行业"十三五"规划教材,是根据中国水利教育协会职业技术教育分会高等职业教育教学研究会制定的水轮机调速器及机组辅助设备课程标准编写完成的。本书依据我国现行的《中小型水轮机调节系统技术规程》(SL 755—2017)、《水轮机调节系统及装置运行与检修规程》(DL/T 792—2013)、《水力发电厂水力机械辅助设备系统设计技术规定》(NB/T 35035—2014)、《水电厂辅助设备控制装置技术条件》(DL/T 1803—2018)等编写,主要介绍水轮机调节系统及辅助设备认知、电气液压型调速器结构及运行、微机调速器结构及运行、调节保证计算、调速器维护及故障分析、水轮机进水阀、水电站油系统、压缩空气系统、水系统等内容。

本书可作为高职高专水电站动力设备、水电站与电力网、水电站机电设备与自动化、水电站运行与管理等专业的教材,也可作为水电站运行、管理、维护、检修等有关人员的培训教材和参考用书。

图书在版编目(CIP)数据

水轮机调速器及机组辅助设备/雷恒,万晓丹,陶永霞主编.—郑州:黄河水利出版社,2019.6 (2025.1 修订本重印)
全国水利行业"十三五"规划教材.职业技术教育
ISBN 978-7-5509-1713-2

Ⅰ.①水… Ⅱ.①雷…②万…③陶… Ⅲ.①水轮机-调速器-运行-高等职业教育-教材 ②水轮机-附属装置-高等职业教育-教材 Ⅳ.①TK730.4

中国版本图书馆 CIP 数据核字(2018)第 260617 号

组稿编辑:田丽萍 电话:0371-66025553 E-mail:912810592@qq.com

出 版 社:黄河水利出版社 网址:www.yrcp.com
　　　　　　地址:河南省郑州市顺河路黄委会综合楼 14 层 邮政编码:450003
发行单位:黄河水利出版社
　　　　　　发行部电话:0371-66026940、66020550、66028024、66022620(传真)
　　　　　　E-mail:hhslcbs@126.com
承印单位:河南承创印务有限公司
开本:787 mm×1 092 mm 1/16
印张:19
字数:440 千字 印数:2 101—3 100
版次:2019 年 6 月第 1 版 印次:2025 年 1 月第 2 次印刷
　　　2025 年 1 月修订本

定价:49.00 元

前　言

本书是贯彻落实《国家中长期教育改革和发展规划纲要(2010~2020 年)》《国务院关于加快发展现代职业教育的决定》(国发〔2014〕19 号)、《现代职业教育体系建设规划(2014~2020 年)》、《水利部 教育部关于进一步推进水利职业教育改革发展的意见》(水人事〔2013〕121 号)、中国水利教育协会《关于公布全国水利行业"十三五"规划教材名单的通知》(水教协〔2016〕16 号)等文件精神,在中国水利教育协会精心组织和指导下,由中国水利教育协会职业技术教育分会组织编写的全国水利行业"十三五"规划教材。本套教材以学生能力培养为主线,反映当今水利行业发展和职业教育教学改革的成果,具有鲜明的时代特点,体现了实用性、实践性、创新性的特色,是一套水利高职教育精品规划教材。

根据高职教育人才培养模式和基本特点,按"项目导向,任务引领"进行课程项目化建设。课程内容以项目为载体,把岗位职业能力所需要的知识、技能和素质融入教学情景之中,以岗位能力培养为主线,按人才的递进式成长,构建基本素质、专业技能和岗位能力的课程体系,实现人才培养的实践性、开放性和职业性,建成工学结合、理实一体的特色教材。课程内容与职业标准对接,重点突出专业技能、注重学生职业能力培养等要求。本书结合编者多年的教学经验,在编写过程中力求层次清楚、内容精炼,重点突出水电专业特色;还注重基本概念、基本理论和基本计算方法在解决实际工程问题中的应用,以培养强化学生的工程意识。在编排上符合学生的认知规律,具有很强的逻辑性和条理性。本书共分十个项目,以求新、求准、实用为原则,以常见的主要水轮机调速器及辅助设备为载体,实现了知识目标与技能目标的对接,并将近期相关的新技术、新工艺、新材料及先进的优化设计手段融入教材中,注重实训,使学生通过学习能不断提高其思考问题、解决问题的能力,强化其实践操作能力。

本书依据我国现行的《水轮机调速器及油压装置 系列型谱》(JB/T 7072—2023)、《中小型水轮机调节系统技术规程》(SL 755—2017)、《水轮机调节系统及装置运行与检修规程》(DL/T 792—2024)、《水轮机调节系统并网运行技术导则》(DL/T 1245—2024)、《水力发电厂水力机械辅助设备系统设计技术规定》(NB/T 35035—2014)、《水电厂辅助设备控制装置技术条件》(DL/T 1803—2018)等编写。

为了不断提高教材质量,编者于 2025 年 1 月,根据国家及行业最新颁布的规范、标准等,以及在教学实践中发现的问题和错误,对全书进行了全面修订完善。

本书编写人员及编写分工如下:大唐迪庆香格里拉电力开发有限公司崔勇乐编写项目一;广东水利电力职业技术学院李国晓编写项目二;黄河水利职业技术学院周志琦编写项目三;黄河水利职业技术学院万晓丹编写项目四;黄河水利职业技术学院雷恒编写项目五、项目六;黄河水利职业技术学院职保平编写项目七;黄河水利职业技术学院曹永娣编写项目八的任务一、任务二;黄河水利职业技术学院曹明伟编写项目八的任务三、任务四;

福建水利电力职业技术学院张云根编写项目九的任务一~任务三;黄河水利职业技术学院陶永霞编写项目九的任务四~任务七。本书由雷恒、万晓丹、陶永霞担任主编,雷恒负责全书规划与统稿;由张云根、周志琦、李国晓、曹明伟、职保平、崔勇乐、曹永娣担任副主编;由广西水利电力职业技术学院陈炳森、郑州工程技术学院王俊教授担任主审。

本书在编写过程中得到了河南省高等学校青年骨干教师培养计划项目资助(2016GGJS-224)。同时,参考和引用了国内同行的著作、教材及有关资料,在此,谨对所有文献的作者表示谢意!

由于本次编写时间仓促,参编人员还缺乏高等职业技术教育的经验,书中难免会出现不妥之处,欢迎广大师生及读者批评指正。

编　者

2025 年 1 月

# 目 录

项目一 水轮机调节系统及辅助设备认知

任务一 水轮机调节的基本知识与构成

一、水轮机调节任务

电力系统负荷的不断变化必然导致系统频率的变化,因此我国电力系统的标称频率为 50 Hz。《电能质量 电力系统频率偏差》(GB/T 15945—2008)中规定,电力系统正常频率偏差允许值为±0.2 Hz,系统容量小于 3 000 MW 的地方电网偏差值可放宽为±0.5 Hz。在电压方面,《电能质量 供电电压偏差》(GB/T 12325—2008)中规定:35 kV 及以上供电电压正负偏差的绝对值之和不超过额定电压的 10%。10 kV 及以下三相供电电压允许偏差为额定电压的±7%,220 V 单相供电电压允许偏差为额定电压的+7%、−10%。电力系统要求各种发电机组,都必须具有优良的调节性能,能根据负荷的变化,随时相应地改变各自的有功功率输出,并保证电能质量(频率 f、电压 U)符合标准规定。

水电厂水力发电的生产过程如图 1-1 所示,其过程是由水轮机将水能转变为机械能,再由发电机将机械能转变为电能,送入电力系统供给用户使用。

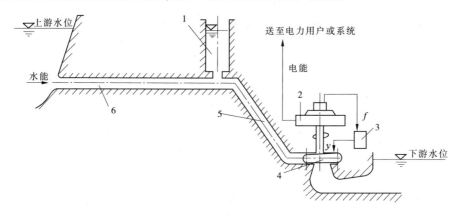

1—调压室;2—发电机;3—调速器;4—水轮机;5—压力管道;6—引水隧洞

图 1-1 水电厂水力发电的生产过程示意图

在电力系统中,必须根据负荷的变化不断地调节水轮发电机组的有功功率输出,以维持机组转速(频率)在规定范围内,这就是水轮机调节的基本任务。

那么,如何实现对水轮发电机组供电频率的控制和调整呢?回答这一问题,需要根据发电机发出的交流电的频率与发电机组的转速的关系式说明。

根据电机学知识:

$$f = \frac{pn}{60} \qquad\qquad (1\text{-}1)$$

式中　f——发电机输出交流电的频率，Hz；

　　　p——发电机的磁极对数；

　　　n——发电机的转速，r/min。

发电机的磁极对数 p 取决于发电机的结构，对于已制造好的发电机，p 是一个常数。由式(1-1)可知，发电机输出的交流电的频率 f 与转速 n 成正比。

二、水轮机调节的途径和方法

如图 1-2 所示，水轮发电机组的转动部分是一个围绕固定轴线作旋转运动的刚体，它的运动可由式(1-2)来描述。

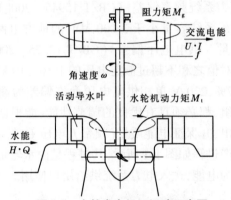

图 1-2　水轮发电机组运动示意图

$$M = J \frac{\mathrm{d}\omega}{\mathrm{d}t} = M_\mathrm{t} - M_\mathrm{g} \qquad\qquad (1\text{-}2)$$

式中　J——机组转动部分惯性力矩，$J = \dfrac{GD^2}{4g}$（GD^2 为机组飞轮力矩，g 为重力加速度）；

　　　$\dfrac{\mathrm{d}\omega}{\mathrm{d}t}$——机组角加速度，$\omega = n\pi/30$（$n$ 为机组转速）；

　　　M_g——发电机阻力矩；

　　　M_t——水轮机动力矩。

从式(1-2)可以看出，要使机组的频率恒定，就要使机组转速恒定，也就是要使角速度增量 $\mathrm{d}\omega = 0$。而发电机阻力矩 M_g 随着用电负荷的变化而变化，根据 M_t 与 M_g 的关系，转速的变化有三种情况：

当 $M_\mathrm{t} = M_\mathrm{g}$ 时，$\mathrm{d}\omega/\mathrm{d}t = 0$，机组转速保持不变；

当 $M_\mathrm{t} < M_\mathrm{g}$ 时，$\mathrm{d}\omega/\mathrm{d}t < 0$，说明电网负荷增加，机组转速下降，电网频率下降，此时需要增加水轮机动力矩，使电网频率恢复到正常范围；

当 $M_\mathrm{t} > M_\mathrm{g}$ 时，$\mathrm{d}\omega/\mathrm{d}t > 0$，说明电网负荷减少，机组转速上升，电网频率升高，这时需要减小水轮机动力矩，使动力矩与阻力矩相等，从而使电网的频率恢复到正常范围。

由以上三种情况可以看出,当发电机阻力矩发生变化的时候,如果不对水轮机动力矩进行调节,会引起机组转速或电网频率改变。如何调节水轮机动力矩呢?需要对动力矩进行分析。

水轮机动力矩表达式为

$$M_t = \frac{P}{\omega} \tag{1-3}$$

式中　　P——水轮机输出功率,$P = 9.81HQ\eta$;

　　　　ω——角速度。

所以,式(1-3)又可用下式表示:

$$M_t = \frac{9.81HQ\eta}{\omega} \tag{1-4}$$

式中　　Q——水轮机工作流量;

　　　　H——水轮机工作水头;

　　　　η——水轮机效率。

要调节水轮机动力矩就是要调节水轮机输出功率 P。

在实际工程中,改变工作水头和效率来实现改变动力矩是很难做到的,最有效的方法和途径是通过调节水轮机的流量来调节水轮机的动力矩。不同类型的水轮机,其流量调节的设备也是不相同的。比如,反击式水轮机是通过调节导叶开度大小来改变水轮机流量的,冲击式水轮机是通过改变喷针行程来调节水轮机流量的。因此,水轮机流量调节的途径是改变导叶开度或喷针行程。而实现这种调节的控制装置就是水轮机调速器。

具体方法是根据负荷变化引起的机组转速或频率的偏差,利用调速器调整水轮机导叶开度或喷针行程,使水轮机动力矩和发电机阻力矩能及时恢复平衡,从而使转速和频率保持在规定范围内。

三、水轮机调速系统的构成

图 1-3 是水轮机转速自动调节系统方框图。该系统由调节对象、测量元件、液压放大元件和反馈控制元件等组成。其中,调节对象由水力系统、水轮发电机组及电力系统组成;测量元件为离心摆;放大元件是由配压阀和接力器构成的液压放大器,起到机械操作功率放大作用,接力器兼作执行元件,操作水轮机的开度;反馈元件为缓冲器,可以使水轮机转速调节系统动态过程稳定下来,在调节系统中起着相当重要的作用。

其调节过程是:当用户负荷变化时,引起被调节对象水轮发电机组转速改变,离心摆检测到转速的变化后发出信号,并按照一定的调节规律控制导水机构,改变导叶开度,调节进入水轮机的流量,使机组转速恢复稳定。

四、水轮机调节特点

水轮机调节系统是由水轮机调速器和调节对象(包括引水系统、水轮机、发电机及负载)共同组成的。

水轮机调节系统与其他原动机调节系统相比有以下特点:

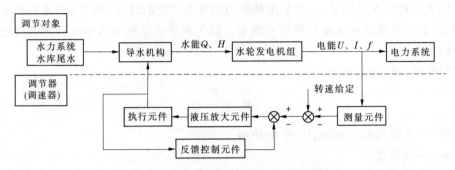

图 1-3 水轮机转速自动调节系统方框图

（1）必须具备有足够大的调节功。水轮发电机组是把水能转换成电能的机械，而水能因受自然条件的限制，通常水电站水头在几米至几百米的范围内，水轮机上的压力只有零点几兆帕至几兆帕。因此，发出较多的电功率常需相当大的流量，水轮机及其导水机构尺寸也需要相应加大。推动笨重的导水机构需要有足够大的调节功，调速器需要设置多级液压放大（通常为两级）和外加能源（油压装置），并采用较大的液压接力器作为执行元件。

（2）调节滞后易产生过调节。水轮机调节装置（调速器）的执行机构——液压接力器具有较大的时间常数（一般达零点几秒到几秒），调节对象也有较大的惯性时间。因此，当负荷变化时，导水机构不可能突然动作，以使水轮机的主动力矩适应外界负荷的变化，而是有一定的延迟时间，在这段时间内机组转速不断升高或降低。当导水机构变化到动力矩与阻力矩相适应时，这时转速偏离额定值已有一定的数量，使转速恢复到额定值也要有一定的时间，此时导水机构变化的数值又已超过需要调节的数值了，这就是所谓的过调节现象。这种过调节现象使水轮机调节系统变得不容易稳定。

（3）水击的反调效应。水电站因受自然条件的限制，常有较长的压力过水管道，管道长，水流惯性大，导水机构开关时会在压力过水管道内引起水击（水轮机工作水头变化）作用。而水击作用通常与导水机构瞬间的调节作用相反，即导水机构关闭，使机组输入能量与输出功率减少。但此时产生的水击会使机组功率增加并部分抵消调节作用，使调节作用产生滞后，从而恶化了调节系统的动态品质，而且不利于水轮机调节系统的稳定。

（4）因开发方式的不同，一些水轮机需要采用双重调节。例如，转桨式水轮机不仅要调节导叶开度，同时还要调节转轮桨叶的转角，要求调速器中多设置一套调节机构，从而增加了调速系统的复杂性。同时，也增加了水轮机出力调整的滞后时间。

五、调速器的发展

19世纪的末叶诞生了世界上第一台机械液压型水轮机调速器，到20世纪30年代，机械液压型调速器已发展到相当完善的程度，并延用至今。其调节规律基本上是 PI（比例+积分）调节规律。

随着电子工业和科学技术的发展进步，解决了电气－液压转换问题，瑞典通用电气公司1944年制造出第一台电气液压型调速器，并在瑞典的 Rydboholm 水电站投入运行。电气液压型调速器发展初期,仅以电气回路替代一些机械元件,直到电子调节器型调速器的出现,电气液压型调速器才有了独立的模式。从采用的元器件方面,其发展经历了电子管、晶体管、集成电路等发展阶段。从调节规律来说,由比例-积分调节规律发展到比例-积分-微分调节规律。

随着计算机技术和液压传动技术的飞速发展,20世纪70年代加拿大成功研制出世界上第一台数字式调速器,瑞典于1978年研制出用于卡普兰机组的数字协联装置。1984年法国NEYRPIC公司成功推出以6809CPU为基础的数字调速器DIGPID。

20世纪80年代初以来,我国科技工作者先后研制成功多种型号的常规油压微机调速器和高油压微机调速器,1984年原华中理工大学叶鲁卿教授领导的科研组研制出我国第一台微机调速器,并在湖南欧阳海水电站投入运行。此后,国电南京自动化研究院、中国水利水电科学研究院自动化所、武汉长江控制设备研究所、天津电气传动设计研究所、武汉事达公司、宜昌能达公司、原武汉水利电力大学、河海大学、西安理工大学、东方电机厂及哈尔滨电机厂等先后开展了这方面的研究,并为我国微机调速器的发展做出了各自的成绩。随着科学技术的进步,我国调速器制造技术已跻身于世界先进国家行列,正在向着高性能、高可靠性和智能化的方向发展。

任务二　水轮机调节的工作原理及静、动特性

水轮机调速器可按调节对象分为单调节调速器(单调调速器)、双调节调速器(双调调速器)。

一、单调节调速系统的工作原理

单调节调速系统如图1-4所示。

第一阶段:当负荷突然减少时,水轮机动力矩大于阻力矩,机组开始增速,离心摆电动机转速也随之增速,离心摆下支持块6上移,与下支持块相连的转动套7跟着上移,转动套上排孔封闭,下排孔打开,中间油孔与下排油孔接通排油,辅助接力器活塞17上腔油压降低。在主配压阀内向上作用的油压驱动下,辅助接力器活塞17与主配压阀活塞19一起上移,并通过局部反馈杠杆ed、拉杆dc、杠杆ca,使引导阀针塞8上移,引导阀针塞8与转动套7恢复相对中间位置,辅助接力器油压恢复原来的数值,辅助接力器活塞17与主配压阀活塞19停止上移。由于主配压阀活塞19上移,其上排油口D接通压力油,下排油口E接通排油,使主接力器活塞28左腔进压力油,右腔接通排油,于是主接力器活塞28向右移动,关闭导叶,水轮机过流量减少,动力矩减小,使机组转速停止加速。

第二阶段:接力器推拉杆29右移,使反馈锥体26也向右移,作用于滚轮25及拉杆向上移动,使反馈框架23绕转轴24顺时针转动,带动拉杆gm上移,杠杆fg的f端下移,缓冲器主动活塞13下移,活塞下部油压升高使从动活塞15上移,引导阀针塞8在杠杆ij、拉杆bk、杠杆ca的作用下上移,到达相对平衡位置以上,引导阀上排油口打开,下排油口封闭,压力油经其中间油口进入辅助接力器活塞17上腔,使辅助接力器活塞17和主配压阀活塞19一起下移,逐步恢复中间位置,主接力器活塞也停止右移,由于导叶开度关小,机

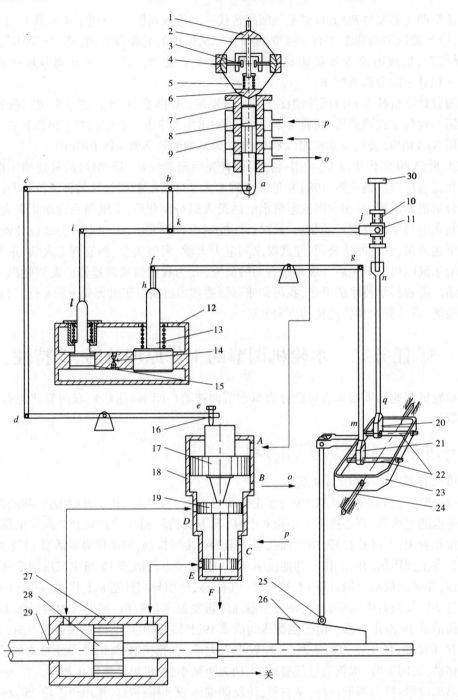

1—上支持块；2—钢带；3—限位螺钉；4—重块；5—弹簧；6—下支持块；7—转动套；8—引导阀针塞；9—引导阀壳体；
10、22—螺杆；11、20、21—螺母；12—缓冲器壳体；13—主动活塞；14—节流孔；15—从动活塞；16—反馈螺钉；
17—辅助接力器活塞；18—阀壳；19—主配压阀活塞；23—反馈框架；24—转轴；25—滚轮；26—反馈锥体；
27—接力器缸；28—主接力器活塞；29—推拉杆；30—转速调整手轮

图1-4 单调节调速系统

组转速逐渐下降。

第三阶段:由于转速下降,离心摆转速随之下降,转动套下移。同时,缓冲装置上下腔的油经节流孔 14 流动逐步平压,而恢复中间位置,并通过杠杆使引导阀针塞下移,与转动套恢复相对中间位置,使调速系统进入新的平衡状态。

二、双调节调速系统的工作原理

双调节是指对具有两套调节机构的水轮机进行调节,通常简称为"双调"。

例如,转桨式水轮机需要调节导叶开度和桨叶转角,使其协联动作,以保持水轮机高效率运行;冲击式水轮机需要调节喷针行程和折向器位置,以减小甩负荷时压力过水管道的水击压力和机组转速上升率;具有调压阀的混流式水轮机,则要调节导叶开度和启闭调压阀,其目的是快速关机时,减小压力过水管道中的水击压力。

(一)转桨式水轮机的双调节调速器

转桨式水轮机具有两个调节机构的目的是,增加水轮机高效率区的宽度,以适应负荷的变化。转桨式水轮机的双调节调速系统是由两套系统联系而成的。

转桨式水轮机双调节调速器的协联装置有三种:纯机械式协联装置、机械凸轮电气信号转换型协联装置、以函数发生器为基础的电气协联装置。

转桨式水轮机双调节调速系统的工作原理如图 1-5 所示,以机械液压双调节调速器为例。图中左边 1~6 是调速系统,将随负荷变化调整水轮机导叶的开度。而右边 7~11 是控制转桨桨叶角度的系统,其中桨叶配压阀 10 经过杠杆 CDE,既与桨叶接力器 11 相连,又受协联凸轮 8 操纵。协联凸轮是一个空间曲面,协联凸轮由拐臂 7 带动,将随导叶接力器的移动而转动。协联凸轮表面按特殊曲线制成,正好反映转桨式水轮机桨叶角度与导叶开度相互配合的最优规律。因此,桨叶角度的大小及桨叶角度变化的规律,都是根据水轮机特性事先规定的,由协联凸轮的形状来体现。

(二)水斗式水轮机的双调节调速器

水斗式水轮机双调节的作用与转桨式水轮机不同,所以它们的双调节系统也不同。水斗式水轮机的流量由针阀开度决定,针阀处在不同位置时,水由喷嘴喷出会形成不同直径的射流,其流量也相应不同。但是,由于水斗式水轮机用于高水头电站,输水管道往往较长,当机组甩负荷时,折向器先快速动作切断射流,再缓慢减小针阀开度以关小流量,可见这就需有一快、一慢两个互相配合的调节动作。图 1-6 所示是水斗式水轮机双调节调速系统的工作原理。由图中可见,它仍由两个部分联系而成。1~5 是由离心飞摆、液压放大、硬性反馈、软性反馈组成的调速系统,在负载变化时折向器 13 快速动作。而 8~11 是具有硬性反馈的液压放大系统,能随 C 点的升降调整针阀 12 的开度。针阀的开关以及动作的速度取决于协联凸轮 6 的形状和油流的快慢,这些是事先根据水轮机特性给予规定的。

由上述两种双调节调速器可见,它们都只有一个测频元件——离心飞摆或电气测频单元。测频元件根据机组转速的变化,而使液压放大机构动作,在输出一个调节动作的同时,经过协联装置,驱动另一套液压放大系统,再输出一个与之配合的调节动作。第二套液压系统只有硬性反馈元件,是跟随第一个调节动作而动作的。软性反馈元件及操作控

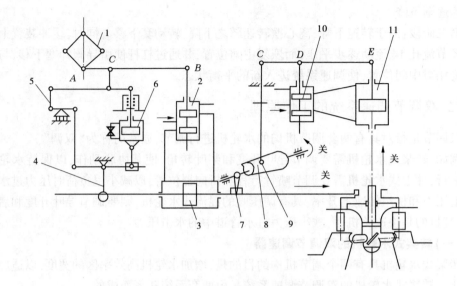

1—离心飞摆；2—导叶配压阀；3—导叶接力器；4—反馈杆；5—硬性反馈；6—缓冲器；
7—拐臂；8—协联凸轮；9—滚轮；10—桨叶配压阀；11—桨叶接力器

图1-5　转桨式水轮机双调节调速系统的工作原理

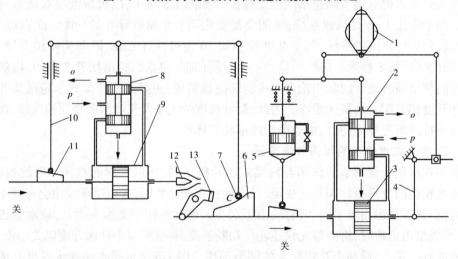

1—离心飞摆；2—折向器配压阀；3—折向器接力器；4—硬性反馈；5—缓冲装置；6—协联凸轮；
7—滚轮；8—针阀配压阀；9—针阀接力器；10—反馈杆；11—反馈凸轮；12—针阀；13—折向器

图1-6　水斗式水轮机双调节调速系统的工作原理

制元件都设在第一套系统内，以便形成一定的调节规律，并实现多种功能。其中，协联装置是两种调节动作互相配合的关键，必须根据水轮机特性和电站实际运行条件来设计、制作。

三、调节系统的静、动态特性

调速器种类繁多，但其性能可用一些共同的技术指标来衡量，通常用调速器静态特性和动态特性及其相关参数作为衡量调速器性能的品质指标。

(一)调节系统的静态特性及其指标

1. 调节系统静态特性

调节系统的静态特性(也称静特性)是指调节系统处于平衡状态时,机组转速与发电机出力之间的关系,有两种情况:一种为无差静特性,如图 1-7(a)所示,即随着发电机出力 P 的改变,机组转速始终为 n_0,此时调节系统无静态偏差;另一种为有差静特性,如图 1-7(b)所示,即随着发电机出力 P 的增加,机组平衡转速 n 随之减小,这时系统有一定静态偏差。

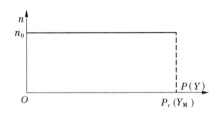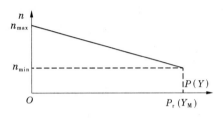

(a)无差静特性　　　　　　　　　　　　　(b)有差静特性

图 1-7　调节系统的静特性

调节系统的静特性以调差率 e_p 表征,e_p 定义为调节系统静态特性斜率的负数,即

$$e_p = -\frac{\mathrm{d}x}{\mathrm{d}\left(\dfrac{P}{P_r}\right)} \tag{1-5}$$

也可用最大功率调差率 e_s 表示,e_s 定义为

$$e_s = \frac{n_{max} - n_{min}}{n_r} \tag{1-6}$$

式中　x——转速变化相对值;

　　　P/P_r——发电机出力相对值;

　　　n_{max}——$P=0$ 时的转速;

　　　n_{min}——$P=P_r$ 时的转速;

　　　P_r——额定功率;

　　　n_r——额定转速。

当 $e_p=0$ 时,调节系统为无差静特性,即不论机组出力为多少,转速均不变;当 $e_p>0$ 时,调节系统为有差静特性,机组转速随出力的增加而减小。

在简化分析时,可将调节系统静特性近似看成是一条直线,则 $e_p=e_s$。

2. 调速器的静态特性

调速器的静态特性是以接力器行程 Y 为横坐标,以测速元件的输入信号 n 为纵坐标,并以调速器永态转差率 b_p 表示。其定义为用相对量表示的调速系统静特性某一规定运行点处斜率的负数,即

$$b_p = -\frac{\mathrm{d}\left(\dfrac{h}{n_r}\right)}{\mathrm{d}\left(\dfrac{Y}{Y_{max}}\right)} \tag{1-7}$$

通常为了便于分析比较,常用调速器最大行程永态转差率 b_s 表示,b_s 定义为

$$b_s = \frac{n_{max} - n_{min}}{n_r} \tag{1-8}$$

式中 n_{max} ——$Y=0$ 时的转速;

$\quad\quad n_{min}$ ——$Y=Y_{max}$ 时的转速;

$\quad\quad Y_{max}$ ——接力器最大行程。

显然,当调节系统静特性为近似直线时,则 $b_p = b_s$。

b_p 是调节系统静特性的一个参数,它与调速系统的构造有关,与机组特性和运行水头无关;而 e_p 是调节系统静特性的一个参数,它不仅与调速系统的构造有关,而且与机组特性和运行水头有关。

3. 调节系统静态特性指标

国家标准《水轮机调速系统技术条件》(GB/T 9652.1—2019)规定,调节系统静态特性应符合:

(1)调节系统静态特性应近似为一条直线。

(2)测至主接力器的转速死区不超过表 1-1 的规定值。

表 1-1 调速器转速死区规定值

调速器类型	大型	中型	小型		特小型
	电调	电调	电调	机调	
转速死区(%)	0.02	0.06	0.10	0.18	0.20

(3)转桨式水轮机调节系统中,轮叶随动系统的不准确度 i_a 不大于 0.8%。对于电气协联,实测协联曲线与理论协联曲线偏差不大于桨叶接力器行程的 1%。

(4)冲击式水轮机调节系统静态品质应达到:①测至喷针接力器的转速死区符合表 1-1 的规定值;②在稳态工况下对多喷嘴冲击式水轮机的任意两喷针之间的位置偏差,在整个范围内均不大于 1%。

水轮机调节系统品质的好坏,除看它在稳定工况下能否满足上述要求外,还要看在各种扰动信号作用下能否快速收敛,满足动态品质的有关指标。

(二)调节系统的动态特性指标

上述静态指标是衡量调节系统稳定性的指标。当调节对象遇到电力系统负荷突变或正常调节负荷时,会出现不稳定现象,调节系统从一个稳态到另一个稳态的调节过程称为调节系统过渡过程。调节系统动态品质的优劣,常用下述动态特性品质指标衡量。

1. 调节时间 T_P

T_P 是指从阶跃扰动发生时刻开始到调节系统进入新的平衡状态为止所经历的时间,新的平衡状态是指以理论稳态值为中心的一个很小区域 $\pm\Delta$。图 1-8(a)中理论稳态值为 n_0,图 1-8(b)中理论稳态值为 n_0'。

2. 最大偏差 Δn_{max}

第一个波峰值与理论稳态值之差称为最大偏差 Δn_{max}。

3. 超调量 δ

对于图 1-8(a)，超调量 δ 用第一个波谷值与第一个波峰值之比的百分数表示，通常以第一个负波的值占最大偏差的百分比表示，即 $\delta = \dfrac{\Delta n_1}{\Delta n_{\max}} \times 100\%$；对于图 1-8(b)，超调量用最大偏差与稳态值偏差之比的百分数表示，$\delta = \dfrac{\Delta n_{\max}}{\Delta n_0} \times 100\%$，稳态值偏差 $\Delta n_0 = n_0' - n_0$。

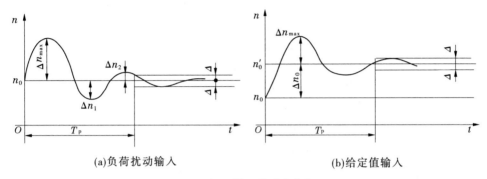

(a)负荷扰动输入　　　　　　　　　　　　　(b)给定值输入

图 1-8　调节系统动态指标

4. 振荡次数 x

振荡次数 x 通常以调节时间范围内出现的波峰及波谷次数之和的 1/2 表示。前述可知，调节系统是由调节对象和调节器组成的，那么调节系统动态特性不仅与调节器控制性能有关，而且与调节对象特性密切相关。水轮机控制（调速）系统国家标准《水轮机调速系统技术条件》(GB/T 9652.1—2019) 中，对调节对象特性主要有以下要求：对于 PID 型调速器，水轮机引水系统的水流惯性时间常数 $T_w \leqslant 4$ s，对于 PI 型调速器，$T_w \leqslant 2.5$ s，且水流惯性时间常数 T_w 与机组惯性时间常数 T_a 的比值不大于 0.4；反击式机组 $T_w \geqslant 4$ s，冲击式机组 $T_a \geqslant 2$ s 等。

国家标准 GB/T 9652.1—2019 中关于动态特性的有关规定如下：

(1)调速器应保证机组在各种工况和运行方式下的稳定性。在空载工况下自动运行时，施加一阶跃转速指令信号，观察过渡过程，以便选择调速器的运行参数。待稳定后记录转速摆动相对值，对大型电气调速器不超过 ±0.15%，对中小型调速器不超过 ±0.25%，对特小型调速器不超过 ±0.30%。

(2)机组甩 100% 额定负荷后，在转速变化过程中，稳态转速超过 3% 额定转速以上的波峰，不超过 2 次。

(3)从机组甩负荷时起到机组转速相对偏差不超过 ±1% 为止的调节时间 t_E 与从甩负荷开始至转速升至最高转速所经历的时间 t_M 的比值，对中低水头反击式水轮机不大于 8，对桨叶关闭时间较长的轴流式水轮机不大于 12；对高水头反击式和冲击式水轮机不大于 15；对从电网解列后给电厂供电的机组，甩负荷后机组的最低相对转速不低于 0.9。

(4)转速或指令信号按规定形式变化，接力器不动时间：对电气调速器不大于 0.2 s，对机械调速器不大于 0.3 s。

任务三　调速器系列型谱及型号编制方法

一、调速器分类

调速器按以下方式进行分类。

（一）按工作容量分类

调速器工作容量，是指执行元件——接力器对导水机构的操作能力，并以力矩（N·m）计算。由于受控水轮机功率一般从几百千瓦到几十万千瓦，故调速器分为以下几种：

（1）特小型调速器：工作容量小于 3 kN·m；

（2）小型调速器：工作容量 3~15 kN·m；

（3）中型调速器：工作容量 15~50 kN·m；

（4）大、巨型调速器：工作容量 50 kN·m 以上，并按放大执行元件主配压阀直径（80 mm、100 mm、150 mm、200 mm、250 mm）来表示。

（二）按供油方式分类

由于调速器的压力油供给方式有直接和间接两种，故调速器又可分为通流式和压力油罐式。

（1）通流式调速器。油泵连续运行，直接供给调速器的调节过程用油。非调节过程时，由限压溢流阀将油泵输出的油全部排回到集油箱（或称回油箱）。工作中油流反复循环不息，易恶化油质。但设备简单、造价低，主要用于小型和特小型调速器。

（2）压力油罐式调速器。有专门的油压设备，其中油泵断续运行，维持压力油罐的压力和油位，再由压力油罐随时提供给调速器调节过程用油，因而设备复杂、造价高，主要用于大中型调速器。

压力油罐式调速器又分为组合式和分离式。整台调速器（包括执行元件——接力器）和油压设备组合成一体的称为组合式调速器，主要用于中小型调速设备；调速器的主接力器和油压设备均分别独立设置的，称为分离式调速器，主要用于大、巨型调速设备。

（三）按调节机构数目分类

按照调速器执行机构的数量分为单调节调速器和双调节调速器。

（1）单调节调速器：只有一个执行机构，用于混流式、轴流定桨式水轮机。

（2）双调节调速器：有两个执行机构，主要用于轴流转桨式、贯流转桨式、冲击式水轮机。

（四）按调速器调节规律分类

（1）PI 型（比例－积分规律）调速器。

（2）PID 型（比例－积分－微分规律）调速器。

（五）按元件结构分类

按元件结构不同，调速器又可分为机械液压型和电气液压型两大类。机械液压型调速器也称机械调速器（或机调）；电气液压型又可分为模拟电气液压型和数字电气液压型，模拟电气液压型调速器也称电气调速器（或电调），数字电气液压型也称为微机调速器(或微机调)。机械液压型调速器的测量元件、反馈元件、比较元件均是机械的,如图 1-9 所示;电气液压型调速器的测量元件、反馈元件、比较元件均是模拟电气的,如图 1-10 所示;微机调速器的测量元件、反馈元件、比较元件均是数字的,如图 1-11 所示。

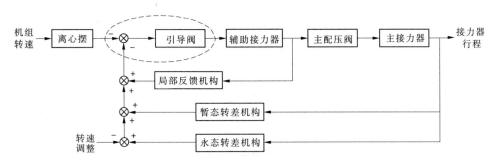

图 1-9　机械液压型调速器

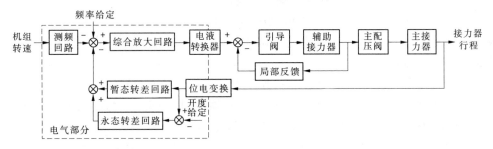

图 1-10　电气液压型调速器

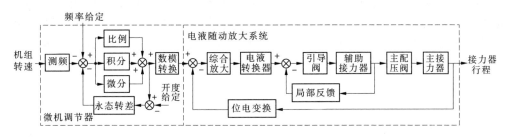

图 1-11　微机调速器

二、调速器的系列型谱

(一)型号编制说明

国家机械行业标准《水轮机调速器及油压装置　系列型谱》(JB/T 7072—2023)规定了关于调速器产品型号的组成及意义。调速器型号的编制由产品基本代号、规格代号、额定油压代号、制造厂及产品特征代号四部分组成,各部分用短横线分开,并按图 1-12 所示顺序排列。

1. 基本代号

基本代号由五部分组成,由左至右依次用字母表示,如图 1-13 所示。

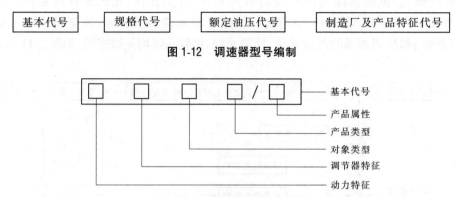

图 1-12 调速器型号编制

图 1-13 调速器型号的基本代号

（1）动力特征。Y——带有接力器及压力罐的调速器；T——通流式调速器；D——电动式调速器。对不带有接力器和压力罐的调速器，此项省略。

（2）调节器特征。W——微机电液调速器。对机械调速器，此项省略。

（3）对象类型。C——冲击式水轮机调速器；Z——转桨式水轮机调速器。对单调节水轮机调速器，此项省略。

（4）产品类型。T——调速器；C——操作器；F——负荷调节器。

（5）产品属性。D——电气液压调速器的电器柜；J——电气液压调速器的机械柜。对电气柜与机械柜为合体结构的电气液压调速器，此项省略。

基本代号示例如下：YT——带有压力罐及接力器的机械液压调速器；YWT——带有压力罐及接力器的微机型电气液压调速器；WT——微机型电气液压调速器；WZT——转桨式水轮机微机型电气液压调速器；TT——通流式机械液压调速器；TWT——通流式微机型机械液压调速器；CT——冲击式水轮机机械液压调速器；WCT——冲击式水轮机微机型电气液压调速器；YC——带有压力罐及接力器的机械液压操作器；DC——电动操作器；DF——电子负荷调节器。

2. 规格代号

用数字表示产品的主要技术参数。

对于带有接力器和压力罐的调速器，表示接力器容量（N·m）。

对于不带有接力器和压力罐的单调节水轮机调速器，表示导叶主配压阀直径（mm）。

对于不带有接力器和压力罐的转桨式水轮机调速器，表示导叶主配压阀直径（mm）/轮叶主配压阀直径（mm）；如果导叶和轮叶的主配压阀直径相同，轮叶的主配压阀可不表示。

一级液压放大系统则表示引导阀直径（mm）。

对于冲击式水轮机调速器，表示喷针配压阀直径（mm）×喷针配压阀数量/折向器配压阀直径（mm）×折向器配压阀数量。如果喷针配压阀或折向器配压阀只有 1 个，则数量项省略。

对于电动操作器，表示输出容量（N·m）。

对于电子负荷调节器，表示机组功率（kW）/发电机相数。

3. 额定油压代号

以额定油压 MPa 值表示。

4. 制造厂及产品特征代号

依次表示制造厂代号和产品特征代号,产品特征代号可采用字母或数字,制造厂代号和产品特征代号之间必须留一空格。这部分由各制造厂自行规定。如产品按统一设计图样生产,制造厂代号可以省略。

专用于电气柜的调速器型号可用基本代号、制造厂及产品特征代号表示,规格代号和额定油压代号均略去。

举例:

YDT-18000-4.0-SK05A:表示带压力油罐的模拟式电气液压调速器,其接力器工作容量为 18 000 N·m,额定油压为 4.0 MPa,为天津水电控制设备厂 05 系列第一次改型产品。

YT-6000-2.5:表示带压力油罐的机械液压调速器,统一设计产品,接力器容量 6 000 N·m,额定油压为 2.5 MPa。

WST-100/50-4.0-HDJA:表示不带压力罐的微机型双调节电气液压调速器,主配压阀直径为 100 mm,许用输油流量为 50 L/s,额定油压为 4.0 MPa,为哈尔滨电机厂 A 型产品。

TDBWT-100-4.0:表示不带压力罐的步进电机微机调速器,天津电气传动设计研究所产品,其配压阀直径为 100 mm,额定油压为 4.0 MPa。

(二) 调速器系列型谱

调速器型谱编制的具体规定如下:

(1) 调速器产品分类。我国机械行业标准《水轮机调速器及油压装置 系列型谱》(JB/T 7072—2023)将调速器分为带压力油罐及接力器的调速器、不带压力油罐及接力器的调速器、通流式调速器 3 类。

(2) 根据容量可划分为大型、中型、小型和特小型 4 个基本系列。常用调速器的基本系列、基本参数及各种调速器有关技术数据,如表 1-2 所示。

表 1-2   调速器容量划分系列

调速器 类别	不带压力油罐及 接力器的调速器	带压力油罐及 接力器的调速器	通流式 调速器	液压 操作器	电动 操作器	电子负荷 调节器
调速器系列	接力器容量范围(kN·m)					配套机组功率 (kW)
大型	>50 (a)					
中型	10～50 (b)	10～50		10～50	10～50	
小型	3～10 (b)	1.5～10		3～10	3～10	40、75、100
特小型	0.17～3 (b)	0.17～1.5	0.17～3	0.17～3	0.35～3	3、8、18

注: 表中有下角标(a)的项系指调速器能配置的接力器容量;有下角标(b)的项系指单喷嘴冲击式水轮机调速器容量。

（3）调速器额定油压等级为 2.5 MPa、4.0 MPa、6.3 MPa、8 MPa、10 MPa、16 MPa。

（4）带压力油罐及接力器的调速器按接力器容量表示，如表 1-3 所示。

表 1-3　调速器的接力器容量及最短关闭时间

调速器型式			接力器容量 （kN·m）	接力器最短 关闭时间(s)	额定油压 （MPa）
调速器	带压力油罐及 接力器	等压接力器	50		2.5
			30	3	2.5
			18		2.5
			10		2.5
			6		2.5
			3		
		差压接力器	3		4.0
			1.5	2.5	4.0
			0.75		4.0
			0.35		4.0
	通流式		3		2.5
			1.5		2.5
			0.75		2.5
			0.35		2.5

（5）不带压力油罐及接力器的调速器容量以主配压阀直径表示，其相应输油量如表 1-4 所示。

表 1-4　不带压力油罐及接力器的调速器主配压阀直径、许用输油流量及额定油压参数

主配压阀直径 d(mm)	许用输油流量 Q_r(L/s)	额定油压 P_r(MPa)
12①	0.5	2.5、4.0
35	≤5	2.5、4.0
50	5~10	2.5、4.0、6.3
80	10~25	2.5、4.0、6.3
100	25~50	2.5、4.0、6.3
150	50~100	2.5、4.0、6.3
200	100~150	2.5、4.0、6.3

注：①一级放大系统用引导阀直径表示。

任务四　机组辅助设备的基本知识与构成

一、机组辅助设备的作用

水力发电机组辅助设备是附属于水轮机和发电机等主机设备的附属设备,是为了确保机组正常运行而设置的相关设备,也是水力发电机组正常运行过程中实施操作、控制、维护、检修和运行管理必须具备的设备系统。

水力发电机组辅助设备必须以主机设备最优与安全运行的需要为前提,综合考虑实施操作、保护、控制、维护、检修和运行管理,根据机组设备和电站的具体条件设置。只有各辅助设备系统之间、辅助设备与主机设备之间相互协调、有机地结合,给主机设备运行创造最佳环境,并为辅助设备本身的运行、管理、维护和检修创造良好的条件,才能完成水电站电能的生产任务。

二、机组辅助设备的内容

水力发电机组辅助设备包括水轮机进水阀、油气水系统、水力监测系统等内容。

(一)水轮机进水阀

水轮机进水阀是机组和电站的一种重要安全保护设备。对于压力水管为分组供水及联合供水的机组,水轮机前必须设置进水阀,以作紧急事故关闭、切断水流之用。压力水管为单元供水的较长管道,也应设置进水阀。水轮发电机组发生事故时,进水阀必须能够快速关闭,以防机组飞逸时间过长。

(二)油气水系统

机组的主机设备在运行过程中,必须具有油压设备的液压用油及轴承等润滑用油、设备转动部件和变压器的散热用油、电气设备的绝缘用油、消弧用油等,调相压水用气、水轮发电机组制动用气、水导轴承检修密封围带充气用气、蝶阀止水围带充气用气及检修吹扫用气和油压装置用气等,发电机空气冷却器冷却用水、所有轴承油槽冷却用水、水冷式变压器的冷却用水、水冷式空气压缩机的冷却用水、油压装置集油槽冷却器冷却用水等,生产用水的排水、水轮发电机组厂房水下部分的检修排水、渗漏排水等,分别组成了油系统、气系统、技术供水系统、排水系统。

(三)水力监测系统

为满足机组安全、可靠、经济运行以及自动控制和试验测量的要求,考查已经运行机组的性能,促进水力机械基础理论的发展,提供和积累必要的数据资料,就必须对水电站和水力机组运行参数进行测量和监视。水力监测系统就是为了监测水轮机水力系统的有关参数,如水头、上下游水位、流量、压力、水温、振动、摆度及其他需要检测的项目而设置的量测系统,包括量测仪器、管路、阀门等。

◆ 思考与习题

1. 发电机频率与转速之间有什么关系？

2. 水轮机调节的任务是什么？

3. 水轮机调节的途径和方法是什么？

4. 水轮机调节有何特点？

5. 根据图 1-4,试分析单调节调速系统的动作过程。

6. 根据图 1-5,试分析双调节调速系统的动作过程。

7. 简述调差率 e_p 的意义,其对调节系统静态特性有何影响？

8. 简述永态转差率 b_p 的意义,其对调节系统静特性有何影响？

9. 调节系统的静态特性指标包含哪些内容？

10. 调节系统的动态特性指标包含哪些内容？

11. 简述调速器的分类方式。

12. 水力发电机组辅助设备的内容与作用是什么？

项目二　电气液压型调速器

任务一　电气液压型调速器认知

电气液压型调速器(简称电调)是为克服机械液压型调速器(简称机调)的一些缺点和不足并在其基础上发展起来的。20世纪40年代,在瑞典出现了电气液压型调速器,简称电液调速器,它随着电子技术科学的发展,先后经历了电子管、晶体管、集成电路三个时期。电液调速器与机械液压型调速器相比,其主要优点有以下几方面:

(1)具有较高的精确度和灵敏度。电液调速器的转速死区通常为0.04%~0.08%,而机械液压型调速器则为0.15%~0.2%或其以上。电液调速器的接力器不动时间不大于0.2 s,而机械液压型调速器达0.3 s以上。

(2)制造成本低。因采用了廉价的半导体元件组成的电气回路代替了制造、安装要求高的离心摆、缓冲器等机械元件,从而减少了制造成本。

(3)易于实现各种控制信号(按水头调节、负荷分配等信号)的综合,便于实现成组调节,为机组的优化控制和电站的经济运行提供了有利条件。同时,便于增设一些辅助性的调节回路,如微分回路等,以改善调节品质,为机组的优化控制和电站的经济运行提供了有利条件。

(4)参数调整方便灵活,运行方式切换简易迅速。

(5)便于标准化、系列化,也便于实现单元组合化,有利于调速器的生产制造质量的提高。

(6)安装、调试、检修都较为方便。

电液调速器由电气调节和机械液压两部分组成,并用电液转换器将这两部分联系起来。调速器的测频、反馈、调差、功率给定等控制部分,以及信号的综合和放大部分均采用电气回路来实现。各主要元件的基本特性仍与机调保持一致。机械液压部分仍由引导阀、中间接力器、主配压阀和接力器等组成。

本项目主要阐述模拟式的电调,并以中小型水电站常见的YDT-18000A型电液调速器为例介绍这类电调主要电气回路的工作原理及性能。YDT-18000A型电液调速器的原理框图如图2-1所示。

一、电气调节部分

(一)测频及频率给定回路

测频回路用于测量机组的频率,相当于机调中的离心飞摆。其信号可取自永磁机、发电机出口电压互感器或直接装于轴上的齿盘测速装置等。测频回路的输出为一个反映机组转速的直流电压信号,其方向取决于机组频率的升或降,其大小则与机组基准频率偏差

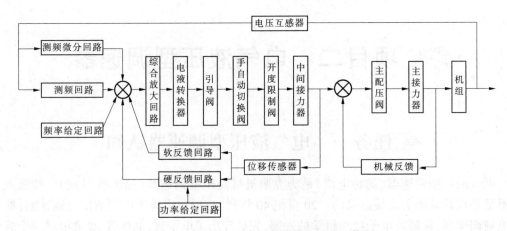

图 2-1　YDT-18000A 型电液调速器原理框图

成正比。YDT-18000A 型电液调速器测频信号取自发电机出口电压互感器,采用的是残压测频的方式。频率给定回路提供一个人为控制的直流电压,叠加到测频回路输出的直流电压信号上,用来改变调速器的整定频率、调整机组的转速或负荷。它相当于机调中离心摆的调整螺母和转速调整机构的作用。机调中要实现 PID 调节规律是很困难的,而电调可以利用电子元件较容易地得出机组转速变化的加速度信号,从而提前对调节信号进行校正,实现微分调节规律。实现这一目的的回路称为测频微分回路。

(二)功率给定及反馈回路

功率给定回路的作用是获得一个代表给定导叶开度的可调电压,与在不同导叶开度时的导叶位置反馈电压作比较,达到调整机组转速或负荷的目的,使机组在不同开度(功率)下也可按给定频率稳定运行。在某些电液调速器中将功率给定回路与频率给定回路合并成一个回路,称为功频给定回路。硬反馈回路又称为永态转差回路,它通过位移传感器与接力器相连接,在接力器活塞移动距离一定时,输出一个与之对应的直流电压,以抵消或减弱测频信号的作用。一般将功率给定回路与硬反馈回路合成一个回路,称为硬反馈及功率给定回路。机调在反馈机构中设置了缓冲器作为软反馈元件,根据接力器的位移不断地校正输入引导阀的调节信号,以使调节系统具有预期的动态特性。在电调中也设置了相应的软反馈回路(又称暂态转差回路)来完成相同的作用。软反馈回路通过位移传感器与接力器相连接,在接力器开度变化时输出一个按指数规律衰减的直流电压,以抵消或减弱测频信号,起到软反馈的作用。可见,软反馈回路和测频微分回路都是用来对调节信号进行校正的,因此又统称为校正回路。

(三)综合放大回路

综合放大回路是将前述的频率测量、频率给定、软反馈、硬反馈及功率给定等回路的输出信号进行叠加,再由放大器放大得出总的控制信号,它是直流电流信号,并经电液转换器后控制机械液压部分,完成水轮机的调节动作。此外,上述调节信号是十分微弱的,这种微弱的信号不足以推动电液转换器,因此也必须利用综合放大回路进行放大。

另外,YDT-18000A 型电液调速器的电气部分还设有无信号关机保护电路、故障检测及运行参数测量电路、电源和自动操作回路等。

二、机械液压部分

(一)电液转换器和位移传感器

电液转换器和位移传感器用于连接电气调节部分与机械液压部分。电液转换器将电气部分输出的直流电流按比例转换成机械位移,并经引导阀后变成了液压信号,从而带动控制滑阀,控制液压机构动作;而位移传感器则把接力器的位移方向和大小按比例关系转换成相应的直流电压,输入电气调节器的反馈回路。

(二)液压放大机构

YDT-18000A 型调速器具有两级液压放大机构,其组成包括引导阀、中间接力器、主配压阀、主接力器以及传动和反馈杠杆,是调速器的执行机构。其中,第二级是带有局部反馈的液压随动系统,而中间接力器又是通过杠杆使主配压阀动作的,因此中间接力器的移动位移量与主接力器的移动位移量成正比,具有相同的运动规律。

(三)操作控制机构

YDT 型电液调速器采用了机械型的开度限制机构,还配有手自动切换阀、紧急停机电磁阀及液压型锁锭等操作控制元件。它们的作用和结构都与 YT 型调速器类似。

任务二　测频及频率给定回路

测频回路依据所取信号源和电路型式的不同,大致有三种典型型式:一是频率信号取自永磁发电机的"永磁机–LC 测频回路";二是频率信号取自发电机端电压互感器的"发电机残压–脉冲频率测量回路"(简称残压测频回路);三是频率信号取自装在机组主轴上的齿盘测速装置的"齿盘磁头–脉冲频率测量回路"(简称齿盘测频回路)。

电液调速器工作的好坏,很大程度上取决于起主导作用的测频回路。因此,要求测频回路的静特性(输出电压与机组频率的关系)在一定范围内保持良好的线性关系;当机组负荷变化时,能输出反映机组频率变化大小和极性的电压信号,而且工作性能稳定,抗干扰能力强,转速死区小于设计规定;电路简单可靠。

发电机残压–脉冲频率测量回路信号源取自发电机的电压互感器。当发电机为额定电压时,电压互感器输出为 100 V;当发电机没有励磁时,因发电机有剩磁而造成的残压也能使电压互感器有 0.7~2 V 的电压输出,其频率与机组频率相等。因此,残压测频回路只要保证其输入信号电压在电压互感器的电压输出范围内都能正常工作。不同的残压测频回路,接线方式差异较大,YDT-18000A 型调速器残压测频回路输入信号电压的范围为 0.5~100 V。

一、脉冲测频原理

实现频率—电压变换,最容易的方法是脉冲频率调制(PFM)法。这种方法的基本点是在固定脉冲宽度的前提下,当脉冲频率产生变化时,其输出电压的大小与频率成正比变化,可用如图 2-2 所示的原理框图和波形图作扼要说明。脉宽定时电路把输入信号的脉冲电压 U 变换成恒定脉宽信号 U_p,低通滤波电路的输出电压 U_f 等于脉冲电压 U_p 的平均

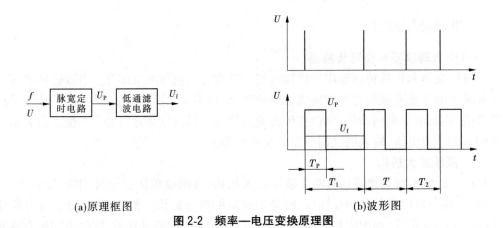

(a)原理框图   (b)波形图

图 2-2 频率—电压变换原理图

值,而 U_P 的平均值为

$$\overline{U}_P = U_f = \frac{1}{T}\int_0^T U_P dt = \frac{1}{T}\int_0^{T_P} U_{PM} dt = \frac{1}{T} U_{PM} T_P = U_{PM} T_P f \tag{2-1}$$

其中,U_{PM} 为 U_P 的幅值,T_P 是 U_P 的脉宽,这两者都为常数,f 是输入信号频率($f = \frac{1}{T}$)。因此,U_f 与频率 f 成正比。综上分析可以看出,高精度的脉宽定时和稳定的脉冲电压幅度是频率—电压变换的关键。

发电机残压-脉冲频率测量回路,就是以此电路为核心,添加整形电路、微分倍频电路、脉冲电路等辅助电路,以解决诸如正弦波与方波的变换,以及使 $f = 50\ \text{Hz}$ 时电压为零的问题。

二、YDT-18000A 型调速器的脉冲测频回路

(一)测频回路的组成

YDT-18000A 型电液调速器的残压-脉冲测频回路基本电路如图 2-3 所示。它由发电机出口电压互感器 PT 经 B_1 取得输入信号,在发电机失去励磁的情况下,仍能利用发电机残余电压工作。整个回路由频率信号整形回路、控制脉冲发生回路、函数发生回路、取样控制回路、记忆放大回路和测频微分回路等组成。

(二)测频回路的工作原理

1. 频率信号整形回路

变压器 B_1 至电容 C_4 是信号输入并进行整形的电路。由发电机电压互感器 PT 产生的是正弦波信号,如图 2-4(a)所示。经 R_1、C_1 和 R_2、C_2 滤掉高频分量,由二极管限幅后送入运算放大器 IC_1。IC_1 工作在开环放大状态,它的增益很高,其输出信号经稳压管削幅后,变成前后沿很陡的方波信号,如图 2-4(b)所示。该方波的周期与输入信号的周期一致。

2. 控制脉冲发生回路

控制脉冲由两个单稳触发器 DW_1 和 DW_2 产生。DW_1 具有极短的暂态时间(几毫秒),由 IC_1 输来的方波信号,经电容 C_4 微分,在下降沿时触发 DW_1,产生十分狭窄的方

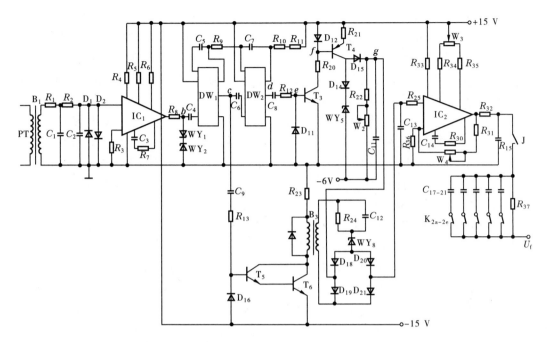

图 2-3　YDT-18000A 测频回路

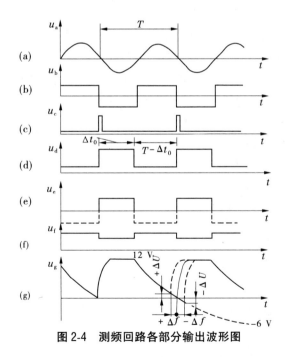

图 2-4　测频回路各部分输出波形图

波,如图 2-4(c)所示。这个脉冲信号一方面输往采样控制回路,另一方面触发 DW_2。 DW_2 是一个暂态时间 Δt_0 定长的单稳触发器,受前述脉冲触发,会输出一个暂态时间定长 Δt_0 ,常态时间定长 $T-\Delta t_0$ 的方波,波形如图 2-4(d)所示。此方波信号通过电容 C_8 耦合至函数发生器。

3. 函数发生回路

函数发生器由晶体管 T_3、T_4 的两级放大器和 C_{11}、R_{22}、W_2 的充、放电回路组成。DW_2 输来的方波信号，由电容 C_8 滤去直流成分，再受二极管 D_{11} 限幅、削去负波，成为图 2-4(e)所示的正方波。T_3 在正方波作用的 Δt_0 时间内导通，在其余时间($T-\Delta t_0$)内截止。由 T_3 送往 T_4 的信号波形，如图 2-4(f)所示。T_4 是 PNP 型三级管，在 T_3 导通时 T_4 的基极电位低于发射极电位，也处于导通状态，其集电极电流将通过二极管 D_{15} 使电容 C_{11} 充电。由于充电回路电阻值很小，g 点的电位将迅速达到受稳压管 WY_5 所钳制的集电极电位 +12 V。在 Δt_0 时间之后，T_3 和 T_4 同时截止，T_4 的集电极电位下降，二极管 D_{15} 截止，电容 C_{11} 将经过 R_{22} 和 W_2 放电，使 g 点电位逐渐下降，趋向 -6 V。g 点的电位变化如图 2-4(g)所示，g 点电位下降的速度由 C_{11} 和 R_{22}、W_2 总电阻的乘积决定，由于 R_{22} 和 W_2 电阻很大，使 g 点的电位下降缓慢。C_{11} 的放电过程经历 $T-\Delta t_0$ 之后，T_3、T_4 又重新导通，C_{11} 将再次充电，由此就形成了图 2-4(g)所示的周期性变化。

C_{11} 放电结束时，g 点的电位取决于放电时间 $T-\Delta t_0$ 的长短，在 C_{11}、R_{22}、W_2 及 Δt_0 一定的条件下，由信号周期 T 决定。当信号频率为 50 Hz 时，调整 W_2 使放电结束时 $U_g = 0$。如果信号的频率上升，则放电时间减短，放电之末 U_g 上升 ΔU。反之，当信号频率下降时，放电时间延长，放电之末 U_g 下降 ΔU。放电结束时 g 点电位的变化 ΔU，近似地与信号频率变化 Δf 成正比例。

4. 取样控制回路

取样控制回路包括 T_5、T_6 组成的复合放大器，脉冲变压器 B_3，以及由稳压管 WY_8 控制的二极管桥形电路 $D_{18} \sim D_{21}$。二极管桥形电路的截止或导通由采样控制电路控制。上述 g 点的电位变化可以经过二极管桥输向电容 C_{13}，C_{11} 放电结束的瞬间，正好是 DW_1 输出狭窄方波的瞬间，由 c 点引来的狭窄方波，经 T_5、T_6 放大，再通过脉冲变压器 B_3，使稳压管 WY_8 处于击穿状态，二极管桥形电路导通 g 点的电位 ΔU 将使电容 C_{13} 迅速充电。受狭窄方波的控制，C_{13} 的充电时间极短(几毫秒)。在其余的时间里，二极管桥形电路被 WY_8 截止，已充电的 C_{13} 将保留已充入的电位 ΔU，直到下一个脉冲来临。这样，C_{13} 就记忆了一个与频率偏差 Δf 成正比例的电压 ΔU，因而称 C_{13} 为记忆电容器。

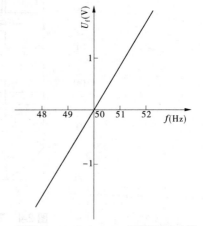

图 2-5　YDT-18000A 测频回路特性

5. 记忆放大回路

电容 C_{13} 所记忆的电压 ΔU 经过运算放大器 IC_2 放大，成为整个回路的输出信号 U_f。U_f 与频率偏差 Δf 成正比例关系，如图 2-5 所示。

$$U_f = b_f(f - f_0) = b_f \Delta f \qquad (2-1)$$

YDT-18000A 测频回路的测频比例度为 $b_f = 0.8$ V/Hz。与 LC 测频回路相比，残压测频方式不用永磁机，所得到的测频信号 $U_f = b_f \Delta f$ 线性更好，因此在电气液压调速器中得到更广泛的应用。但是，残压测频回路比较复杂，增加了制作和调试的难度。

6. 测频微分回路

电容器 $C_{17} \sim C_{21}$ 和电阻 R_{37} 组成的微分电路,在按键 $K_{2a} \sim K_{2e}$ 接通一个或几个时,对输出信号 U_f 起微分作用。U_f 本身是与频率偏差 Δf 成正比例的信号,也即是反映了机组的转速偏差,在它变化时取出的微分信号,就会反映机组的加速度。加入微分信号后,调速器将按比例—积分—微分规律动作,可能使调节质量更好。按键 $K_{2a} \sim K_{2e}$ 的不同组合,可以改变和选择合适的微分时间常数 T_n。

三、频率给定回路

(一)频率给定作用

测频信号 U_f 是控制机械液压部分动作的基本信号,如前所述,机组在额定频率 $f_0 = 50$ Hz 下稳定运行时 $U_f = 0$,接力器不动作。当负载减小使频率上升时,$U_f > 0$,将控制接力器向关方向动作。反之,频率下降时 $U_f < 0$,会控制接力器向开方向动作。如果人为造成某个确定的直流电压 U_G,叠加在测频信号 U_f 上,以综合后的总信号去控制机械液压部分,当 $U_G + U_f = 0$ 时接力器不动作。则人为信号 U_G 引起稳定状态频率发生了改变,实际上是使测频特性发生了平移,如图 2-6 所示。当 U_G 为正时,稳定状态的频率下降;当 U_G 为负时,则稳定运行频率提高。与机械液压调速器的转速调整机构相比,人为信号 U_G 起到了转速调整的作用,在电调中称 U_G 为频率给定信号。

(二)YDT-18000A 型调速器的频率给定回路

YDT-18000A 型调速器的频率给定回路如图 2-7 所示。三极管 T_1、T_2 在恒压下稳定工作,为电阻 R_{18}、R_{19} 和 W_1 组成的串联电路提供稳定的直流电流。频率电位器 W_1 的活动触头受人为控制(手动或电动),取出一个稳定的直流电压 U_G,这即是频率给定信号。YDT-18000A 型调速器的测频比例度为 $b_f = 0.8$ V/Hz,因此 $U_G = \pm 0.8$ V,将引起稳定运行频率发生 1 Hz 的变化。

四、测频回路的运动方程式及传递函数

不同测频方式的测频回路,其共同点是:在正常的频率工作范围内,输入频率信号与测频回路输出的频差电压值成线性关系,其时间常数也都极小。因此,可以把测频环节近似看成比例环节,它们的一般表达式为

$$\Delta U_f = K_f \Delta f \tag{2-2}$$

在研究分析调速器和调节系统时,一般取增量 f 的基准值为 f_r,取频差电压 ΔU_f 的基准值 $U_B = K_f f_r$,U_B 即为相应频率变化 $100\% f_r$ 时测频回路的输出电压值。再令 $x = \dfrac{\Delta f}{f_r}$,$u_f = \dfrac{\Delta U_f}{U_B}$,对上述表达式作如下变换:

$$\frac{\Delta U_f}{U_B} \cdot U_B = K_f f_r \cdot \frac{\Delta f}{f_r}$$

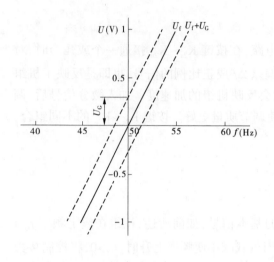

图 2-6　测频特性的平移

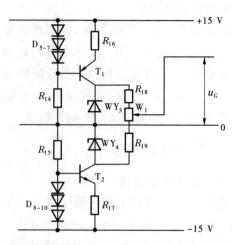

图 2-7　YDT-18000A 型调速器的频率给定回路

$$u_f = \frac{K_f f_r}{U_B} \cdot x$$

将 $U_B = K_f f_r$ 代入上式,则测频回路的运动方程为

$$u_f = x \tag{2-3}$$

应注意的是,如果基准值的取法不相同,则所得无量纲方程中的系数将产生相应的变化。对式(2-3)进行拉氏变换,得测频回路的传递函数:

$$G_f(s) = \frac{U_f(s)}{X(s)} = 1 \tag{2-4}$$

可见,测频回路是一个比例环节,即输入信号输入该环节后,则输出信号毫无延迟地按比例输出。

任务三　校正回路

为了提高调节系统的稳定性、改善过渡过程品质,获得所需要的调节规律,在反馈通道上引入软反馈元件,以便对水轮机调节系统进行校正,从而使整个系统具有预期的静态和动态特性。与机调相似,电调中既可在反馈通道上引入某些电气回路进行校正,如缓冲回路等;又可在前向通道上串联某些电气回路进行校正,如加速度回路等。前者称为并联校正,后者称为串联校正,它们统称为校正回路。

一、软反馈回路

电调的软反馈回路主要利用串联 RC 电路的充放电特性来实现。软反馈回路由 RC 微分回路和它前后具有比例特性的电位器等组成。软反馈回路的输入信号,既可从主接力器或中间接力器上采取,也可从电气积分器上采取。不论其输入信号取自哪一部位,软反馈回路的输入电压均与主接力器的行程成比例。软反馈回路的输出电压以负反馈形式与测频回路输出的测频电压进行综合。

(一)软反馈回路的运动方程式及传递函数

软反馈回路的输入信号是接力器行程的变化量 ΔY,若令主接力器行程 Y 至 RC 微分回路输入电压 U 的变换衰减系数为 K_1,RC 微分回路输出电压 U_R 至软反馈回路输出电压 U_{bt} 的衰减系数为 K_2,则软反馈回路的输入电压为

$$\Delta U = K_1 \Delta Y$$

软反馈回路的输出电压为

$$U_{bt} = K_2 U_R$$

根据 RC 微分回路的运动方程,得

$$T_d \frac{dU_{bt}}{dt} + U_{bt} = K_1 K_2 T_d \frac{d(\Delta Y)}{dt}$$

为了得到以无量纲形式表达的方程,取 ΔY 的基准值为主接力器的最大行程 Y_M,因软反馈信号电压将与来自测频回路的测频信号电压进行叠加,故 ΔU_{bt} 的基准值取相应频率变化 $100\% f_r$ 时测频回路的输出电压值,即采用基准电压 $U_B = K_f f_r = 50 K_f$。

令 $u_{bt} = \dfrac{\Delta U_{bt}}{U_B}$,$y = \dfrac{\Delta Y}{Y_M}$,则上述方程又可改写为

$$T_d \frac{du_{bt}}{dt} + u_{bt} = K_1 K_2 \frac{Y_M}{U_B} T_d \frac{dy}{dt}$$

$K_1 K_2 Y_M / U_B$ 的意义是:接力器移动全行程时,软反馈回路输出的反馈电压 U_{bt} 占基准电压 U_B 的百分比。令 $b_t = K_1 K_2 Y_M / U_B$ 并代入上式,则得软反馈回路的运动方程为

$$T_d \frac{du_{bt}}{dt} + u_{bt} = b_t T_d \frac{dy}{dt} \tag{2-5}$$

式中　b_t——暂态转差系数;

　　　T_d——缓冲时间常数。

对式(2-5)进行拉氏变换,得

$$T_d s U_{bt}(s) + U_{bt}(s) = b_t T_d Y(s)$$

软反馈回路的传递函数为

$$G_{bt}(s) = \frac{U_{bt}(s)}{Y(s)} = \frac{b_t T_d}{1 + T_d s}$$

可见,软反馈回路实际是一个微分环节。

(二)软反馈回路的工作原理

图 2-8 所示为 YDT-18000A 型调速器的软反馈回路。它的核心部分是电容 C_{32} 与 W_{12}、R_{82} 组成的串联 RC 电路,电路由 W_{11} 活动触点取得输入信号,其输出电压经运算放大器 IC_4 放大,从 W_{15} 引出软反馈信号 U_H。位移传感器 W_8 与电位器 W_{13} 的活动触点之间设有射极放大器 T_{21} 和 T_{22},并经过 W_{11} 和稳压管 WY_{12} 相连。调整 W_{13},使 WY_{12} 在空载开度以上 5% 左右时达到稳定电压。机组空载运行时,接力器开度小于这一整定开度,WY_{12} 两端的电压低于稳定值,它表现为高阻抗。位移传感器 W_8 经 T_{21} 放大输来的电压,几乎全部作用于 C_{32} 充、放电。当机组带负载运行时,接力器开度大于上述整定值。此

时，WY$_{12}$ 达到其稳定电压，处于稳压工作状态，表现为低阻抗。位移传感器 W$_8$ 经 T$_{21}$ 输来的电压，将由 W$_{11}$ 分压，有一部分作用于 C$_{32}$ 充、放电。可见，WY$_{12}$ 起了负载、空载切换的作用，其负载/空载比率由电位器 W$_{11}$ 整定。回路的缓冲时间常数 T_d 由电位器 W$_{12}$ 调整。空载状态的暂态转差系数 b_t，则由电位器 W$_{15}$ 决定。YDT-18000A 型调速器缓冲时间常数 $T_d = 3 \sim 12$ s，空载下暂态转差系数 $b_t = 0 \sim 80\%$，负载/空载缓冲比率为 0.3 ~ 1.0，负载/空载切换的接力器开度在 20% ~ 50% 内整定。

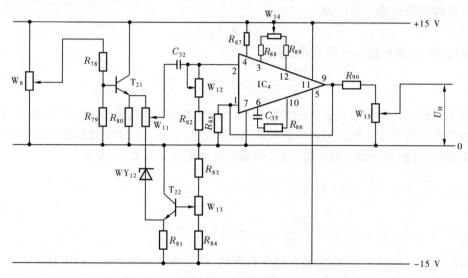

图 2-8　YDT-18000A 型调速器的软反馈回路

将软反馈回路的输出电压 U_{bt} 叠加在测频信号 U_f 上，用总信号 $U_f + U_{bt}$ 控制机械液压部分动作，则 U_{bt} 会起到软反馈的作用。机组稳定运行时调节信号为零，$U_f + U_{bt} = 0$，若负荷突然减小，则机组转速上升，引起 $+U_f$ 信号，使 $U_f + U_{bt} > 0$，从而指挥接力器关小导叶。在接力器关小的同时，接力器位置反馈电压 U 减小，电容 C_{32} 放电，运算放大器 N$_4$ 输出一负电压，即 U_R 下降一定的 ΔU，致使软反馈回路有负电压 U_{bt} 输出，总信号 $U_f + U_{bt}$ 被削弱，这即是负反馈作用。随着时间的推移，U_{bt} 呈指数规律衰减，负反馈作用逐渐消失，这即是反馈的回复过程。对照机械液压型调速器中软反馈机构的动作情况，不难看出信号起了软反馈的作用。

二、测频微分回路

测频微分回路按频差原理输出调节信号。当机组频率发生变化需要进行调节时，所加入的频率微分信号在机组加速度大的情况下，能提前给予较大的调节信号，可更有效地控制机组频率的变化，减小超调量，缩短调节时间，从而改善调节系统的动态特性，特别是在水流加速(惯性)时间大、机组惯性时间大的情况下能起到显著作用。

图 2-9 所示为 YDT-18000A 型电液调速器的测频微分回路及简化电路。下面来分析测频微分回路改善调节系统的动态特性的原理。如图 2-9(b)所示，其输入信号为测频回路输出的测频电压 U_f，输出信号是电压 U_A。该回路有两个通道，一个通道将 U_f 经 R_1、R_2 直接送入运算放大器 N$_3$；另一个通道经电容 C 微分后由 R_2 送入运算放大器 N$_3$，运算放

大器 N_3 将上述信号综合后输出电压 U_A。

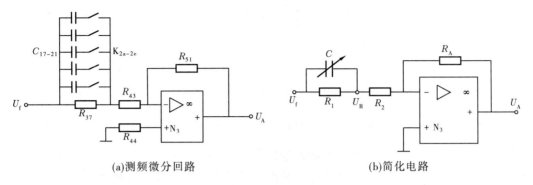

(a)测频微分回路 (b)简化电路

图 2-9 YDT-18000A 型电液调速器的测频微分回路及简化电路

对反相输入的集成运算放大器,有

$$\frac{U_R}{R_2} = -\frac{U_A}{R_A} \tag{2-6}$$

$$U_R = -\frac{R_2}{R_A} U_A$$

电容 C 两端的电压降为

$$U_C = U_f - U_R = U_f + \frac{R_2}{R_A} U_A$$

通过电容 C 的电流为

$$i_C = C\frac{\mathrm{d}U_C}{\mathrm{d}t} = C\frac{\mathrm{d}U_f}{\mathrm{d}t} + C\frac{R_2}{R_A}\frac{\mathrm{d}U_A}{\mathrm{d}t}$$

通过电阻 R_1 的电流为

$$i_1 = \frac{U_C}{R_1} = \frac{U_f}{R_1} + \frac{R_2}{R_1 R_A} U_A$$

利用"虚地"概念,即理想集成运算放大器的两输入端之间的电压差为零,则通过电阻 R_2 的电流为

$$\frac{U_R}{R_2} = i_C + i_1 \tag{2-7}$$

将式(2-6)和 i_C、i_1 代入式(2-7),并移项化简得

$$\frac{CR_1R_2}{R_1+R_2}\frac{\mathrm{d}U_A}{\mathrm{d}t} + U_A = -\frac{R_A}{R_1+R_2}(R_1C\frac{\mathrm{d}U_f}{\mathrm{d}t} + U_f) \tag{2-8}$$

令 $T_n = R_1C$, $T_n' = \frac{R_2}{R_1+R_2}T_n$, $K = \frac{R_A}{R_1+R_2}$, 代入式(2-8)得

$$T_n'\frac{\mathrm{d}U_A}{\mathrm{d}t} + U_A = -K(T_n\frac{\mathrm{d}U_f}{\mathrm{d}t} + U_f) \tag{2-9}$$

式中 K——放大倍数;

T_n——微分时间常数或加速度时间常数，$T_n = (5 \sim 10) T_n'$。

引入相对变量 $u_f = \dfrac{U_f}{U_B}$，$u_A = \dfrac{U_A}{U_B}$，U_B 为基准电压，$U_B = K_f f_r = 50 K_f$，代入式(2-9)得

$$T_n' \frac{\mathrm{d} u_A}{\mathrm{d} t} + u_A = - K (T_n \frac{\mathrm{d} u_f}{\mathrm{d} t} + u_f) \tag{2-10}$$

由于 $T_n \gg T_n'$，忽略 T_n'，故式(2-10)可改写为

$$- u_A = K (T_n \frac{\mathrm{d} u_f}{\mathrm{d} t} + u_f) \tag{2-11}$$

式(2-11)即为 YDT-18000A 型调速器测频微分回路的运动方程式。它说明该回路的输出电压等于测频输出电压分量 u_f 与其微分分量之和的 K 倍。因此，称该回路为测频微分回路，具有比例加微分的作用。u_A 前的负号和放大倍数 K 是回路中采用了反相运算放大器的结果。对一般测频微分回路而言，这并非是固有部分。因此，在对调速器作一般调节规律的分析时，只需采用影响调节规律的表达式：

$$u_A = T_n \frac{\mathrm{d} u_f}{\mathrm{d} t} + u_f \tag{2-12}$$

对式(2-12)进行拉氏变换，得

$$U_A(s) = T_n s U_f(s) + U_f(s)$$

测频微分回路的传递函数为

$$G_A(s) = \frac{U_A(s)}{U_f(s)} = T_n s + 1$$

可见，测频微分回路的输出电压等于测频回路输出电压分量与它的微分分量之和。因此，这个调节信号既反映了频率偏差的大小，也反映了频率偏差变化率的大小。在频率偏差刚出现时，其频率偏差变化率较大，因此测频微分回路能在频率偏差过大之前发出较大的调节信号，使调速器提前加大动作。同时，在频率偏差较大时，其变化率往往较小或方向相反，测频微分回路可以减小调节信号、防止过调节。总之，引入测频微分回路可以改善过渡过程调节品质，提高速动性，缩短调节时间，减小超调量。特别是在水流惯性时间大、机组惯性时间大的情况下能起到显著作用。

任务四 硬反馈、功率给定及人工失灵区回路

一、硬反馈与功率给定回路的工作原理和运动方程

常见的硬反馈与功率给定回路的原理框图如图 2-10 所示，其输入的信号是与主接力器行程 Y 成比例的导叶位置反馈电压 U_α 和人为给出的代表给定导叶开度 $0 \sim 100\%$ 的可调功率给定电压 U_p，经综合衰减后输出硬反馈电压 U_{bp}。

由上述分析可知，硬反馈回路输出的硬反馈电压为

$$U_{bp} = K_3 (U_\alpha - U_p)$$

式中 K_3——衰减系数。

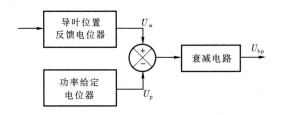

图 2-10　硬反馈与功率给定回路的原理

如果功率给定电压 U_p 不变,导叶位置反馈电压 U 随主接力器行程 Y 变化,硬反馈回路输出的电压为 $U_{bp}+\Delta U_{bp}=K_3(U_\alpha-U_p+\Delta U_\alpha)$,将以上两式相减,得:

$$\Delta U_{bp} = K_3 \Delta U_\alpha$$

与主接力器行程 ΔY 成比例的电压 $\Delta U_\alpha = K_{11}\Delta Y$,故有

$$\Delta U_{bp} = K_3 K_{11} \Delta Y$$

式中　K_{11}——位移—电压转换系数。

取 Y_M 为 ΔY 的基准值,U_B 为 ΔU_{bp} 的基准电压,引入相对变量 $u_{bp}=\dfrac{\Delta U_{bp}}{U_B}$,$y=\dfrac{\Delta Y}{Y_M}$,代入上式得:

$$u_{bp} = K_3 K_{11} \frac{Y_M}{U_B} y$$

令 $b_p = K_{11} K_3 \dfrac{Y_M}{U_B}$,则:

$$u_{bp} = b_p y \tag{2-13}$$

式(2-13)为硬反馈回路的运动方程,式中 b_p 为永态转差系数,其意义是:接力器走完全行程,由硬反馈回路输出的硬反馈电压所形成的频差占额定频率的百分比。改变衰减系数 K_3,可使 b_p 值在 0~10% 的范围内得到调整。

硬反馈回路的传递函数为

$$G_p(s) = \frac{U_p(s)}{Y(s)} = b_p$$

故硬反馈回路一定是个比例环节。

二、YDT-18000A 型电液调速器的硬反馈与功率给定回路

图 2-11 为 YDT-18000A 型电液调速器的硬反馈与功率给定回路,其电源部分已省略。图中 W_8 是开度反馈电位器,其动点由中间接力器带动,因此电压 U 反映了中间接力器的位移。由于中间接力器以下是一个机械液压随动装置,因此 U 也反映了主接力器和导叶的开度。导叶开度关小,A 点下移,导叶位置反馈电压 U 减小;导叶开度开大,A 点上移,导叶位置反馈电压 U 增加。W_9 为功率给定电位器,其动点处的电压 U_p 反映了给定功率的大小。功率给定电位器 W_9 的一端与电位器 W_8 共用"0"电位,另一端接负电源。

功率给定电位器 W_9 的活动触点与机械液压型调速器的转速调整螺母相似，是根据增减负荷或增减机组转速的需要，来调整 W_9 的活动触点位置。若要增加给定负荷，则使 P 点下移，功率给定电压 U_p 增加；若要减少给定负荷，则使 P 点上移，功率给定电压 U_p 减小。W_8、W_9、R_{74}、R_{75} 组成了一个电桥，电桥的输出经 R_{76}、R_{77} 和 W_{10} 组成的分压电路衰减后再经继电器 J 的常闭触点形成硬反馈及功率给定综合电压 U_W 再送至综合放大回路。

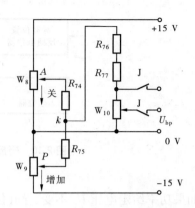

图 2-11　YDT-18000A 型电液调速器的硬反馈与功率给定回路

W_{10} 为永态转差系数 b_p 的调整电位器，在同一开度下，调整 W_{10} 的动点位置，即调整了硬反馈量的输出，从而实现了永态转差系数 b_p 值在 0~10% 的范围内调整。硬反馈电压输出前串接了失速保护继电器 J 的触点，在正常运行时 J 的常闭触点接通，硬反馈电压从 W_{10} 的动触点输出。在测频信号 U_f 消失的事故情况下，J 的线圈有电流通过，其常开触点闭合、常闭触点断开，将向信号综合及放大回路输送一个造成关机动作的电压，以保护机组。

三、人工(频率)失灵区回路

由于电调的转速死区较小，灵敏度较高，对于在系统中担任基荷的机组，过高的灵敏度会造成机组因电网频率的微小变化频繁调节，不利于机组稳定。根据《水轮机调速系统技术条件》(GB/T 9652.1—2019)的要求，对于大型电调应设置人工失灵区，其最大值不小于额定转速的1%，并能在设计范围内调整。人工失灵区也称人工频率死区，在所处工况下，可人为地使调速器在规定的转速范围内不起调速作用。当机组承担基本负荷运行，在给定频率附近，电网频率变化在这个频率死区范围以内时，该机组不参加调节，电网的变动负荷完全由调频机组承担，从而起到稳定机组的作用。当频率变化范围超过设定的频率死区时，该机组也参加调节，并与调频机组一起为恢复电网频率至规定值而承担一定的负荷。电调中用于设置上述频率死区的回路称为人工失灵区回路。

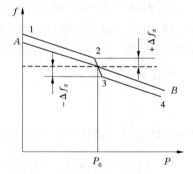

图 2-12　增加了人工失灵区的调节系统静特性

增加了人工失灵区的调节系统静特性如图 2-12 所示。机组在给定功率 P_0 附近有很陡的静特性，如 2~3 段，当系统频差在该段范围内时，该机组基本不参加调节，出力较稳定；当系统的频差较大，超过 2~3 段范围时，则机组仍按原来的静特性 AB 参加调节。

YDT-18000A 型调速器就采用了上述的人工失灵区回路，具体电路及原理可参考相关资料。

任务五　综合放大回路与电气开度限制回路

在电调中,为了将综合回路输出的微弱信号放大到足以驱动电液转换器线圈工作,必须有放大电路先对信号进行放大。发电机转速的波动信号的频率很低,同时直流放大回路中由于温度变化及电源电压波动可能引起的零点漂移现象,都要求对信号进行综合放大。在晶体管电调中通常是采用直流差动放大器或运算放大器来完成这一工作的。

一、综合放大的方式

在机调中,信号的综合放大是以杠杆、液压传动系统将来自各机构的信号进行叠加的。在电调中,各种电气调节信号和控制信号通过电气元件进行综合,然后经放大后送入电液转换器,从而产生相应的调节过程。当调节过程终止,调节系统进入稳态时,信号综合回路的输出应为零。

目前,电液调速器中的信号综合方式因电气量的形式和放大器的类型而不同,一般分为直流信号串联综合、直流信号并联综合、交流信号的综合3种综合方式。第一种用于分立元件的晶体管差动放大器的电调;第二种采用线性运算放大器,用于集成电路构成的电调;第三种采用变压器串联的方式对各交流电压信号进行综合,用于电子管电调。下面仅介绍 YDT-18000A 型电液调速器的综合放大回路。

二、YDT-18000A 型电液调速器的综合放大回路

图 2-13 为 YDT-18000A 型电液调速器的综合放大回路,它主要由信号综合回路、互补对称式功率放大电路和限幅电路组成。

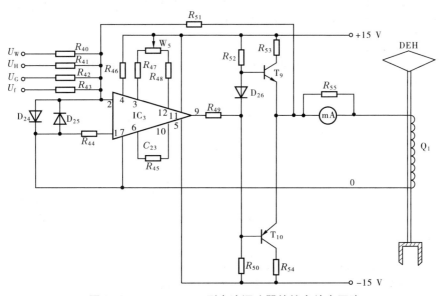

图 2-13　YDT-18000A 型电液调速器的综合放大回路

YDT-18000A 型调速器的调节信号综合及放大回路采用运算放大器 IC_3 来实现,电路如图 2-13 所示。图中 IC_3 被设计为一个典型的加法器,将硬反馈及功率给定信号 U_W、软反馈信号 U_H、频率给定信号 U_G、测频信号 U_f 进行叠加,再由推挽放大器 T_9、T_{10} 进行放大,最后输往电液转换器工作线圈 Q_1。当输入信号为零时,调整电位器 W_5 使输出信号也为零,则能正常工作。

三、综合放大回路的运动方程

运算放大器对各输入信号电压 U_1、U_2、U_3 等的综合放大作用,是根据相应的放大倍数 K_1、K_2、K_3 等按比例变换为 U_1'、U_2'、U_3' 等的总和。综合放大回路的增量方程为

$$\sum \Delta U' = K_1 \Delta U_1 + K_2 \Delta U_2 + K_3 \Delta U_3 + \cdots + K_n \Delta U_n$$

对上式中所有电压增量均取 U_B 为基准电压,引入相对量

$$u_\Sigma = \frac{\sum \Delta U'}{U_B}, u_1 = \frac{\Delta U_1}{U_B}, u_2 = \frac{\Delta U_2}{U_B}, u_3 = \frac{\Delta U_3}{U_B}, \cdots, u_n = \frac{\Delta U_n}{U_B}$$

得无量纲形式的运动方程式

$$u_\Sigma = K_1 u_1 + K_2 u_2 + K_3 u_3 + \cdots + K_n u_n \tag{2-14}$$

四、电气开度限制回路

电气开度限制回路的功能是对导叶实际开度的上限进行限制。机组自动运行,当实际开度开至限制开度时,增大导叶开度的开机信号就不能继续通过电气开度限制回路,但关机信号仍能通过。限制开度的大小可根据运行要求在 0~100% 的开度之间进行整定,有的还能借用开度限制回路手动控制导叶的启闭。

目前,大多数国产的电液调速器,包括 YDT-18000A 在内,为保证开度限制动作的可靠性,仍然保留了机械型的开度限制机构。但也有一些电液调速器采用了电气开度限制回路。

图 2-14 是 JST-A 型电液调速器的电气开度限制回路工作原理图。该回路由电位器 W、三极管 T 组成。

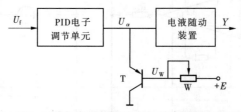

图 2-14 JST-A 型电液调速器的电气开度限制回路工作原理图

电位器 W 用于设置限制开度值。调整电位器 W,使三极管 T 的基极电位为 U_W。T 的发射极接在 PID 调节单元的输出端,其电位为 U_α。PID 调节单元以下为电液随动系统,因此接力器开度 Y 跟随调节信号电压 U 的变化而变化,U 的大小反映了导叶实际开度大小。

当导叶实际开度小于限制开度,即 $U < U_W$ 时,三极管 T 截止。根据 PID 调节单元的

输出,U 可正常增加或减小,并通过电液随动系统使导叶开启或关闭。

当导叶实际开度大于或等于限制开度,即 $U \geqslant U_W$ 时,三极管 T 导通,U 被钳制在与 U_W 基本相等的电位(T 导通时其发射极和基极间压降很小)。这就使导叶实际开度被钳制在限制开度,起到了开度限制的作用。这时不论电子调节器产生多大的开导叶信号,都不能使导叶再开大。但是电子调节器发出关导叶信号使 U 降至 U_W 以下,则可以使导叶关闭。

任务六 电调的电液随动系统

在电调中,把电气调节信号转化为接力器位移信号实现调节规律,就必须要有联结电气部分和机械液压部分的一个关键元件,我们把它称为电液转换器。在电调中,功率给定与硬反馈回路和软反馈回路,都需要输入反映接力器位移(导叶开度)的反馈电压信号,位电转换器就是将机械位移信号转换成电信号的位电转换元件。电液转换器和位电转换元件统称为电液随动系统。

一、电液转换器

电液转换器的主要作用是把电气部分综合放大回路输出信号转换并放大成具有一定操作力的机械位移信号,或具有一定压力的流量信号,用以驱动液压机构去实现水轮机的调节。因而电液转换器有位移输出和流量输出两种类型,后者又称为电液伺服阀。电液转换器由电气—位移转换部分和液压放大两部分组成。电气—位移转换部分按其工作原理可分为动圈式和动铁式两种。液压放大部分按其结构特点可分为控制套式、喷嘴挡板式和滑阀式,其中控制套式又可按工作活塞型式不同分为差压式和等压式。本任务介绍 YDT-18000A 型电液转换器和近来应用较为广泛的环喷式电液转换器。

(一)YDT-18000A 型电调电液转换器

YDT-18000A 型电调的电液转换器如图 2-15 所示,包括电气—位移转换、位移—液压转换放大和引导阀。

电气—位移转换部分由铁芯 11、永久磁钢 9 和磁轭 7 组成磁系统。在铁芯的上部与磁轭之间有环形空气隙,永久磁钢在空气隙中形成磁场。位移输出部件由线圈 6、控制套轴 10、十字弹簧 3、控制套 13 组成。线圈有 Q_1、Q_2 两个,Q_1 是工作线圈,Q_2 是振动与启动线圈,固定在控制套轴 10 的中部,并通过控制套轴 10 的上端用十字弹簧将线圈悬吊在环形空气隙中。控制套 13 用圆柱销固定在控制套轴的下端。

当工作线圈 Q_1 有信号电流通过时,线圈在磁场力的推动下连同控制套轴一起产生沿轴向的上、下位移。其位移方向取决于线圈 Q_1 中电流的方向,位移量的大小与电磁力成正比,即与线圈中的信号电流成正比。用十字弹簧的变形力与之平衡,以形成信号电流与控制套位移间一一对应的关系。

活塞体 16 的上部为一差动活塞,它与其缸体构成了电液转换器的液压放大部分。活塞将缸体分隔成上、下两腔,活塞面积上大下小。经两次过滤后的压力油一路进入下腔,另一路经固定节流孔 D 进入上腔。活塞上腔的油再沿活塞杆的中心孔上行,经杆上的径向油孔 C 喷出。电液转换器的原理如图 2-16 所示。

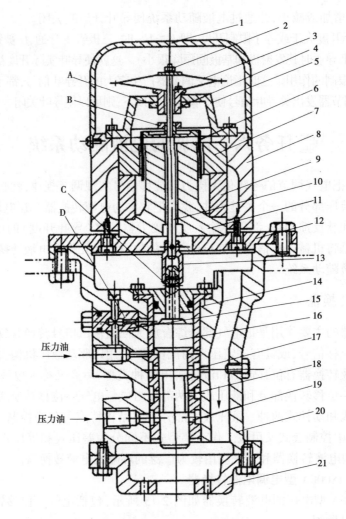

压力油 →

压力油 →

1—外罩；2—螺母；3—十字弹簧；4—调节螺母；5—支架；6—线圈；7—磁轭；8—上壳体；9—永久磁钢；
10—控制套轴；11—铁芯；12—底座；13—控制套；14—阀套；15—节流孔塞；16—活塞体；17—排油孔；
18—中间接力器油孔；19—进油孔；20—下壳体；21—下盖

图 2-15　电液转换器

当电气调节器输出信号为零时，电液转换器处于平衡状态，控制套大约盖住喷油孔 C 的一半。因差动活塞面积上大下小，$S_上 > S_下$，而压强 $p_上 < p_下$，只要固定节流油孔 D 的大小选择适当，便会使差动活塞的上、下压力相等，即 $p_上 S_上 = p_下 S_下$，处于平衡状态。与此相应的喷油孔开度称为平衡开度。若有关机信号输入，则控制套上移，喷油口开度变大、喷油量增加，上腔油压减小，$p_上 S_上 < p_下 S_下$，差动活塞上行，直到喷油口恢复平衡开度。反之，有开机信号输入时，会使差动活塞向下行，直到喷油口恢复平衡开度。可见差动活塞总是随动于控制套，而且两者位移量相等。但使控制套动作的微弱电磁力，经液压放大后能使差动活塞的上下移动的操作力达到几百牛顿。

引导阀位于差动活塞下部，是下一级液压放大装置（中间接力器）的配油阀。其阀体在差动活塞之下，并与之制成一个整体。因此，引导阀体的位移量与差动活塞的位移量相

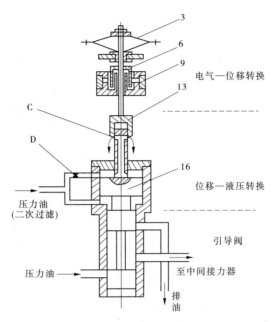

图 2-16　电液转换器原理

等。在引导阀阀套 14 和下壳体 20 上开有三排油孔,上孔连通排油,下孔进压力油,中孔经切换阀等部件与中间接力器下腔连通。上、下油孔受引导阀两等径阀盘的控制。当电液转换器处平衡状态,喷油口处平衡开度时,引导阀上、下油孔被阀盘封住,无调节信号输出,中间接力器处于原稳定位置。当有关机信号时,引导阀阀体上行,中孔接通排油,使中间接力器向关侧动作。反之,在开机信号的作用下,压力油经中孔进入中间接力器,使之向开侧动作。

由于控制套与活塞杆间的配合间隙很小,为了防止卡塞,当调速器正常运行时,在振动与启动线圈中通以交流振动电流,使线圈和控制套始终保持小幅度的振动,以提高控制套动作的灵活性和可靠性。当机组由停机到启动,再到空载的开机过程中,在测频回路尚未投入正常工作之前,首先是通过机组的启动继电器给振动与启动线圈加入开机方向的直流电,形成开机信号,使调速器开启导叶。待机组进入空载开度以后,再用继电器切断直流电,并让振动电流进入振动与启动线圈,调速器进入自动控制状态。

（二）环喷式电液转换器

环喷式电液转换器是在上述电液转换器基础上为克服工作过程中控制套卡阻现象频繁而在结构上进行一定改进后的产品,结构简图及液压示意图如图 2-17 所示。

电气—位移转换部分的磁系统由铁芯 4、永久磁钢 5、磁轭 6 组成,在环形空气隙中形成磁场。位移输出部件由可动线圈 2 和控制套轴 3 组成。控制套 12 利用滚动轴承 13 与控制套轴相联系,在轴向上随控制套轴上下动作,而径向上在滚动轴承和球铰等因素的作用下可产生转动。控制套轴的上端装有由一对上下弹簧组合而成的弹簧装置 7。线圈依靠弹簧的支持位于环形空气隙中;当电气调节器输出的信号电流进入工作线圈后,在电磁力的作用下,线圈连同控制套轴和控制套一起产生相应的轴向位移,直到支承弹簧力与电

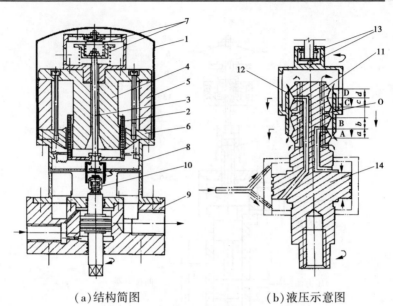

(a)结构简图　　　　　　(b)液压示意图

1—外罩;2—可动线圈;3—控制套轴;4—铁芯;5—永久磁钢;6—磁轭;7—弹簧装置;8—底座;
9—阀座;10—活塞杆;11—阀塞;12—控制套;13—滚动轴承;14—等压活塞

图 2-17　环喷式电液转换器

磁力的作用平衡,位移的方向取决于电流的极性,位移量与信号电流的大小成正比。于是形成了信号电流与控制套位移间一一对应的关系。

位移—液压放大部分由阀塞 11、等压活塞 14 等组成。等压活塞在上下两腔的面积相等。上下两腔均引进压力油。活塞上杆就是阀塞 11,呈锯齿形,分上环 C、D 和下环 A、B。上下环受控于控制套。阀塞 a、b、c、d 四段的大直径端接回油腔 O,小直径端分别连通等压活塞的上、下腔。

稳态时,控制套所处位置使阀塞上下环压力相等,两者的环形喷油间隙也相等,等压活塞处于中间位置。在关机信号电流作用下,控制套随线圈、控制套杆上移,上环喷油间隙减小,下环喷油间隙增加,则等压活塞下腔油压增大而上腔油压减小,等压活塞随之上行,直至上下环压力相等的新平衡位置。反之,开机信号电流会使控制套下移,从而使等压活塞下移,直到新的平衡位置。可见等压活塞随动于控制套,行程与控制套相等,而在操作力上得到相应的放大。

环喷式电液转换器具有以下优点:①阀塞锯齿形的齿锥按有利锥度设计,自动调心力强,不易发卡。②上下环的开口较大,运行时上环(下环)出口被污物堵塞时,则等压活塞下腔(上腔)压力增高,活塞自动上移(下移)。由于阀套未动,于是上环(下环)开口增大,污物被冲走,活塞又自动回复到原来位置,起到自洁作用。③阀塞上环和下环的出油孔均由同转向的切线方向引出,运行时能使控制套不停地自动旋转,即使在振动电流消失的情况下也能正常运行,从而提高了控制套工作的灵敏性和可靠性。

(三)电液转换器的主要特性及其技术要求

1. 静特性

从总体上看,电液转换器将放大回路的电流信号 ΔI,转变成了引导阀柱塞的位移

Δh。在稳定状态下 ΔI 与 Δh 成正比例规律,这即是电液转换器的静特性,如图 2-18 所示。因此,电液转换器的静特性指的是其输出信号值(差动活塞位移 S 或电液伺服阀的输出流量 q)与输入信号值(电流信号 I)的关系。其特性曲线应为一条直线。做此静特性试验时,往返两方向的测试点各不少于 10 个点,应有 3/4 的点在一条直线上。

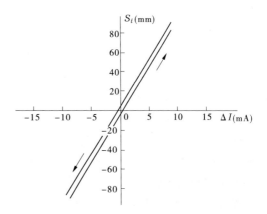

图 2-18　电液转换器的静特性

2. 静特性死区

当电液转换器的输入信号(电流信号)变化时,差动活塞要克服一定的阻力才能产生位移。因此,当差动电流只发生微小变化时,差动活塞就不产生位移(或电液伺服阀的输出流量不发生变化)。这种不足以使输出信号发生变化的微小差动电流变化区间,就称为电液转换器静特性死区。一般要求死区值不超过 0.06%。

3. 放大系数

电液转换器的放大系数又称为比例度,静特性的斜率就是电液转换器的放大系数 K_d,即在信号电流变化 1 mA 时活塞行程的变化值(或输出流量的变化值)。其放大系数应符合设计要求,一般为 0.02 mm/mA。YDT-18000A 型调速器 K_d 设计值不低于 0.05 mm/mA。

4. 响应频率

一个系统(或元件)的频率响应是指系统(或元件)对正弦输入信号的稳态响应,即输入正弦信号时系统(或元件)输出量的稳态分量对输入量的复数比。电液转换器的响应频率就是其频率响应的频带宽度,即其开环伯德图中 -3 dB 处的频带宽度。

响应频率的高低标志着电液转换器对输入信号响应速度的快慢,频率越高响应越快,但并不是响应频率越高越好,因为过高的响应频率容易受高频噪声的干扰,而且对元件的质量要求也很高。水轮机调速器用的电液转换器,其响应频率一般 5~10 Hz 即可满足要求。

5. 油压漂移

当压力油油压在调速器正常工作油压变化范围内变化时,在外加振荡电流,但信号电流不变的条件下,电液转换器差动活塞行程的变化应不超过 0.02~0.05 mm(若为流量输出,其流量变化应为零)。

6. 负载漂移

在外加振荡电流,但信号电流不变的条件下,当电液转换器的输出负载发生变化时,其差动活塞行程的变化应不大于 0.05 mm/MPa。

7. 零偏

零偏即差动活塞的中间位置复原偏差,在线圈不通任何电流的情况下不得超过 0.05 mm,在有振动电流的情况下不得超过 0.02 mm。

二、位电转换器

电液调速器中的电气调节器只能接收电信号,所有的反馈和给定值必须以电信号的形式进入调节器,因此需要有一种将机械位移信号转换成电信号的元件,这就是位电转换元件。常见的位电转换元件有如下三种。

(一)精密绕线电位器

精密绕线电位器是一种线性度较好、精度较高、旋转平稳、接触良好的电位器,是电液调速器中应用较多的位电转换元件。应用时一般将机械位移通过钢丝绳带动一个装在电位器轴端的圆盘旋转,从而改变电位器的滑动触头位置。当电位器的两固定端已接上直流电源时,滑动触头处就会输出一个与机械位移对应的直流电压信号。

(二)精密直线滑动电位器

精密直线滑动电位器的动触头可以与机械部件一起移动,是直接将位移信号转换成电信号的位电转换元件。其一般应用于电液调速器中限制开度的转换。

(三)光电编码器

光电编码器是一种将机械角位移转换成脉冲信号的位电转换元件。它一般多用于电机式数字微机调速器中,并与电位转换电机同轴连接,当电机带动它一起旋转时,它连续发出与转角及转向相应的脉冲信号。

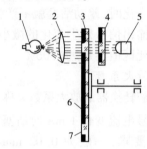

1—光源;2—聚光镜;3—圆光栅;4—指示光栅;
5—光电元件;6—不透光条纹;7—透光条纹

图2-19　光电编码器的原理

光电编码器的原理如图2-19所示。在玻璃圆盘上用真空镀膜的方法镀上一层不透光的金属薄膜,再涂上一层均匀的感光材料,然后用精密照相腐蚀的方法,制成沿圆周等距的透光与不透光相间的条纹,从而构成了圆光栅3。在指示光栅4上具有宽度相同的透光条纹。当电机带动圆光栅旋转时,光线透过这两个光栅照在光电元件5上,使光电元件接收到的光通量时明时暗地变化。光电元件将光信号转换成电信号,再经放大、整形等处理,便形成了输出的两路方波信号。从两路方波信号的相位差可以知道电机的转向,从方波信号的脉冲个数可以知道电机的转角。

此外,常见的位电转换器还有差动变压器和旋转变压器等,但由于它们应用于位移测量的原理和电路过于复杂,所以应用得较少。

任务七　油压装置的结构、原理及调试

一、调速系统油压装置的特点和要求

油压装置是供给调速器压力油源的设备,也是水轮机调速系统的重要设备之一。由于调速器所控制的水轮机体积庞大,需要足够大的接力器体积和容量克服导水机构承受的水力矩和摩擦阻力矩,故使其油压装置体积和压力油罐容积都很大。目前常用的油压装置整个体积比调速器大得多,其压力油罐体积可达 20 m³,国外已采用 32 m³,甚至更大些。常用额定油压为 2.5 MPa、4 MPa 或 6.3 MPa,国外用到 7 MPa。

机组在运行中,经常发生负荷急剧变化,甩掉全负荷和紧急事故停机,需要调速的操作在很短时间内完成,而且压力变化不得超过允许值。为此常用爆发力强的连续释放较大能量的气压蓄能器来完成。所以,油压装置压力罐容积必须有 60%~70% 的压缩空气和 30%~40% 的压力油,以使油量变化时压力变化最小。

水轮机调节要求调速器动作灵敏、准确和安全可靠。动力油不清洁或质量变坏,势必使调速器液压件产生锈蚀、磨损,尤其对精密液压件造成卡阻和堵塞,给调速器工作带来不良影响甚至严重后果。为此,油压装置内应充填和保持使用符合国家标准的汽轮机油,其油质标准见表 2-1。

随着调速器自动化程度的提高,要求油压装置在保证工作可靠的基础上也必须具有较高的自动化水平。为此,通常每台机组都有它单独的调速器和与之配合的油压装置。它们中间以油管路相通。

表 2-1　HU-30 或 HU-20 号汽轮机油油质标准

序号	项目		指标	序号	项目	指标
1	黏度	运动黏度(mm²/s)	20~30	6	氧化后沉淀物(%)	≤0.1
		恩氏黏度(mm²/s)	3.2~4.2		氧化后酸值(mgKOH/g)	0.35
2	闪点(℃)		180	7	抗乳化度(min)	≤8
3	凝点(℃)		-10	8	灰分(%)	≤0.005
4	酸值(mgKOH/g)		0.02	9	杂质、水分	无
5	水溶性酸或碱		无	10	透明度	透明

中小型调速器的油压装置与调速柜组成一个整体,在布置安装和运行上都较方便。大型调速器的油压装置,由于其尺寸较大,是单独分开设置的。

二、油压装置的分类

油压装置按其布置方式可分为分离式与组合式两种。分离式是指压力油罐与回油箱分开布置,组合式则是指压力油罐与回油箱装在一起。中小型调速器一般采用组合式结构。

油压装置工作容量的大小是以压力油罐的容积(m³)来表征的,并由此组成油压装置的系列型谱,见表 2-2。

表 2-2　油压装置系列型谱

分离式	YZ-1、YZ-1.6、YZ-2.5、YZ-4、YZ-6、YZ-8、YZ-10、YZ-12.5、YZ-16/2、YZ-20/2
组合式	HYZ-0.3、HYZ-0.6、HYZ-1.0、HYZ-1.6、HYZ-2.5、HYZ-4.0

其型号由四部分组成:第一部分为类型代号,YZ 为分离式,HYZ 为组合式;第二部分为阿拉伯数字,分子表示压力油罐的总容积(m³),分母表示压力油罐的数目(无分母为1个);第三部分为阿拉伯数字,表示油压装置的额定油压(MPa);第四部分为制造厂代号和表征该产品特性或系列的代号及改进型产品,由各厂自行规定,如无制造厂代号,则表示产品是按统一设计图样生产。

例如,HYZ-4-4.0 为组合式油压装置,压力油罐容积为 4 m³,1 个压力油罐,额定油压为 4.0 MPa;YZ-20A/2-4.0 为分离式油压装置,压力油罐总容积为 20 m³,2 个 10 m³压力油罐,额定油压为 4.0 MPa,为第一次改进型产品。

三、YT 小型调速器油压装置的组成

如图 2-20 所示,YT 小型调速器油压装置由回油箱、压力油罐、螺杆油泵、补气阀、安全阀、中间油罐等组成。

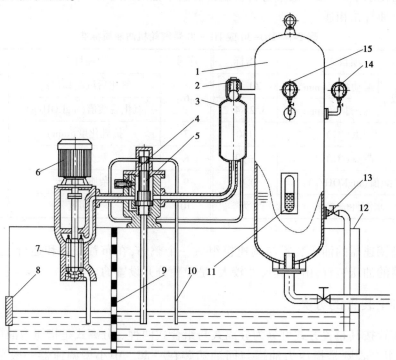

1—压力油罐;2—止回阀;3—中间油罐;4—安全阀;5—补气阀;6—油泵电机;
7—螺杆油泵;8—油位标尺;9—滤网;10—吸油管;11—油位计;12—回油箱;
13—阀门;14—压力信号器;15—电接点压力表
图 2-20　YT 小型调速器油压装置

(一)回油箱

回油箱是安装其他部件的箱形体,其内部空腔用以收集并储存无压力的油。油箱里面装有滤网,把整个油箱分隔成回油区和净油区,为油泵提供清洁的油源。油泵、压力油罐均装在它的上面。

(二)压力油罐

压力油罐是一个圆筒形两端封闭的容器,内存压缩空气(占油罐总容积的 2/3)和透平油(占油罐总容积的 1/3),利用空气的可压缩性储备压力能。罐中油与气的比例反映在油位上,通常油面应在油位计的中段范围内。油位过高时空气不足,运行中油压的波动大;而油位过低时,压力油的含量可能不够。

(三)螺杆油泵

螺杆油泵的结构如图 2-21 所示,由泵壳 1、衬套 2、主动螺杆 3 和从动螺杆 4 等组成。三根螺杆互相啮合并安装在泵壳内,螺杆上的螺旋槽被分隔成若干个小的密闭容积。当电动机带着主动螺杆旋转时,两侧的从动螺杆随之转动,封闭在螺旋槽内的油就不断上升,将在螺杆上方油腔内互相挤压而产生压力。螺杆油泵效率高、噪声低、运转平稳而且寿命较长,是各种油压装置广泛采用的泵型。

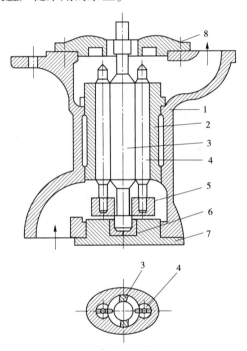

1—泵壳;2—衬套;3—主动螺杆;4—从动螺杆;
5、6—推力轴承套;7—下盖;8—上盖

图 2-21　螺杆油泵的结构

(四)补气阀的结构及工作过程

YT 小型调速器油压装置补气阀的结构如图 2-22 所示。其主要作用是保证压力油罐内的油压不超过允许的最高压力,防止油泵过载和确保压力油罐的安全。当压力超过允许值时,安全阀自动打开,将油排回回油箱。止回阀的作用是防止油泵停转时压力油罐内的压力油倒流。

中间油罐与补气阀是 YT 小型调速器油压装置的独特结构,它们与油泵联合工作,自动完成向压力油罐供油和补气的任务,并维持压力油罐内正常的油气比(1:2)。其联合

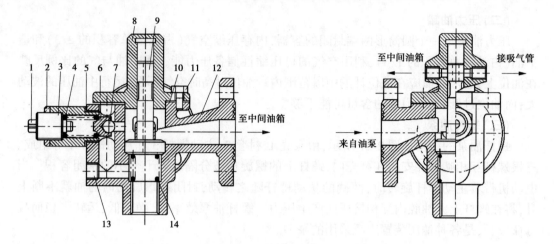

1—调整螺堵；2—锁紧螺母；3—安全阀体；4、14—弹簧；5、10—垫；6—弹簧托；
7—钢球；8—阀盖；9—补气阀塞；11—螺栓；12—阀体；13—螺堵

图 2-22　YT 小型调速器油压装置补气阀的结构

补气的工作过程用图 2-23 来表示，整个过程可分为以下 4 个时段。

第一阶段，当压力油罐内油多气少时，集油槽油少，补气阀 1# 吸气管下端露在空气中，如图 2-23（a）所示。当压力油罐中的油压上升到工作油压的上限时，压力继电器切断油泵控制电源将油泵停转。压力油停止输送，补气阀的活塞在下面弹簧的作用下，上升到图示位置，此时，中间油罐上面的单向阀自动封闭，中间油罐与压力油罐彼此隔绝，由于补气阀活塞的上抬，通过吸气管 1#、2# 使中间油罐的上部与大气沟通（1# 管子下端露在空气中），中间油罐里的透平油在自重的作用下，通过活塞下部开口，全部排至集油槽并随即置换成一罐空气。

第二阶段，当压力油罐中的油压下降到工作油压下限时，压力继电器动作，油泵启动并开始输油，补气阀活塞被压至图 2-23（b）所示位置。同时，吸气管 1#、2# 被活塞上部隔开，封闭了中间油罐里空气的出路，则一罐空气在压力油的推动下全部进入压力油罐，这样就补进一罐 $1.01×10^5$ Pa 的空气。

第三阶段，当压力油罐中的油位正常时，集油槽中的油位也是正常的。吸气管 1# 管子的下端一定会埋在油中，如图 2-23（c）所示。假定油泵停止工作，补气阀的活塞处于上部位置。由于 1# 管子未能与大气连通，尽管活塞已将 1#、2# 管子连通了，但大气仍不能进入中间油罐的上部空间，故此时中间油罐里的透平油在大气压力的作用下保持在罐内。

第四阶段，当油泵再次启动时，补气阀活塞又被压下，如图 2-23（d）所示。1#、2# 管子再次被活塞隔开。中间油罐里的油和油泵刚抽上来的压力油，一起顶开单向阀进入压力油罐。显然，此时空气是补不进去的。

上述补气装置还可用于压力油罐的首次充气，以建立正常的工作压力和油气比，这就为小型水电站取消高压压缩空气系统提供了条件。首次充气的工作原理与正常运行中自动补气是一样的。不过，用补气阀完成这一工作，需要不断地启动和停止油泵，而且要花费 6~8 h，对于有空气压缩机的水电站，往往不用这种方法。

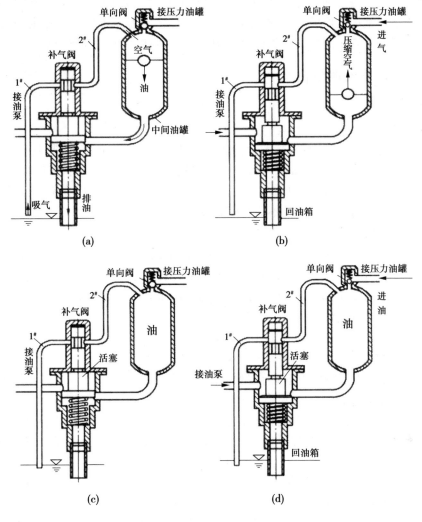

图 2-23　自动补气过程

(五) 阀组

YZ 型油压装置中设有减载启动阀、逆止阀和安全阀,它们组装为一体,称为阀组。阀组装在螺杆油泵的压油室通往压力油罐的油路上。有的油压装置还设有旁通阀、减压阀、溢流阀等。

减载启动阀作用是保证油泵电机在低负载的条件下启动,减短电动机的启动时间,减少启动电流。

逆止阀是单向导通阀门,用于防止在油泵停止运行时压力油罐的压力油倒流。

安全阀的结构如图 2-22 所示,安全阀由阀体 3、钢球 7、弹簧托 6、弹簧 4、调整螺堵 1 等组成。正常情况下,钢球在弹簧力作用下紧压在阀体的排油孔上。如果油泵因故未能停止打油,油压上升,当油压超过弹簧反力时,钢球左移,油孔打开,油泵的输油量全部从此油孔排走,从而确保压力油罐的安全。至于安全阀的动作压力,可通过调整螺堵改变弹簧预压力来调整。

安全阀大多安装在油泵上,个别的压力油罐上有时也装有安全阀。当油泵和压力油罐中的油压高于某一数值后,安全阀能够自动开启,将压力油排到回油箱中,从而保护油泵和压力油罐。在安全阀的整个工作过程中,不应有明显的振动和噪声。

四、油压装置的调整试验

(一)油泵试验

1.运转试验

油泵的启动和运行都应平稳、无杂音;轴承温度不得高于 60 ℃;油温不得高于 50 ℃;泵壳的振动幅值应小于 0.05 mm。运转试验时先启动油泵并在空载状态运行 1 h,然后逐步提高油压,分别在额定油压的 25%、50%、75% 下运行 10 min,最后在额定油压下运行 1 h。停机后进行拆卸检查,零部件不应有明显变化。

2.输油量测定

YT 小型调速器螺杆油泵输油量设计值 0.7 L/min,实测的输油量(额定油压下)应不小于设计值。实测时,若压力油罐内压力、温度都符合规定范围,启动油泵送油,记录压力油罐油面上升的高度 $h(\text{mm})$ 和所用的时间 $t(\text{s})$,从压力油罐结构图中查出压力油罐的内径 $D(\text{mm})$,则油泵的输油量为

$$Q = \frac{0.785\,4D^2h}{t \times 10^6} \quad (\text{L/s}) \tag{2-15}$$

试验应重复 3 次,取平均值作为实测输油量。

(二)安全阀调整试验

安全阀应在规定的压力适时开启或关闭,并且不产生过大的噪声。试验时启动油泵向压力油罐供油,达到工作油压上限后继续供油。调整安全阀螺堵,使油压升至工作油压上限以上 2% 时安全阀开始排油,油压达到上限以上 16% 以前,安全阀应全部开启,压力油罐内油压不再升高;反之,油压低于工作油压下限以前,安全阀应完全关闭。为确保安全阀动作可靠,调整试验应反复多次。

(三)压力信号器的整定

压力信号器或接点压力表对油泵启、停的控制应当正确、可靠,应保证压力油罐工作油压在规定的范围内。

1.整定油泵启动压力

将油泵电动机置于"自动"状态,打开压力油罐排油阀慢慢排油,当油压下降至油泵启动时,记录压力值并与规定的下限油压比较,若不相符,则调整压力信号器的触点位置,直至启动油压等于规定的下限值。

2.整定油泵停止压力

调整压力信号器的另一对触点,使油泵启动后压力油罐压力升至规定的上限值时油泵自动停止。

油泵启动和停止压力的整定,往往要反复进行。

3.整定事故低油压

事故低油压是事故状态下接力器能够动作导水机构的最低油压,应根据机组的具体

情况整定。整定时,停止油泵,用排油阀慢慢排油,当油压降至事故低油压时压力信号器应发出相应信号。

另外,对有两台油泵的油压装置,还须整定备用油泵的启、停压力,方法同前述,而且应检查主动油泵与备用油泵相互切换的情况。

(四)压力油罐的耐压及渗漏试验

1.耐压试验

为了检查压力油罐在运输和安装过程中有无损坏,要求在安装好后用1.25倍额定油压试压10 min,压力油罐应无渗漏,罐内压力应无明显下降。试验时先将压力油罐顶部的排气螺堵拆下,换装一段油管,再启动油泵使压力油罐注满透平油(顶部油管排油为止),然后关闭各阀门,用试压泵从加装的管道向压力油罐输油加压,压力升至试验压力后保持10 min,用0.5 kg的手锤在罐身焊缝周围50 mm内轻轻敲击,检查有无渗漏现象。

2.渗漏试验

压力油罐及其附件应有良好的密封性能,一般要求在额定油压和正常油位的情况下,8 h内罐内压力下降不超过0.1~0.2 MPa。试验时使压力油罐达到额定油压和正常油位,关闭各阀门并记录压力和油面高度,8 h后检查油压、油位的变化情况。

思考与习题

一、填空题

1.测频回路按所取信号源和模拟数字电路的不同,大致可分为_____、_____、_____和_____ 4种典型的型式。

2.电液转换器的作用是_____,按电液转换器液压放大部分的结构特点,可分为_____、_____和_____。

3.YDT-18000A型调速器的液压放大机构,包括_____、_____、_____、_____以及_____。

4.YDT-18000A型调速器的测频回路由_____、_____、_____等组成。

5.电液调速器中的信号综合方式可分为_____、_____和_____。

6.YDT-18000A型调速器信号综合回路的输入信号包括_____、_____、_____和_____。

7.机械液压型调速器中的调差机构、变速机构、飞摆、缓冲器各相应于电气液压型调速器中的_____回路、_____与_____回路、_____回路和_____回路。

二、选择题

1.在YDT-18000A型调速器的测频回路中,通过_____实现频率—电压的变换。

(A)LC电路　　　　　　　　　　(B)采样控制电路

(C)函数发生器　　　　　　　　(D)控制脉冲发生器

2.机组并网运行时,若永态转差系数$b_p=0$,电液调速器可通过_____调整负荷。

(A)频率给定电位器和功率给定电位器　　(B)功率给定电位器

　　(C)频率给定电位器　　　　　　　　　　(D)变速机构

3. 频率给定的作用是_____。

　　(A)使测频特性曲线产生平行移动

　　(B)使机组在不同开度下,按给定频率稳定运行

　　(C)使机组在空载开度下,按给定频率稳定运行

　　(D)使机组在给定功率下运行时,出力不受频率摆动的影响

4. YDT-18000A 型电气液压调速器软反馈回路空载/负载时的暂态转差系数,按_____自动切换。

　　(A)断路器的通断位置　　　　　　　　(B)频率给定电位器给定的频率

　　(C)机组转速的高低　　　　　　　　　(D)导叶位置

5. 外界负荷增加,机组转速下降,YDT-18000A 型调速器引导阀的_____,引起开大导叶的动作。

　　(A)中、上孔相通　　　　　　　　　　(B)中、下孔相通

　　(C)上、下孔相通　　　　　　　　　　(D)上、中、下三孔互不相通

6. YDT-18000A 型调速器中,调整_____,可改变主接力器的关闭和开启时间。

　　(A)主配压阀节流孔的大小　　　　　　(B)电液转换器节流孔的大小

　　(C)中间接力器节流孔的大小　　　　　(D)开限螺套的位置

7. YDT-18000A 型调速器的手自动切换阀处于自动位置时,若要增加导叶开度,压油槽的压力油自_____。

　　(A)切换阀→油过滤器→引导阀→切换阀→开限阀→紧急停机电磁阀→中间接力器下腔

　　(B)切换阀→油过滤器→引导阀→开限阀→紧急停机电磁阀→中间接力器下腔

　　(C)切换阀→引导阀→紧急停机电磁阀→中间接力器下腔

　　(D)切换阀→引导阀→切换阀→开限阀→中间接力器下腔

8. 功率给定与硬反馈回路的输入、输出信号分别是_____。

　　(A)测频电压和功率给定信号电压

　　(B)接力器位置反馈电压和永态转差电压

　　(C)永态转差电压和测频电压

　　(D)功率给定信号电压和接力器位置反馈电压

9. 通常电液调速器的转速死区和接力器不动时间分别不大于_____。

　　(A)0.05%和0.4 s　　　　　　　　　　(B)0.05%和0.2 s

　　(C)0.4%和0.4 s　　　　　　　　　　 (D)0.4%和0.2 s

10. 发电机残压测频回路中,设计该回路时应保证其输入电压信号在_____时都能正常工作。

　　(A)0~100 V　　　　　　　　　　　　(B)2~100 V

　　(C)1~100 V　　　　　　　　　　　　(D)5~100 V

11. 在频率下降、开大导叶开度的过程中,YDT-18000A 型调速器软反馈回路的_____,以抵消 U_f 的影响。

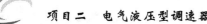

（A）电容 C_{32} 充电,输出一个衰减的直流电压 $U_H>0$

（B）电容 C_{32} 放电,输出一个衰减的直流电压 $U_H<0$

（C）电容 C_{32} 充电,输出一个衰减的直流电压 $U_H<0$

（D）电容 C_{32} 放电,输出一个衰减的直流电压 $U_H>0$

三、判断题（对者打"√",错者打"×"）

1. YDT-18000A 型调速器软反馈回路的缓冲时间常数 T_d,不能随机组空载/负载运行方式的变换自动地进行切换。（   ）

2. 频率给定回路既能改变机组的转速,也能改变机组的出力。（   ）

3. 机组稳定运行时,放大回路输出综合信号电压必须为零。（   ）

4. 当机组频率 f 高于给定频率 f_0 时,测频回路的输出电压 $U<0$。（   ）

5. 综合放大回路的输入信号是测频回路的输出信号 U_f 与硬反馈回路的输出信号 U_{bt} 之和。（   ）

6. 改变软反馈回路的缓冲时间常数 T_d 值,可以通过调整 RC 微分电路的电阻 R 和电容 C 的大小来实现。（   ）

四、问答题

1. 电液调速器与机调相比有什么特点?

2. 以图 2-1 为例说明电液调速器的构成。其中,电液转换器和位移传感器分别起什么作用?

3. 电气调节器包括哪些主要回路? 各回路作用是什么?

4. YDT-18000A 型调速器液压部分包括哪些元件?

5. 电液转换器是怎样工作的? 它的特性如何?

项目三 微机调速器

任务一 微机调速器的硬件机构与基本原理

一、微机调速器介绍

(一)微机调速器技术的发展

水轮机调速系统是一个非线性的时变系统,但对机械液压型调速器和电气液压型调速器来说,保证调速系统能在不同工况下都具有优良的动态品质,是很难做到的。而且,随着电网容量的不断扩大,电力用户对电能质量要求的不断提高,机械液压型调速器和电气液压型调速器无法胜任机组的稳定运行需要。因此,对调速器的技术革新是非常必要也是非常紧迫的工作。

随着电子工业尤其是计算机技术的飞速发展,将经典技术和现代控制理论与计算机结合,出现了新型的计算机控制系统。20 世纪 70 年代初,Intel 公司推出第一个微处理器;在 70 年代末,国内外调速器专家就及时将微机控制技术引入水轮机调节领域。到了 80 年代,水轮机调速器进入迅速发展时期,世界上发达国家众多著名的水轮机调速器公司先后研制了微机调速器。与此同时,液压技术也有了迅猛的发展。

我国微机调速器研制开发的步伐与国外大体相同。华中理工大学于 1979~1981 年进行了微机调速器的理论研究,并与天津水电控制设备厂协作,成功研制了适应式变参数微机调速器,于 1984 年 11 月在湖南欧阳海电站进行了试验并投入运行。此后,许多科研院所、高等院校和制造厂都进行了微机调速器的研究、制造工作,并开发生产了双微机单调节微机调速器和双微机双调节微机调速器。现在,我国已经开始研制新一代水轮机微机调速器——基于现场总线的全数字微机调节器。与此同步,水轮机微机调速器的电液转换器也由原来单一的电液转换器和电液伺服阀,发展到现在由步进电机/伺服电动机构成的电机转换装置。

(二)微机调速器的特点

与机械液压型调速器和电气液压型调速器相比,微机调速器具有以下特点:

(1)调节规律用软件程序实现,不仅可以实现 PI、PID 调节规律,还可以实现其他更复杂的调节规律,如前馈控制、自适应调节、预测控制与最优控制等,为水轮机调节系统性能的进一步提高创造了条件。

(2)采用了性能优越、可靠性高的计算机硬件,加上灵活的控制规律,保证了水轮机调节系统具有更加优良的静态、动态特性和高的可靠性。

（3）控制功能日益完善,具有灵活性大、调试维护方便、调节性能好、控制功能强等特点。除常规的频率跟踪、功率跟踪、无扰动手自动切换功能外,还有按水位设定启动开度和空载开度功能、容错控制功能、故障诊断功能等。

（4）采用了新型的电液转换元件,解决了电液转换器因油污而发卡的问题,提高了抗油质污染的能力,机组运行的可靠性得到了很大提高。

（5）电液随动系统取消了机械杠杆机构,消除了死行程,具有定位精度高、响应速度快、结构紧凑简单和维护方便等优势。

（6）易于实现与厂站级计算机监控系统的通信接口和远方控制,可实现全厂的综合控制,提高水电厂的综合自动化水平。

（7）高油压在调速器上得到了应用。

（三）微机调速器的组成

按照一般的划分,水轮机微机调速器可看成由微机调节器和机械(电气)液压系统组成。而将电气或数字信号转换成机械液压信号和将机械液压信号转换成电气或数字信号的装置称为电液转换器。所以,微机调速器由微机调节器、电液转换器和机械液压系统三大部分组成。

调节器可分为以下几种:单板机、单片机、可编程控制器(PLC)、工业控制计算机(IPC)、可编程计算机控制器(PCC)调节器等。根据目前使用的模式结构可划分为以下几种:

（1）单微机调节器。采用单微机、单总线、单输入/输出通道。

（2）双微机调节器。采用双 CPU、单总线、单输入/输出通道。其系统结构和工作过程与单微机调节器类似,只是采用多 CPU 分担不同的任务,以提高系统的响应速度。

（3）双微机系统调节器。采用双微机、双总线、双输入/输出通道。此结构实际是采用两套微机调节器,一套系统为正常运行状态,另一套系统为备用状态。当运行系统出现故障时,通过切换控制器,实现无扰动的切换到备用系统,通常称为互为备用的冗余系统。

（4）三微机系统调节器。在该系统中,三套调节器同时进行控制计算,其输出送至仲裁单元。当三套调节器均正常时,采用举手表决仲裁机制,按少数服从多数的原则决定采用哪个调节器的控制量作为输出。当有一个调节器故障时,则转变为双微机系统调节器。

电液转换器可分为以下几种:移式电液转换器、电液伺服阀、比例伺服阀、电磁换向阀、伺服电机、步进电机等。

（四）微机调速器的典型结构

（1）电液转换器(比例伺服阀)/电液随动系统型调速器,如图 3-1 所示。

（2）电液转换器(比例伺服阀)/电液执行机构型调速器,如图 3-2 所示。

（3）交流伺服电机转换装置/电液执行机构型调速器,如图 3-3 所示。

（4）交流伺服电机转换装置(中间接力器)/机械液压随动系统型调速器,如图 3-4所示。

（5）步进电机转换装置/机械液压随动系统型调速器,如图 3-5 所示。

（6）三态/多态数字阀系统型调速器,如图 3-6 所示。

三态/多态数字阀系统型调速器的机械液压系统的主要组成为三态(或多态)先导

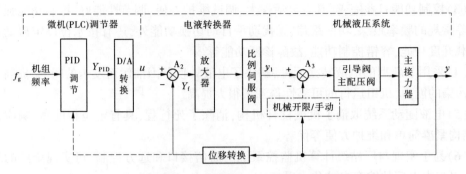

图 3-1　电液转换器(比例伺服阀)/电液随动系统型调速器

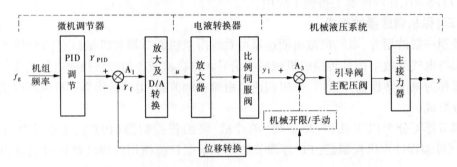

图 3-2　电液转换器(比例伺服阀)/电液执行机构型调速器

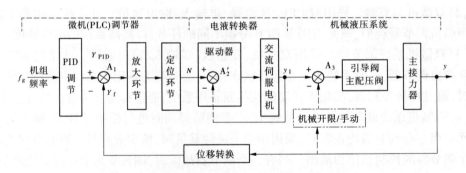

图 3-3　交流伺服电机转换装置/电液执行机构型调速器

阀、插装阀、主接力器。本系统无引导阀和主配压阀,在开关状态下工作,在平衡位置时,基本无油耗。

二、微机调速器的硬件机构与基本原理

(一)微机调速器控制系统的组成

微机调速器与被控对象(水轮发电机组)组成了微机调速器的控制系统,如图 3-7 所示。

图 3-7 中,虚线框内为微机调速器部分,即微机调节器和液压随动系统,而被控对象为水轮发电机组,被控制参数为频率 f 或转速 n。

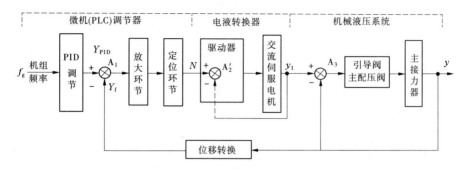

图 3-4　交流伺服电机转换装置(中间接力器)/机械液压随动系统型调速器

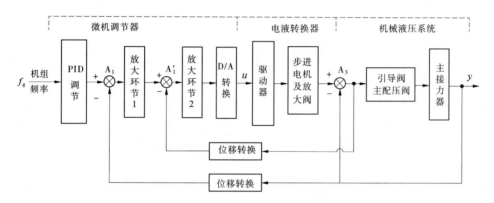

图 3-5　步进电机转换装置/机械液压随动系统型调速器

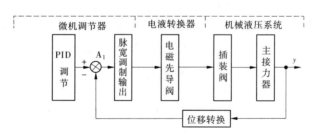

图 3-6　三态/多态数字阀系统型调速器

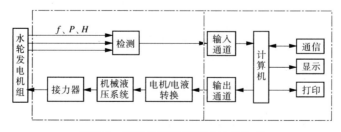

图 3-7　微机调速器控制系统的构成

(二)微机调速器控制系统的硬件组成部分

　　微机调速器控制系统的硬件为微机调节器,其组成部分由主机系统、模拟量输入通道与接口、模拟量输出通道与接口、开关量输入通道及接口、开关量输出通道及接口、频率信号测量回路、人机接口、通信接口与供电电源回路等几部分。

1. 主机系统

微机调速器的主机系统由 CPU、存储器、输入/输出(I/O)接口电路和将它们连接起来的总线构成。

1) CPU

CPU 是计算机的核心部件,它主要完成各种运算和发出控制信息。CPU 由控制器和运算器构成。

运算器又称为算术逻辑单元,由寄存器、加法器、移位器及其他的许多控制电路组成,是完成数据运算、逻辑运算以及移位、循环等操作的运算部件。它通常采用二进制进行运算。运算的数据来自寄存器或存储器,运算的结果可以存放在寄存器或存储器,也可送往外部输出设备。

控制器是整个微机系统的指挥部件,它包括指令寄存器、指令译码器和定时、控制电路等部分。它的任务是从内存中取出指令加以分析,然后发出各种控制信息,使计算机各部分协调一致、有条不紊地工作。

寄存器可以分为两种:一种是专用寄存器,每个都有其特定的用途,一般不作其他用途;另一种称为通用寄存器,用于存放 CPU 进行信息处理时的数据运算的中间结果和最后结果。寄存器的数量越多,CPU 的工作灵活性就越大,处理信息的速度也就越快。

2) 存储器

存储器具有记忆功能,是计算机的记忆部件,存储控制计算机操作的命令信息(指令)和被处理(加工)的信息(数据),也存储加工的中间结果和最终结果。所以,存储器内的信息也被分为两种:一种是命令信息,这类信息被计算机理解为命令,并能被计算机执行,用它指挥计算机系统工作,以完成所要求的任务,这类信息被存放在存储器的代码区或程序区;另一种是数据,是被处理的对象或者结果,这类信息被放在数据区。所有的数据和指令均以二进制数的形式存放在存储器中。

存储器习惯分为两类:RAM、ROM。

RAM 是随机存取存储器,又称为读写存储器,用于存储用户程序、输入/输出数据、运算的中间结果,以及各种临时性信息。同时其各存储单元的内容可以读出,也可以随时写入和改写,但在断电后其内容一般会丢失,所以为防止用户数据丢失,需要配备一个锂电池。

ROM 是只读存储器,是一种只能从中读取其内容的存储器。它一般用于存放程序、表格和常数,信息一旦被存入,就不能随意修改,只供读出。与 RAM 相比,它的最大不同之处在于其断电后,存储器中的信息不会丢失。

3) 输入/输出接口电路

计算机的输入和输出设备是计算机与用户进行信息交互的设备。输入设备用于将原始数据信息与程序送入计算机,使计算机按一定的步骤对输入的信息进行加工处理;输出设备的作用是把计算机处理结果以数字、字符或图形的形式向外送出,以对外部设备进行控制或将相关信息反馈给用户。而外部设备不与 CPU 直接相连,需通过中介电路进行连接,即输入/输出接口电路(又称为 I/O 接口)。CPU 与外部设备之间数据的交换也是通过接口电路实现的。

4）总线

总线即为一组互连的传输信息的信号线。按其作用分为传输数据信息的数据总线、传递地址信息的地址总线和传输控制信息的控制总线。还可分为局部总线、系统总线和通信总线三种，局部总线为介于 CPU 总线和系统总线之间的一级总线；系统总线为微机系统内部各部件（插板）之间进行连接和传输信息的一组信号线；通信总线为系统之间或微机系统与设备之间进行通信的一组信号线。

2. 模拟量输入通道与接口

模拟量输入通道是模拟信号转换为数字信号的接口电路。在水轮机调速器中，检测信号有机组转速、有功功率、导叶开度、桨叶转角、水头等模拟信号，这些信号先通过传感器、变送器变换成 4~20 mA 的电流信号，再经过输入接口电路转换为数字信号送入计算机 CPU。

3. 模拟量输出通道与接口

模拟量输出通道则是把计算机输出的数字信号转换成模拟信号的接口电路，微机调节器的模拟信号输出到电液随动系统，驱动执行机构。在微机调速器中，输出的模拟信号为导叶开度控制信号，一般为经控制规律计算后得出的导叶应开至的位置，或计算出的导叶开度与实际导叶开度的偏差信号。对于双调节的调速器，输出的模拟信号还有桨叶角度控制信号，一般为经协联计算后得出的桨叶应开至的位置，或计算出的桨叶角度与实际桨叶角度的偏差信号。

4. 开关量输入/输出通道及接口

开关信号包括仪器仪表的 BCD 码，开关状态的闭合和断开、指示灯的亮和灭、继电器或接触器的闭合和断开、马达的启动和停止、晶闸管的导通和截止、阀门的打开和关闭，以及脉冲信号的计数和定时信号等，频率信号也是通过开关量的方式引入的。这些信号的共同特征是以二进制的逻辑"1"和"0"出现的。通常把这些信号统称为开关信号，也简称为 DI/DO。

在微机调速器中，输入调节器的开关量主要有：开机操作信号，停机操作信号，发电转调相信号，调相转发电信号，紧急停机信号，发电机出口断路器辅助接点信号，给定增加信号（频率给定、开度给定、功率给定），给定减小信号（频率给定、开度给定、功率给定），调节模式选择信号（频率调节、开度调节、功率调节、水位调节、系统频率跟踪），运行方式切换信号（自动运行、电气手动运行、机械手动运行、本机衍用）等。

5. 频率信号测量回路

微机调速器中测量到的频率有机组频率和电网频率。机组频率有采用残压测频也有采用齿盘测频；电网频率信号则来自于发电机出口断路器外侧的电压互感器。无论是测量到的机组频率还是电网频率，都要采用相应的频率测量回路来实现。如图 3-8 所示，即为一个频率测量回路硬件构成。

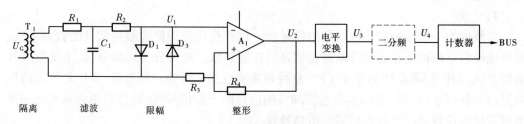

图 3-8　频率测量回路硬件构成

6. 人机接口

人机接口又称为人机交互。有两个功能:一方面,把人的意愿(指令)下达给计算机,由输入设备实现这一功能;另一方面,计算机通过它将数据的处理过程、结果和指令执行状态反馈给人,由输出设备完成这一功能。主要用于人与机器对话,如调试、定值修改、人对机器状态进行干预、设备状态显示、设置参数显示、运行参数显示等。人机接口包括显示、键盘及各种面板开关等。

早期采用的人机界面多为 LED 数字显示+按键。近年来,在小型水轮机调速器中有部分采用 LCD 数字显示+按键,其余多采用触摸屏通过图形用户交互方式来实现。

7. 通信接口

由于现代水电站很多具备了远控或遥控功能,所以在水轮机调速器内部、本地监控以及远程监控之间的数据交换是不可避免的,因此必须进行通信接口设计。通信接口用于完成与其他计算机系统的通信,以满足计算机监控系统和远动装置的需要。

8. 供电电源回路

为保证整个装置的可靠供电,微机调速器需要一个直流稳压电源。电源回路要求对供电电源引入的瞬变和干扰有很好的抑制和隔离作用。一般设有数字电源(微机工作电源),通常为+5 V;模拟电源(模拟信号调理电源),通常采用双电源供电,多为 +15 V(+12 V)、-15 V(-12 V);操作电源,为开关量输入回路和开关量输出回路提供电源,通常为+24 V。

为了保证微机调速器的可靠工作,操作电源与数字电源和模拟电源无电气上的直接联系,即操作电源是一组与数字电源和模拟电源隔离的单独电源。

对调速器一般采用交流电源和直流电源双电源供电。当主电源故障时,可自动切换到备用电源。而且在电源切换时,水轮机主接力器的开度变化不得超过其全行程的±1%。当工作电源完全消失时,接力器行程基本保持不变;当电源恢复后,接力器行程也不应产生大的扰动。

(三) 微机调速器的工作原理

现以微机调速器的开机过程为例,说明其工作原理:

当发出开机令后,调速器通过测频环节连续适时地测量机组频率(机频)。频率给定值(频给)微机调速器的内部整定值,可在 45~55 Hz 范围内调整。机组并网运行前,要满足并网条件,即机组电压频率要等于电网电压频率,而电压频率取决于机组转速,因此调速器频给整定值应为 50 Hz。开机后,机组频率信号经输入通道输入,微机调速器将测量到的机频与频给值进行比较,得出的频差值送入CPU,并自动调用PI或PID调节规律子程序进行运算处理,判断出导叶接力器应达到的相对开度,产生一个与相对开度成比例的电气调节信号,经输出通道发出控制指令。该电气调节信号与位移反馈装置的电气反馈信号比较后,将差值信号送入放大电路,经过放大后驱动液压阀组,推动接力器动作,改变导叶开度,调节进入水轮机的流量,从而调节转速。

当实际频率低于给定频率时,放大电路输出的差值信号使接力器向开启方向移动而开大导叶;反之,则使接力器向关闭方向移动而关小导叶。同时,位移传感器将接力器的位移转变成电气信号,反馈至综合放大电路。若实际开度值等于上述相对开度,则电气调节信号与电气反馈信号大小相等、方向相反,输入综合放大电路的信号为零,频率稳定在50 Hz,机组迅速并网,调节过程结束。

任务二　微机调速器的频率测量

一、微机调速器频率信号源

在微机调速器中采用测频单元测速装置。测频单元是利用模拟方式或数字方式检测转速,将其转变为相应输出量的单元。

在微机调速器中常用的测速源有三种:

(1)被控机组发电机出口端电压互感器。此方法称为残压测频。

(2)安装在定子上的测速传感器(测速头,也叫齿头)。与机组大轴上的齿盘一起实现机组转速(机频)的测量。此方法称为齿盘测速(测频)。

(3)电网母线电压互感器。用于测量被控机组所并入电网的频率。

现在大多微机调速器同时安装了残压测频和齿盘测频,两者互为备用,保证了频率信号源的可靠性。

二、调速器测频方法

频率测量可分为频率变送器法和数字测频法两类。

(一)频率变送器法

频率变送器法又称为模拟量测频法。取自频率信号源的电压信号经隔离后,再经低通滤波,然后整形为方波,送入频率/电压转换电路,转换为对应的电压信号,送至微机系统的A/D模块进行采样,经换算,即可得到机组频率值。该种方法在模拟式电液调速器中使用较多。

(二)数字测频法

水轮发电机组的额定频率为50 Hz,属于低频信号,一般采用测量周期的方法,即通过计算单位时间内脉冲个数的方法实现频率的测量。根据被测机组的频率 f 和周期 T 的关系: $f = \dfrac{1}{T}$,只要测出周期 T 就可以换算出频率 f 。测量周期方法的原理如图3-9所示,被测机组频率信号 f 经过放大整形和二分频后得到如图3-9(b)所示的方波信号 f_3 , f_3 中高电平的正半周期时间和低电平的负半周期时间是相等的,即 f_3 正半周期时间正好就是被测信号 f 的周期 T(在实际应用中大多采用硬件分频的方法)。为了测出这一周期时间 T,可以对 T 时间内的已知频率的高频信号 F 进行计数。即将一个高频时钟信号 F 与经放大整形及二分频后的被测频率信号 f_3 相与后送至计数器,如图 3-9(a)所示。F 与 f_3 信号经与门后得到如图 3-9(b)中的 f_4 脉冲串信号,如果能对 f_4 脉冲串进行计数,并记为 N_T,则 N_T 在数值上正比于被测信号的周期 T。

$$N_T = \frac{T}{1/N} = TN \tag{3-1}$$

为使计算机处理数据方便,确保计算精度,按照下式计算得到测频计算值 F,即

$$F = \frac{C}{N_T} \tag{3-2}$$

式中　C——常数。

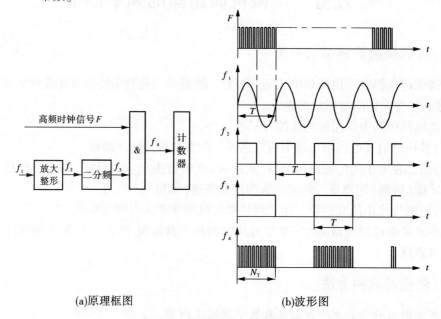

(a)原理框图　　　　　　　　　　　　(b)波形图

图 3-9　测量周期方法的原理

可编程水轮机调速器采用数字测频时,其方法有两种:一种是单片机测频;另一种是用可编程控制器本身的高速计数模块测频。

可编程控制器高速计数模块计数频率为 20~60 kHz,其最高者则达 100~200 kHz,这与单片机内部的时钟频率大于 1 MHz 相比,有很大的差距。为保证可编程控制器内置测频精度,有些生产厂家用静态频差(采样时间较短)弥补动态频差,由于动态调节是根据频率偏差方向进行的调节,故降低了测频精度;不过,调节趋于稳定时,计算静态频差有较长的采样时间,也可满足对调节精度的要求。

三、单片机测频

用 89C52 单片机构成的数字测频单元如图 3-10 所示,从机端电压互感器二次侧引出

的机组频率信号 F_j 和系统电压互感器二次侧引出的电网频率信号 F_w,经隔离、放大整形变成方波信号,通过二分频电路 CD4013 分频,送至 89C52 单片机 INT$_0$ 引脚(0 号定时计数器对机频计数,测机频周期)和 INT$_1$ 引脚(1 号定时计数器对高频计数,测网频周期)。时钟电路接至 X$_1$ 和 X$_2$ 引脚,它为 0 号和 1 号定时计数器提供 1 MHz 的计数脉冲信号。当 INT$_0$ 引脚信号由低电平跳变为高电平(上跳沿信号)后,0 号定时计数器开始对 1 kHz 时钟脉冲串进行计数。而 INT$_0$ 引脚信号由高电平跳变为低电平(即下跳沿信号)时,周期结束,停止计数,此时 0 号定时计数器中所计的脉冲数为 N_T,据此就可以算得机频的周期,$T_1 = N_T / F_\phi$。同理,1 号定时计数器可对网频周期测量计算。

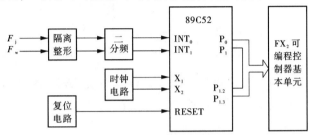

图 3-10　测频模块原理图

INT$_0$ 和 INT$_1$ 的下跳沿信号在执行各自计数工作的同时,触发中断服务程序:

(1)保存结果,把计数值放在锁存器中,并对定时计数器及扩展单元清零,为下一周期测量做准备。

(2)按计数值求出被测频率的周期,运算求倒数,得到实测频率值,供显示输出。

(3)判断被测频率是否超出设定的范围。若超出,则设置出错标志,并进行容错处理。

(4)通过 P$_{1.2}$(或 P$_{1.3}$)向可编程控制器基本单元请求读取被测频率计数值。为了使频率信号准确无误地传送给可编程控制器基本单元,最稳妥的方法是直接将数据通过系统总线传送。有的厂家直接把单片机测频单元的接口做成 FX$_{2N}$ 系统总线型式。

四、高速计数模块频率测量

某些水轮机调速器采用可编程控制器的高速计数模块来实现频率测量,下面以 AB 公司的 PLC-5 系列可编程控制器的 1771-VHSC 高速计数模块为例加以说明。

(一)1771-VHSC 高速计数模块的主要技术性能

(1)具有 4 个计数通道,按 BCD 码或二进制数据格式计数。

(2)每个通道有 3 个输入端,即 A:脉冲输入;B:脉冲输入;GATE/RESET:门控信号/复位信号。

(3)具有 4 种工作方式。

计数器方式:A 端用于送入计数脉冲,B 端用于电平控制增/减计数。

编码器方式:X$_1$ 方式为计数器方式,X$_4$ 方式是对 A、B 相的相位关系进行增/减计数。

周期/比率方式:内部时钟脉冲 4 MHz,可对外部方波信号的脉冲宽度、周期进行测量,本方式使用 GATE/RESET 引脚。

比率/检测方式:用内部定时计算外部脉冲的个数,用于测量高频信号。

(二)1771-VHSC 高速计数模块的频率测量

用 1771-VHSC 模块测频的基本原理仍是测周期法,其原理框图如图 3-11 所示。被测机组频率信号和电网频率信号分别经放大整形和二分频后,送入通道 GATE$_0$、GATE$_1$,分频后的 GATE$_0$、GATE$_1$ 信号的半周期正好是机组频率和电网频率。

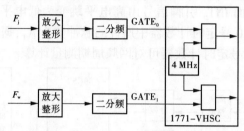

图 3-11 采用 PLC-5 的 1771-VHSC 模块测频原理框图

已知机组给定频率为 $F_g = 50$ Hz,则周期 $T_g = 0.02$ s,测得一个周期内的时钟脉冲数为 $N_g = 0.02 \times 4 \times 10^6 = 80\ 000$,其测量精度是很高的。

五、微机调速器对频率测量的要求

水轮机微机调速器对频率测量的要求有如下几个方面:

(1)测频分辨率高。国家标准中对大型水轮机调速器的转速死区要求不大于 0.02%,这就要求调速器的频率测量分辨率至少应高于 0.01%(0.005 Hz),一般情况下频率测量分辨率不应低于 0.004%(0.002 Hz),才能满足 0.02% 转速死区的要求。

(2)测量精度满足要求,测频稳定性好。频率测量回路所使用的基准频率信号稳定度高、准确性好。当被测信号稳定时,不能因测频环节的随机波动影响调速器的动态性能。

(3)测频范围宽、线性度好。水轮机组在开机过程中,机组频率从 0 升至 100% 额定频率;而在机组突甩负荷时,机组频率可能上升至 150% 额定频率及以上。因此,要求测频范围宽,如 0~100 Hz,且线性度好,以保证调速器在机组各种不同工况下运行时均能可靠安全地工作。

(4)对信号源的适应性好。机组频率信号源可能来自于齿盘的磁头,也可能来自于机端电压互感器,信号波形可能是正弦波、方波或梯形波。此外,若测频信号来自于机端电压互感器,当发电机不加励磁时,残压值在额定转速时通常只有 0.3~1 V,低转速时则更低并且可能含有较高的三次谐波,正常并网运行时,机端电压为 100 V 左右;当机组突甩负荷时,机端电压最大可能上升至 150 V。因此,要求测频环节在各种信号波形和信号电压为 0.2~150 V 时均能稳定可靠工作,且短时可承受 200 V。

(5)测量时间常数小,响应速度快。为保证调速器的速动性,要求测频环节的测量时间常数小。衡量测频环节的时间常数有两个:一个是测频单元响应时间常数 T_{rxn},其定义为从测频单元输入量发生阶跃变化时刻起,至输出量达变化量 95% 的时间间隔;另一个是测频单元响应延迟时间 T_{hxn},其定义为从测频单元输入量发生阶跃变化时刻起,至输出量达变化量 5% 的时间间隔。

(6)抗干扰能力强。调速器的测频单元应能滤除测频信号源中的谐波分量和电气投切引入的瞬间干扰信号,在各种强干扰情况下均能准确可靠工作。

任务三　微机调速器的原理框图及控制算法

数字 PID 微机调速器按算法不同可分为位置型、增量型和仿增量型三种,而按所采用的伺服系统不同,又有电液随动系统型和数液伺服系统型,下面对三种不同算法型式的微机调速器进行简单介绍。

一、位置型数字 PID 微机调速器

图 3-12 是带电液随动系统的位置型数字 PID 微机调速器的原理框图,其机组频率和电网频率的测量通常是采用单片机系统或专用的计数模块通过测周期时间的方法来实现的,并应用软件程序直接获得机组(或电网)频率的数字量。单机频率给定也以数字量的形式存于机内,也可由键盘进行修改。

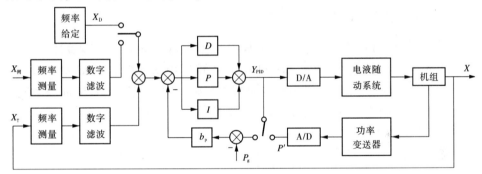

图 3-12　带电液随动系统的位置型数字 PID 微机调速器的原理框图

PID 控制算法由软件程序实现,其运算结果 Y_{PID} 为对应导叶开度 Y 的数字量,Y_{PID} 经 D/A 转换后变为模拟电压信号,并送至电液随动系统的综合放大器,使导叶接力器开到对应的开度 Y。

为实现有差调节,调差的反馈信号可取自位置型数字 PID 运算结果,并与功率给定信号(数字量)相减,然后经永态转差系数 b_p 衰减后与频差信号综合。调差的反馈信号也可取自机组的输出功率,经功率变送器后再通过 A/D 转换成数字量。该两种反馈信号可以互相切换。从图 3-12 可以看出,位置型数字 PID 与模拟式并列 PID 极其相似。模拟式并列 PID 调速器的输出可用下式表示:

$$V_y = K_p e(t) + K_i \int_0^t e(t)\,dt + K_d \frac{de(t)}{dt} \tag{3-3}$$

式中　K_p、K_i、K_d——比例、积分和微分增益;

　　　V_y——模拟 PID 调速器的输出;

　　　$e(t)$——调速器的输入偏差信号。

对缓冲型模拟式 PID 电液调速器来说,则有

$$K_p = \frac{T_d + T_n}{b_1 T_d}; K_i = \frac{1}{b_1 T_d}; K_d = \frac{T_n}{b_t} \qquad (3-4)$$

对于位置型数字 PID 来说,只要将上式的微分方程改写成差分方程,就可得到离散化的数字 PID 表达式,即

$$Y_{PID} = K_p e(n) + K_i T \sum_{j=0}^{n} e(j) + \frac{K_d}{T} [e(n) - e(n-1)]$$

或可写成

$$Y_{PID} = K_P \cdot e(n) + K_I \cdot \sum_{j=0}^{n} e(j) + K_D [e(n) - e(n-1)] \qquad (3-5)$$

其中,$K_P = K_p$;$K_T = K_i T$;$K_D = K_d/T$;T 是采样周期;$e(n)$ 和 $e(n-1)$ 分别是第 n 次和第 $n-1$ 次采样周期的输入偏差;Y_{PID} 是第 n 次采样周期位置型数字 PID 算式的输出数字量。

从位置型数字 PID 算式可知,每一采样周期的输出量 Y_{PID} 与过去状态有关,即算式中包含过去偏差累加值 $\sum_{j=0}^{n} e(j)$,故容易产生累积误差。同时,当计算机发生电源消失故障时,可能导致调节系统严重的事故,为此,必须考虑电源消失保护措施。

二、增量型数字 PID 微机调速器

针对位置型数字 PID 控制算法存在的缺点,人们提出了增量型控制算法。增量型与位置型的差别主要在于算法。另外,增量型还可直接利用其计算结果(增量)来驱动步进电机带动机械液压随动系统(步进电机与机械液压随动系统可视为数液伺服系统)。增量型数字 PID 微机调速器的原理框图如图 3-13 所示。

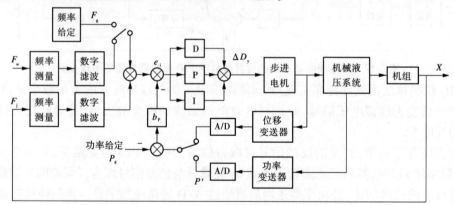

图 3-13　增量型数字 PID 微机调速器的原理框图

根据位置型数字 PID 控制算式可得第 $(n-1)$ 次和第 n 次采样周期的输出表达式:

$$Y_{PID}(n-1) = K_P e(n-1) + K_I \sum_{j=0}^{n-1} e(j) + K_D [e(n-1) - e(n-2)]$$

$$Y_{PID}(\varOmega) = K_P e(n) + K_I \sum_{j=0}^{n} e(j) + K_D [e(n) - e(n-1)]$$

所以增量为

$$\Delta Y_{\text{PID}}(n) = Y_{\text{PID}}(n) - Y_{\text{PID}}(n-1)$$
$$= K_{\text{P}}[e(n) - e(n-1)] + K_{\text{I}}e(n) + K_{\text{D}}[e(n) - 2e(n-1) + e(n-2)]$$

$$(3\text{-}6)$$

从上式可知,增量型数字 PID 控制算法只需计算增量,且算式中不含过去偏差值的累加值 $\sum_{j=0}^{n} e(j)$ 。因此,计算误差或精度对控制量的影响较小。另外,伺服系统本身具有寄存作用(步进电机按增量工作,相当于一个积分器),当工作电源消失时,伺服系统将仍然保持原来的位置(即接力器的开度 Y 不会发生变化)。同时,也易于加入手动控制,且在手自动切换时无冲击。所以,在实际控制中,增量型数字 PID 控制算法要比位置型数字 PID 控制算法用得更为广泛。

三、仿增量型数字 PID 微机调速器

仿增量型数字 PID 微机调速器控制系统原理框图如图 3-14 所示。它与位置型 PID 控制算法的区别在于用数液伺服系统取代了原电液随动系统,而数液伺服系统是根据位置型 PID 第 n 次采样周期的输出 $Y_{\text{PID}}(n)$ 与第 n 次采样周期测得的导叶接力器反馈 $Y'(n)$ 之差(增量)来工作的。由于采样周期 T 通常较小,而且远小于数液伺服系统的时间常数,因此在第 n 次采样时刻测得的导叶接力器反馈 $Y'(n)$ 可能还是 PID 的上次输出 $Y_{\text{PID}}(n-1)$,甚至是更前一次的输出 $Y_{\text{PID}}(n-2)$。由于采样周期很短,前后两次接力器相对值变化量很小,当略去伺服系统误差时,导叶接力器反馈 $Y'(n)$ 与 PID 输出 $Y_{\text{PID}}(n-1)$ 值近似相等,所以第 n 次采样周期所算出的 $\Delta Y_{\text{PID}}(n)$ 与增量型算法的 $\Delta Y_{\text{PID}}(n)$ 在量值上是

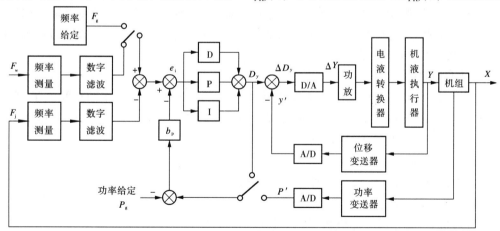

图 3-14　仿增量型数字 PID 微机调速器控制系统原理框图

近似相等的,即

$$\Delta Y_{\text{PID}}(n) = Y_{\text{PID}}(n) - Y'(n) \approx Y_{\text{PID}}(n) - Y_{\text{PID}}(n-1)$$
$$= K_{\text{P}}[e(n) - e(n-1)] + K_{\text{I}}e(n) + K_{\text{D}}[e(n) - 2e(n-1) + e(n-2)]$$

$$(3\text{-}7)$$

所以,我们把式(3-7)的算法称为仿增量型。而微机算得的增量 $\Delta Y_{\text{PID}}(n)$ 经 D/A 转换后输入数液伺服系统,当调节系统趋于平衡时,则增量 $\Delta Y_{\text{PID}}(n)$ 也趋于零。

任务四　微机调速器的调节模式及控制软件

一、微机调速器的工作状态

水轮机微机调速器除承担频率和出力的调整外,还完成机组的开机、停机等操作,故水轮机调速器的工作状态有如下几种。

(一)停机状态

机组处于停机状态,机组转速为 0,导叶开度为 0。在停机状态下,调速器导叶控制输出为 0,开度限制为 0,功率给定 $c_p=0$,开度给定 $c_y=0$;对于采用闭环开机规律的调速器,频率给定 $c_f=0$。对于双调节调速器,桨叶角度开至启动角度,随时准备开机。

(二)空载状态

机组转速维持在额定转速附近,发电机出口断路器断开。在空载状态下,调速器对转速进行 PID 闭环控制,此时,开度限制为空载开度限制值,导叶开度为空载开度,开度给定对应于空载开度值,功率给定 $c_p=0$,频率给定 $c_f=50~Hz$。在空载状态下,可按频率给定进行调节,也可按电网频率值进行调节(称为系统频率跟踪模式),以保证机组频率与系统频率一致,为快速并网创造条件。对于双调,桨叶处于协联工况。

(三)发电状态

发电机出口断路器合上,机组向系统输送有功功率。在发电状态下,开度限制为最大值,频率给定 $c_f=50~Hz$,调速器对转速进行 PID 闭环控制,对于带基荷的机组可能引入转速人工失灵区,以避免频繁的控制调节。接收控制命令,按开度给定或功率给定实现对机组所带负荷的调整,并按照永态差值系数的大小,实现电网的一次调频和并列运行机组间的有功功率分配。对于双调,桨叶处于协联工况。

(四)调相状态

发电机出口断路器合上,导叶关至 0,发电机变为电动机运行。在调相状态下,调速器处于开环控制,开度限制为 0,调速器导叶控制输出为 0,功率给定 $c_p=0$,开度给定 $c_y=0$。对于双调,桨叶处于最小角度。

(五)工作状态之间的转换

水轮机调速器各工作状态之间的转换如图 3-15 所示。为了实现这种工作状态间的转换,有以下七种过程:

(1)开机过程,完成从停机状态到空载状态的转变。

(2)停机过程,完成从发电状态或空载状态向停机状态的转变。若是空载状态,直接执行停机过程;若是发电状态,先执行发电转空载过程,再执行停机过程。

(3)空载转发电过程,完成从空载状态向发电状态的转变。

(4)发电转空载过程,完成从发电状态向空载状态的转变。

(5)甩负荷过程,发电机出口断路器断开,机组进入甩负荷过程,机组关至空载。

(6)发电转调相过程,完成从发电状态到调相状态的转变。

(7)调相转发电过程,完成从调相状态到发电状态的转变。

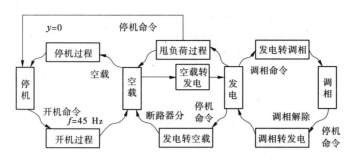

图 3-15　调速器各工作状态之间的转换

二、微机调速器的调节模式

微机调速器一般具有三种主要调节模式:频率调节模式、开度调节模式和功率调节模式。

(一)频率调节模式(转速调节模式)(FM)

频率调节模式适用于机组空载自动运行,单机带孤立负荷或机组并入小电网运行,机组并入大电网作调频方式运行等情况。

频率调节模式有以下主要特征:

(1)人工频率死区、人工开度死区和人工功率死区等环节全部切除。

(2)采用 PID 控制规律,即微分环节投入。

(3)调差反馈信号取自 PID 调节器的输出 y,并构成调速器的静特性;按照永态差值系数的大小,实现电网的一次调频。

(4)微机调速器的功率给定 c_p 实时跟踪机组实际功率 P,其本身不参与闭环调节。

(5)微机调速器可以通过 c_f 或 c_y 调整导叶开度大小,从而达到调整机组转速或负荷的目的。

(6)在空载运行时,可选择系统频率跟踪方式,b_p 值取较小值或为 0。

(二)开度调节模式(YM)

开度调节模式是机组并入大电网运行时采用的一种调节模式,主要用于机组带基荷的运行工况,具有的特点如下:

(1)人工频率死区、人工开度死区和人工功率死区等环节均投入运行。

(2)采用 PI 控制规律,即微分环节切除。

(3)调差反馈信号取自 PID 调节器的输出 y,并构成调速器的静特性。

(4)当频率差的幅值不大于人工频率死区时,不参与系统的一次调频;当频率差的幅值大于人工频率死区时,参与系统的频率调节。

(5)微机调速器通过开度给定 c_y 变更机组负荷,而功率给定不参与闭环负荷调节,功率给定 c_p 实时跟踪机组实际功率,以保证由该调节模式切换至功率调节模式时实现无扰动切换。

(三)功率调节模式(PM)

功率调节模式是机组并入大电网后带负荷运行时应优先采用的一种调节模式,具有的特点为:

（1）人工频率死区、人工开度死区和人工功率死区等环节均投入运行。

（2）采用 PI 控制规律，即微分环节切除。

（3）调差反馈信号取自机组实际功率 P，并构成调速器的静特性。

（4）当频率差的幅值不大于人工频率死区时，不参与系统的一次调频；当频率差的幅值大于人工频率死区时，参与系统的频率调节。

（5）微机调速器通过功率给定 c_p 变更机组负荷，故特别适合水电站实施 AGC 功能。而开度给定不参与闭环负荷调节，开度给定 c_y 实时跟踪导叶开度值，以保证由该调节模式切换至开度调节模式或频率调节模式时实现无扰动切换。

（四）调节模式之间的转换

如上所述的 3 种调节模式分别适用于不同的运行工况，其功能和相互间的转换都是由微机调速器自动完成的，图 3-16 给出了 3 种模式之间的转换关系。

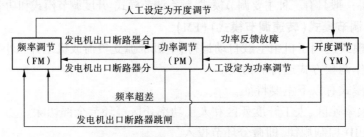

图 3-16　调节模式相互切换示意图

（1）机组开机进入"空载"运行工况，调速器处于频率调节模式下工作。

（2）发电机出口断路器投入，机组并入电网运行，调速器自动进入功率调速模式工作。

（3）在机组并入电网运行情况下，也可以人为选择 3 种调节模式中的任一种模式工作。

（4）在功率调节模式下工作时，若检测到机组功率反馈故障，则调速器自动切换至开度调节模式工作。

（5）当调速器在功率调节或开度调节模式下工作时，出现下述两种情况，则调速器自动切换至频率调节模式工作：一是电网频率偏离人工失灵区整定值，且持续时间较长（如 15 s）；二是某种故障导致发电机出口断路器跳闸、机组甩负荷。

三、微机调速器的控制

（一）开机控制

调速器在停机状态下，接到开机令后，进行开机控制，将机组状态转为空载。微机调速器采用的开机控制有两种方式：开环控制和闭环控制。

1. 开环控制

当调速器接到开机令后，将导叶开度以一定速度开至启动开度，并保持这一开度不变，等待机组转速上升。当频率升至某设定值 f_1（如 45 Hz）时，导叶接力器关回到空载开度 y_0 附近，然后转入 PID 调节控制，调速器进入空载运行状态。在开机过程中，若有停机令,则转停机过程。

开环开机过程中,转速上升速度和开机时间与启动开度和空载运行的频率设定值关系很大。启动开度大,则机组转速上升快,但可能引起开机过程中转速超过额定值;启动开度小,开机速度缓慢。设定切换点的频率值 f_1 过小,会延长开机时间;反之,机组转速会过分上升。

开环开机规律还与空载开度密切相关,而空载开度与水头相关。水头高,对应的空载开度就小;水头低,维持空载的开度就大。因此,为保证合理的开机过程,启动开度与空载开度应能根据水头进行自动修正。

2. 闭环控制

在开机之前,设定好开机时的转速上升期望特性作为频率给定,在整个开机过程中,频率测量信号一直接入调速系统,调速系统始终处于闭环调节状态。同时由于空载工况,水轮机偏离最优工况运行,转轮中水流流态比较紊乱,而机组综合自调节系数较小,因而调节系统需要运行稳定的调节参数。机组启动后,实际转速上升跟踪期望特性,最终达到空载额定转速,在这一过程中,目前的微机调速器都采用 PID 调节规律,并运行于频率调节模式。

(二)停机控制

当调速器接到停机令时,先判别机组与调速器的状态,再执行相应操作。

(1)空载状态时,接收到停机令,将开度限制以一定速度关到 0,此时,功率给定 $c_p = 0$,开度给定 c_y 受开度限制往下关为 0,对于闭环开机的调速器,频率给定 $c_f = 0$。对于双调,将桨叶角度开至启动角度。

(2)调相状态时,接收到停机令,先执行调相转发电控制,将导叶开度开至当前水头对应的空载开度,并由开环控制进入 PID 闭环控制,等待发电机出口断路器跳闸,此过程为调相转发电过程。当发电机出口断路器断开后,按空载停机过程处理。

(3)发电状态时,接收到停机令,将开度限制以一定速度关到对应空载的位置,开度给定受开度限制往下关,功率给定以一定速度关到 0,等待发电机出口断路器跳闸。此过程为发电转空载的过程,该过程的完成以发电机出口断路器断开为标志。当发电机出口断路器断开后,按空载停机过程处理。

(三)机组并网及解列控制

若机组并入电网运行,微机调速器一般采用开度调节模式或功率调节模式进行控制,其调节规律为 PI 运算。为了实现有差调节,调速器永态转差系数 $b_p \neq 0$,用功率给定增减负荷。同时,为了提高接力器对功率给定信号的响应速度,微机调速器利用其本身软件的灵活、方便特点,一方面通过前馈把功率给定信号直接叠加在积分环节输出,以提高功率增减的响应速度;另一方面把功率给定信号与调节器输出信号或功率反馈信号的差值,经 b_p 衰减后再送积分环节运算,如图 3-17 所示。由于引入了功率给定增量前馈,接力器对功率给定信号的响应明显加快,从而加快了负荷增减的调节速度。

四、微机调速器的控制软件

根据水轮机调速器的工作状态与过程任务要求及水轮机调速器的主要功能,调速器的软件程序由主程序和中断服务程序组成。主程序控制微机调速器的主要工作流程,完

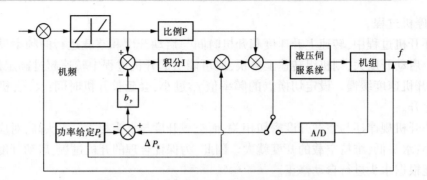

图 3-17　机组并网后调节系统控制原理框图

成模拟量的采集和相应数据处理、控制规律的计算、控制命令的发出,以及限制、保护等功能。中断服务程序包括频率测量中断子程序、模式切换中断子程序、通信中断服务子程序等,完成水轮发电机组的频率测量、调速器工作模式的切换和与其他计算机间的通信等任务。

微机调速器的控制软件应按模块结构设计,也就是把有关工况控制和一些共用的控制功能合编成一个个独立的子程序模块,再用一个主程序把所有的子程序串接起来。

(一)主程序

基于 FX_{2N} 可编程控制器的微机调速器的主程序框图见图 3-18。

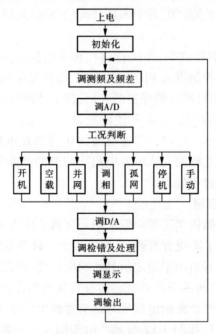

图 3-18　主程序框图

当微机调速器通上电源后,将对整个调速器进行初始化处理,即对特殊模块,如模/数、数/模、定位模块等设置工作方式及有关参数;对辅助继电器 M 等设置初始状态;对数据寄存器 D 特定单元设置缺省值,即采样周期、调节参数(如 b_p、b_t、T_d、T_n 等)。

频率测量子程序根据测量结果和所选择的转换系数 K_f,对机组频率、电网频率和频差进行计算。

A/D 转换子程序主要是把水头、功率反馈、导叶反馈等模拟信号转换为数字量,使其在程序控制下进行工作。

工况判断是根据机组运行工况及状态输入开关信号,确定微机调速器按照何种工况进行处理,同时设置工况标志,如开机过程、空载、调相、甩负荷、停机过程等,并接通相应工况指示灯。

PID 调节程序主要完成对各种工况下导叶开度的 PID 运算。

D/A 转换子程序仅用于控制伺服系统是电液随动系统的微机调速器,将其各种工况运算出的数字量转换为模拟电量,驱动电液随动系统。而对数字伺服系统则不需要 D/A 转换。

检错及处理子程序主要是保证输出的调节信号的正确性,因此需要对相关输入、输出量及相关模块进行检错诊断。如果发现故障或出错,还要采取相应的容错处理并报警,严重时,要切换为手动或停机。微机调速器检错及处理子程序主要包括频率测量(含机频、网频)检错、功率反馈检错、导叶反馈检错、水头测量值检错等。

(二)部分子程序

1. 开机子程序

开机子程序框图如图 3-19 所示。

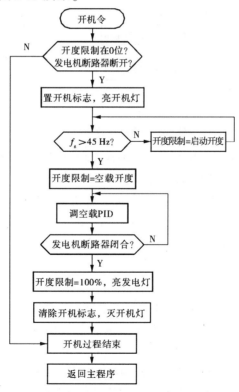

图 3-19　开机子程序框图

当调速器接到开机令时,先判别是否满足开机条件,如果满足,置开机标志,并点亮开机指示灯。然后检测机组频率,当频率达到并超过 45 Hz 时,将启动开度关到空载整定开度,并作 PID 运算,自动控制机组转速于给定值。当机组并网后,则把开度限制自动放开至 100%开度或按水头设定的开度值。开机过程结束,清除开机标志、灭开机指示灯。置发电标志并点亮发电指示灯。

2. 停机子程序

停机子程序框图如图 3-20 所示。

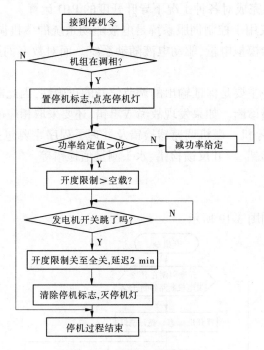

图 3-20 停机子程序框图

当调速器接到停机令时,先判别机组是否在调相,如果在调相,则从停机子程序转出,先进入调相转发电,再由发电转停机。如果机组不在调相工况,则置停机标志,并点亮停机指示灯,然后判别功率给定值是否不在零位。若是,自动减功率给定,直到功率为零。再把开度限制减至空载,等待发电机开关跳开后,进一步把开度限制关到全关,延长 2 min,确保机组转速降到零后,清除停机标志,停机灭灯。

3. 空载 PID 子程序

空载 PID 子程序框图如图 3-21 所示。

当机组开机后,频率升至大于 45 Hz 时,机组进入空载工况,或者机组带负荷运行中甩掉负荷回到空载工况时,调速器在空载工况主要进行 PID 运算,使机组转速维持在空载额定值范围内。

如图 3-21 所示,先调用频差计算,再分别进行比例、微分、积分运算,再求和得到 PID 总值。在增量型 PID 运算中,则是分别求出比例项、微分项和积分项的增量,然后求各增量之和,再与前一采样周期的 PID 值求和,得到本采样周期的 PID 值。

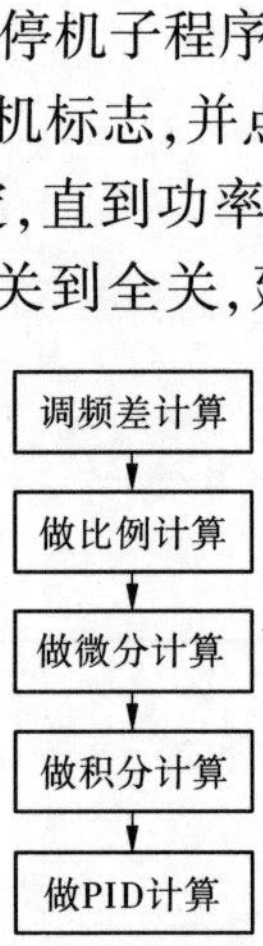

调频差计算

做比例计算

做微分计算

做积分计算

做PID计算

图 3-21 空载 PID 子程序框图

任务五　微机调速器伺服系统

水轮机微机调速器采用了调节器+电液随动系统的结构模式。

调节器完成调速器的信号采集、数据运算、控制规律实现、运行状态切换、控制值输出及其他附加功能，并以一定方式输出控制结果作为液压随动系统的输入，是微机调速器的核心。液压随动系统则把电子调节器送来的电气信号转换放大成相应的机械信号，并进行导叶的操作，是微机调速器的执行机构。近年来机械液压行业的各种伺服系统纷纷被引入到水轮机调速器行业，使微机调速器的伺服系统呈现出多样化的局面。

目前已在水电站应用的有电液伺服阀驱动的电液随动系统、电液比例阀驱动的电液比例伺服系统、伺服电机驱动的电机伺服系统、步进电机驱动的步进电机伺服系统和电液数字阀驱动的数字阀伺服系统。这五种伺服系统中，前三种都属于电液伺服系统（或称电液随动系统），后两种则属于数液伺服系统。

电液比例伺服系统在前文已经详细说明过。下面简要介绍其他四种伺服系统的结构、基本原理及特点。

一、电机伺服系统

电机伺服系统是指由直流伺服电机或交流伺服电机构成的电机伺服装置，实现将电气信号成比例地转换成机械位移信号，然后控制机械液压随动系统。

电机伺服系统采用了电机伺服装置作为电气位移转换元件，从而使系统结构简单、不耗油，其本身对油质没有要求，同时电机伺服装置具有良好的累加功能，即使系统失电，仍能保持原工况运行，并可直接手动控制，从而大大提高了系统工作的可靠性。

根据伺服电机的类型不同，可以分为步进电机、直流电机和交流电机三大类。

（一）步进电机伺服系统

步进电机伺服系统是指由步进电机（含其驱动器）为电气（数字）-机械位移转换部件（又称步进式电液转换器或步进液压缸，数字缸）构成的数字-机械液压伺服系统。其中又分为两种模式，一种为步进式电液转换器+机械液压随动系统，即步进式电液转换器本身是一个数字-机械位移伺服系统；另一种步进式电液转换器是具有自动复中特性的数字-机械位移转换元件。两种模式在中小型微机调速器中都有应用。

1.步进电机

步进电机是一种把脉冲信号变换成相应的角位移或直线位移的机电执行元件。每当对其施加一个电脉冲时，其输出轴便转过一个固定角度，称为一步，当供给连续电脉冲时就能一步一步地连续转动，故称为步进电机。

步进电机的位移量与输入脉冲数严格成正比，其转速与脉冲频率和步进角有关，控制输入脉冲数量、频率和各项绕组的接通顺序，可以得到不同的运行特性。

步进电机按其工作原理分为永磁式、混合式和反应式两大类。下面以反应式步进电机为例说明工作原理。

反应式步进电机又称可变磁阻式步进电机，其结构如图3-22所示。定子磁极的极面上与转子圆周上均匀地开有齿形和齿距完全相同的小齿,定转子铁芯都用高导磁材料制成。

步进电机可以做成二相、三相、四相、五相等。图3-23 所示为三相反应式步进电机单三拍方式工作原理,其定子上有 6 个磁极,每个极上装有一个控制绕组,相对的两极组成一相。转子上有 4 个均匀分布的齿,其上没有绕组。当 A 相控制绕组通电时,转子在磁场力作用下与定子齿对齐,即转子齿 1、3 和定子 A、A′对齐,如图 3-23(a)所示。如果断开 A 相控制绕组,接通 B 相,在磁场力作用下转子转过 30°,转子齿 2、4 与定子 B、B′对齐,如图 3-23(b)所示,转子转过一个步距角。如再使 B 相断开,C 相接通,转子又转过 30°,转子

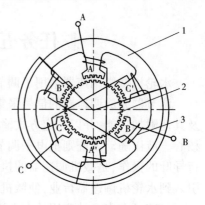

1—定子;2—转子;3—绕组

图 3-22　反应式步进电机结构

齿 1、3 与定子 C、C′对齐,如图 3-23(c)所示。如此往复循环,并按 A—B—C—A 顺序通电,步进电机便按一定方向转动。若改变通电顺序,即 A—C—B—A,则电机反向转动。上述通电方式称为三相单三拍,"拍"指定子控制绕组每改变一次通电方式,"单"指每次只有一相控制绕组通电,"三拍"即控制绕组切换 3 次为一个循环。

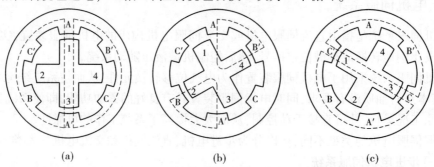

(a)　　　　　　　　　　(b)　　　　　　　　　　(c)

图 3-23　三相反应式步进电机单三拍方式工作原理

除上述通电方式外,还有三相单、双六拍通电方式,采用这种通电方式时,步距角比单拍通电方式减少一半。步进电机的步距角 θ 与转子齿数 Z_r、控制绕组相数 m 和通电系数 C(当 $C=1$ 时为单拍方式,$C=2$ 时为单、双拍方式)有以下关系,即

$$\theta = \frac{360°}{mZ_r C} \tag{3-8}$$

式(3-8)表明,电机的相数和转子齿数越多,步距角越小,显然当脉冲频率一定时,其转速越低。

2. 步进电机液压伺服系统

步进电机液压伺服装置结构如图 3-24 所示。

步进电机液压伺服装置是一种电机转换器,它适合与带引导阀的机械位移型主配压阀接口。它是一种新型的步进式、螺纹伺服、液压放大式的电机转换器。

步进电机伺服缸由控制螺杆和衬套组成。步进电机与控制螺杆刚性连接,控制螺杆中有相邻的两个螺纹:一个与衬套的压力油口搭接,另一个与衬套的排油口搭接。与衬套

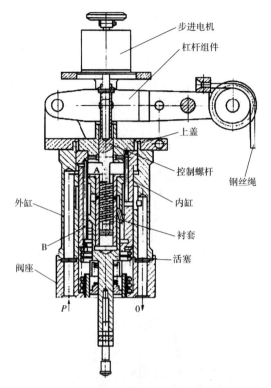

图3-24　步进电机液压伺服装置结构

为一体的控制活塞有方向相反的油压作用腔 A 和 B。A 腔面积约等于 B 腔面积的 2 倍。当控制螺杆与衬套在平衡位置时,控制螺杆的螺纹将压力油口及回油口封住,A 腔既不通压力油也不通回油,A 腔压力约等于工作油压的 1/2,而 B 腔始终通工作油压。A 腔与 B 腔的作用力方向相反、大小相等,步进电机伺服缸活塞静止不动。

当步进电机顺时针转动时,衬套的回油孔打开,压力油孔封住,A 腔油压下降,控制活塞随之快速上移至新的平衡位置。

当步进电机逆时针转动时,压力油孔打开,回油孔封住,A 腔油压上升,控制活塞随之快速下移至新的平衡位置。所以,步进电机的旋转运动转换成了活塞的机械位移。在油压的放大作用下,活塞具有很大的操作力。步进电机带动控制螺杆旋转,仅需要很小的驱动力。

3. 无油电液转换器

具有自动复中特性的步进式电液转换器,由于其不用油,通常又称为无油电液转换器。图 3-25 是一种无油电液转换器结构原理图,其主要由步进电机(含驱动器)、滚珠螺旋副、连接套等组成。

当微机调节器输出关闭方向信号(数字脉冲)时,步进电机驱动滚珠螺旋副带着连接套向下运动。当微机调节器输出开启方向信号(数字脉冲)时,步进电机使滚珠螺旋副带着连接套向上运动,使引导阀也向上运动,主配压阀活塞也上移,从而控制接力器开大导叶。

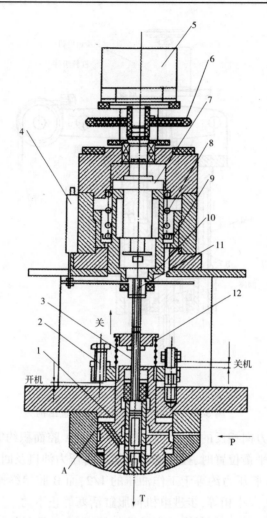

1—辅助接力器活塞;2—衬套;3—引导阀阀芯;4—反馈传感器;5—步进电机/交流伺服电机;
6—手轮;7—滚珠螺旋副;8—复中上弹簧;9—定位块;10—连接套;11—调整杆;12—复中下弹簧

图 3-25 无油电液转换器结构原理图

步进电液转换器不用油或少用油,其对油质无特殊要求,抗油污能力强,系统结构简单,可方便实现无扰动手自动切换,在近年来的微机调速器中得到了较多应用。

(二)直流电机伺服系统

直流伺服电机驱动的伺服系统,采用电机控制的电动集成阀和电机伺服机构,结构简单、耗油量少。由于电机伺服机构具有累加功能,失电时仍可维持原工况运行,并可进行手动操作,具有较高的可靠性。图 3-26 和图 3-27 分别是两种不同型式的直流电机伺服系统的原理框图。

以 ZS-100 型直流电机伺服系统装置为例介绍直流电机伺服系统的工作原理。图 3-28 为其结构图。

该装置采用 110L54 型永磁式力矩直流电机作为执行元件,空载转速 400 r/min;采用脉冲调宽式放大器作驱动电源,最大输出电压为 48 V;采用普通运算放大器作输入和反

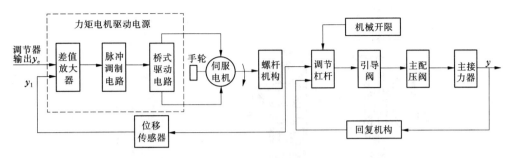

图 3-26 不带集成阀的直流电机伺服系统结构原理图

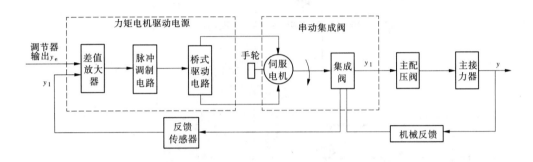

图 3-27 带集成阀的直流电机伺服系统结构原理图

馈信号比较及放大,放大系数在 1 ～ 100 倍任意调整;采用梯形螺纹的丝杆和螺母作传动机构,螺距为 4 mm,设计行程为 110 mm,用 LP-100 型直线位移传感器作位置反馈元件。系统输入信号采用 0 ～ 5 V,该装置相应的输出位移设计为 0 ～ 80 mm,在大信号作用下,装置走完全行程的时间设计为不大于 3 s。丝杆与直流伺服电机通过联轴器相连,螺母与输出杆连成一体,位移传感器的推杆直接装于螺母上。为了防止螺母在丝杆的两极端位置上锁死,在两极端位置上设置两个行程开关,当螺母到达两端部时,就会断开其驱动电路。

(三) 交流电机伺服系统

近年来,随着电力电子技术的发展,交流伺服电机驱动系统的调速性能有了很大提高,使得交流电机固有的结构简单、可靠性高、驱动功率大及动态响应好等优势得以充分发挥,并在水轮机调速器的电机位移转换机构上得到应用,较好地解决了电机位移转换的可靠性问题,同时有效地取消传动杆件和减少传递环节,其整机的速动性能优于其他伺服系统。图 3-29 为交流电机伺服系统原理框图。

交流电机伺服系统结构原理图如图 3-30 所示。由交流伺服电机、滚珠丝杆、螺母和电机驱动电源构成电机伺服装置。电机伺服装置将微机调节器的输出电平 y_e 转换成螺母的直线位移,并作为机械液压随动系统的输入。

滚珠螺母带动主配压阀活塞上、下动作,控制调速器的主接力器开启和关闭。装在接力器上的反馈锥体带动衬套上、下动作,以实现接力器到主配压阀的直接位置反馈,构成由主配压阀和主接力器组成的带硬反馈的一级液压放大并形成机械液压随动系统。该系统设计为滚珠螺母位移 0 ～ 20 mm,接力器相应走完全行程。

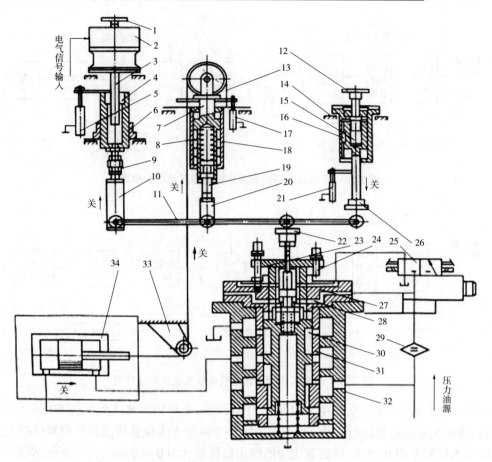

1—电机手轮;2—力矩电机;3、4—传动螺杆;5—反馈位移传感器;6—导向键;7—反馈活塞;8—复中弹簧;
9—调节螺母;10—输出托架;11—调节杆件;12—开限手轮;13—反馈钢带;14—开限螺母;15—开限螺杆;16—导向键;
17—开度位移传感器;18—屈服弹簧;19—屈服活塞;20—回复连杆;21—开限位移传感器;22—受压块;
23—开机时间调节螺栓;24—关机时间调节螺栓;25—紧急停机电磁阀;26—调节压住螺帽;27—引导阀针阀;
28—引导阀衬套;29—双联滤油器;30—主配活塞;31—主配衬套;32—主配壳体;33—反馈过渡轮;34—主接力器

图 3-28　直流电机伺服系统装置结构

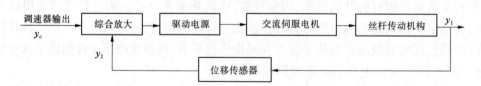

图 3-29　交流电机伺服系统原理框图

　　该机械液压随动系统的主配压阀直接控制差压式主接力器。该主配压阀仅有两个外接油口,一个油口接入压力油,另一个油口通向差压式主接力器的开启腔。主配压阀结构非常简单,轴向尺寸较小,仅由主配压阀活塞、活塞衬套、阀体、端盖和平衡弹簧等几个零件组成。主接力器为一差压式油缸,活塞有效面积较小的一侧始终通以压力油,另一侧为变压腔,变压腔活塞有效面积比压力油腔活塞有效面积大一倍,故当变压腔接通压力油

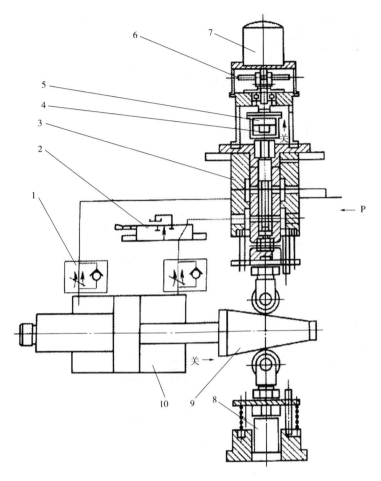

1—单向节流阀;2—紧急停机电磁阀;3—主配压阀;4—滚珠丝杆;5—螺母;
6—手轮;7—交流伺服电机;8—分段关闭装置;9—反馈锥体;10—主接力器

图 3-30　交流电机伺服系统结构原理图

时,活塞朝开机方向移动,接通排油时,活塞朝关机方向移动。接力器轴端部有反馈锥体,直接将主接力器位移反馈到主配压阀的衬套上。

当主配压阀活塞上升时,其下方控制阀盘使主接力器变压腔接通排油口,主接力器朝关机方向运动,同时反馈锥体使主配压阀的活动衬套上升,直到控制窗口被主配压阀活塞控制阀盘重新封闭;当主配压阀活塞下降时,同理活动衬套也会下降,直到将控制窗口重新封闭。由此可见,活动衬套总是随动于主配压阀活塞,即主接力器位移跟随电机伺服装置的输出位移的变化而变化。

该装置中采用二位三通电液换向阀作紧急停机电磁阀,由于两个工作位置均可固定,所以电磁铁不需要长期通电。当机组事故时,紧急停机电磁阀励磁,主配压阀油路被隔断,差压式主接力器的变压腔接通排油,主接力器则迅速关机。两个单向节流阀,一个用来调整关闭时间,另一个用来调整开机时间。

在该电机伺服系统中,手动操作机构十分简单,操作也很方便。当需要进行手动操作时,仅需切除伺服电机的控制网路,就可实现自动向手动运行方式切换。直接旋转伺服电机联轴器的手轮,便可以控制主接力器开启和关闭,不论是手动控制方式还是闭环控制方式,只要不再操作手轮,接力器的位置就不会漂移。由自动运行工况切为手动运行工况的操作简单、方便,这是伺服系统的一大特点。由于仅用一级液压放大装置,并用伺服电机直接控制,因此也没有专门的手动操作机构。该系统结构简单、可靠,是一种比较适合于中小型微机调速器的伺服机构。

二、电磁换向阀伺服系统和电液换向阀伺服系统

换向阀的作用是利用阀芯位置的变化,去改变阀体上各油口的连通或断开状态,从而控制油路的连通、断开或改变油流方向。

换向阀按照操纵方式可分为电磁动、电液动、液动、机动和手动换向阀等;按阀芯位置分为二位、三位、多位换向阀;按阀体上主油路进、出口数目的不同,又分为二通、三通、四通、五通等,其图形符号如图 3-31 所示。

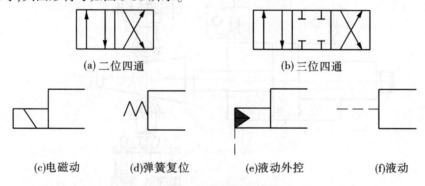

(a) 二位四通　　　　　　　　　(b) 三位四通

(c)电磁动　　(d)弹簧复位　　(e)液动外控　　　(f)液动

图 3-31　换向阀图形符号

换向阀中符号所表示的意义为:

(1)方格数即换向阀的"位"数,3 格即 3 位。

(2)箭头表示两油口连通,不表示流向,"⊥"表示油口不通流。箭头或"⊥"与方格的交点数为油口的通路数。

(3)控制方式或复位弹簧应画在方格的两端。

(4)P 表示压力油进口,T 表示回油口,A、B 表示连接工作油路的油口。

(5)三位阀的中格、二位阀的侧面画有弹簧的那一方格为常态位,即阀芯未受到控制力作用时所处的位置,靠控制符号的一格为控制力作用下所处的位置。

(6)在液压原理图中,换向阀的符号与油路的连接一般应画在常态位上。

(一)电磁换向阀伺服系统

1. 电磁换向阀

电磁换向阀是利用电磁铁的吸力控制阀芯换位的换向阀。它操作方便、布局灵活,有利于提高设备的自动化程度,因而得到了广泛的应用。

电磁换向阀伺服系统原理框图如图 3-32 所示。采用插装阀或液控阀作为液压放大装置,主配压阀与电磁换向阀连接。电磁换向阀的输入取自微机调节器的输出(电气信号)。

电磁换向阀包括换向滑阀和电磁铁两部分。电磁铁因其所用电源不同而分为交流电

图 3-32　电磁换向阀伺服系统原理框图

磁铁和直流电磁铁。交流电磁铁常用电压为 220 V、380 V,优点是电磁吸力大、换向快,缺点是换向冲击大、噪声大、发热大、寿命低等,一般用于换向平稳性要求不高的场合;直流电磁铁工作电压为 24 V、220 V,其优点是换向平稳、噪声小、发热小、寿命长等,缺点是启动力小、换向时间长,用于换向要求较高的液压系统。

图 3-33(a)为二位三通电磁换向阀结构原理图。其左边为交流电磁铁,右边为滑阀。当电磁铁不通电时(图示位置),其油口 P 与 A 连通;当电磁铁通电时,衔铁 1 右移,通过推杆 2 使阀芯 4 推压弹簧 5 并向右移至端部,油口 P 与 B 连通,而与 A 断开。其图形符号如图 3-33(b)所示。

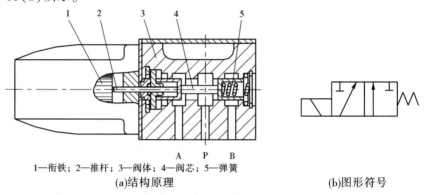

1—衔铁;2—推杆;3—阀体;4—阀芯;5—弹簧
(a)结构原理　　　　　　　　　　　　　　(b)图形符号

图 3-33　二位三通电磁换向阀结构原理及图形符号

图 3-34(a)为三位四通电磁换向阀的结构原理图。其由阀体、电磁铁、控制阀芯和复位弹簧构成,可以控制油流的开启、停止或方向。

油口有 4 个:A(控制油口),B(控制油口)、P(压力油口)和 T(排油口)。电磁换向阀由两个电磁线圈控制,在两个电磁线圈均为通电的状态下,复位弹簧将控制阀芯置于中间位置,排油口 T 与 A 腔和 B 腔相通;图示左端电磁铁通电,A 腔接压力油,B 腔接排油;图示右端电磁铁通电,B 腔接压力油,A 腔接排油。根据与插装阀接口的要求,也可以将压力油口 P 与排油口 T 交换,此时,在两个电磁线圈均未通电的状态下,复位弹簧将控制阀芯置于中间位置,压力油口与 A 腔和 B 腔相通;图示左端电磁铁通电,A 腔接排油,B 腔接压力油;图示右端电磁铁通电,B 腔接排油,A 腔接压力油。其图形符号如图 3-34(b)所示。

2. 电磁换向阀伺服系统的工作原理

电磁换向阀伺服系统的工作原理如图 3-35 所示。

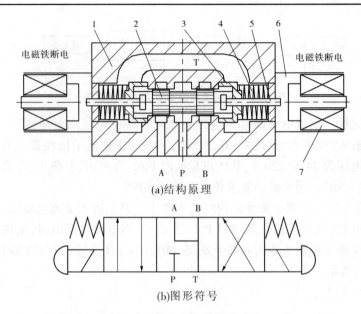

(a)结构原理

(b)图形符号

1—阀体;2—阀芯;3—弹簧座;4—弹簧;5—推杆;6—铁芯;7—衔铁

图 3-34　三位四通电磁换向阀的结构原理及图形符号

(二)电液换向阀伺服系统

1. 电液换向阀

电液换向阀由电磁换向阀和液动换向阀组合在一起构成,其中,电磁换向阀作为先导阀起控制作用,液动换向阀是一种利用控制油路的压力油推动阀芯改变位置的换向阀,用于控制主油路。电液换向阀的工作原理如图 3-36 所示,当先导电磁阀的两个电磁铁都不通电时,控制油口 K_1 被封堵,主阀两侧油腔经 K_2 与油箱连通,主阀芯 4 在两侧弹簧作用下处于中间位置;当先导阀左电磁铁通电时,控制油由 K_1 经先导阀 1 进入主阀右侧油腔,左侧油腔与回油箱连通,使主阀芯在控制油作用下压缩左弹簧 5 而左移,从而连通 P、A 两腔,中空的主阀芯使 B、T 连通。当左电磁铁断电后,先导阀回复中间位置,主阀芯在左弹簧作用下回复中间位置。当右电磁铁通电时,主阀芯 4 右移,P 与 B 连通,A 与 T 连通。电液换向阀的图形符号如图 3-37 所示。

2. 电液比例阀伺服系统

由电液比例阀作为电液转换元件,构成中小型微机调速器的电液比例伺服系统,其机械液压原理如图 3-38 所示。

电液比例阀伺服系统主要由电液比例方向阀 1、手自动切换阀 2、紧急停机电磁阀 3、手动操作阀 4、单向节流阀 5、液压缸(接力器)6、电气反馈装置 7、双液控单向阀(液压锁)8 构成,有的还配有分段关闭装置 9。

自动运行时,由微机调节器输出的调节信号经综合放大器进行功率放大后控制电液比例阀进行开关动作,并驱动液压缸(接力器)开大或关小导叶,以改变机组的出力或转速。

手动运行时,由于自动切换阀切断比例阀的供油和排油,即可由手动操作阀的把手实现对液压缸(接力器)的开关操作。

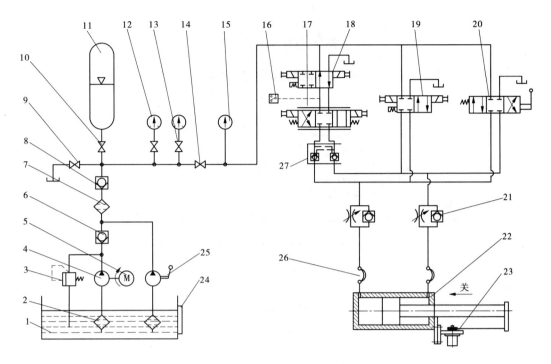

1—油箱；2—吸油滤油器；3—安全阀；4—油泵；5—电机；6、8—单向阀；7—滤油器；
9—放油阀；10、13—截止阀；11—囊式蓄能器；12—电接点压力表；14—主供油阀；15—压力表；
16—压力继电器；17—比例换向阀；18—手自动切换阀；19—紧急停机电磁阀；20—手动切换阀；21—单向节流阀；
22—液压缸；23—反馈装置；24—液位计；25—手摇泵；26—高压软管；27—液压锁

图 3-35　电磁换向阀伺服系统的工作原理

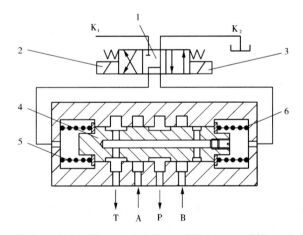

1—先导阀；2—左电磁铁；3—右电磁铁；4—主阀芯；5—左弹簧；6—右弹簧

图 3-36　电液换向阀的工作原理

当机组事故需要紧急停机时，手自动切换阀得电，切换比例阀供排油油路，同时紧急停机电磁阀得电，将压力油接通液压缸(接力器)关机腔，实现紧急停机。

双液控单向阀(液压锁)用于防止当比例阀或手动操作阀处于中位时因滑阀内泄液

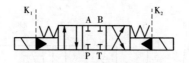

图 3-37　电液换向阀的图形符号

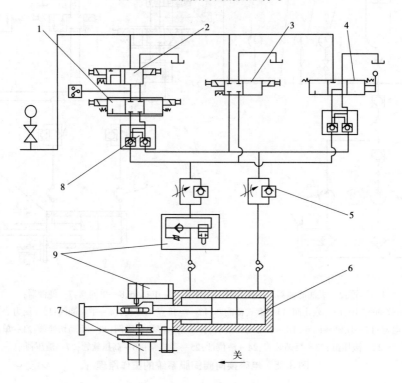

1—电液比例方向阀;2—手自动切换阀;3—紧急停机电磁阀;4—手动操作阀;5—单向节流阀;
6—液压缸(接力器);7—电气反馈装置;8—双液控单向阀(液压锁);9—分段关闭装置

图 3-38　电液比例阀伺服系统机械液压原理

压缸(接力器)可能出现的缓慢爬行。

　　单向节流阀实现回油节流,用于调整液压缸(接力器)开关机时间。

　　液压缸(接力器)将液压能转换为直线运动的机械能,直接驱动控制环达到控制导水机构的目的。

　　电气反馈装置的作用是把液压缸(接力器)的机械位移转换为相应的电气信号,反馈至综合放大器,与微机调节器输出的电气信号相平衡。

　　当电站引水系统较长,导叶一段直线关闭难以满足调节保证计算要求时,为了协调机组速率上升和蜗壳压力上升,则可能要采用导叶两段关闭,此时就需要在调速器伺服系统中配置分段关闭装置。

三、数字液压伺服系统

　　数字液压伺服系统有多种型式,但归结起来主要有两类,一类是直接采用电液数字阀(数字式开关阀)或数字逻辑阀作电液转换元件构成的数字液压伺服系统,简称数字阀伺服系统;另一类是采用步进电机与液压缸组成的步进液压缸(数字缸)作为电液转换元件的步进式数液伺服系统。后一类我们前面已经分析过,把它归为步进电机伺服系统,因此这里只讨论数字阀伺服系统。

目前,在中小型微机调速器中作为电液转换元件的数字阀多采用电磁球阀。由于电磁球阀密封性能好、反应速度快、使用压力高,对工作介质适应能力强,因此应用非常广泛。图3-39是全数字可编程微机调速器的机械液压系统原理图,该机械液压系统就是一个数字阀伺服系统。

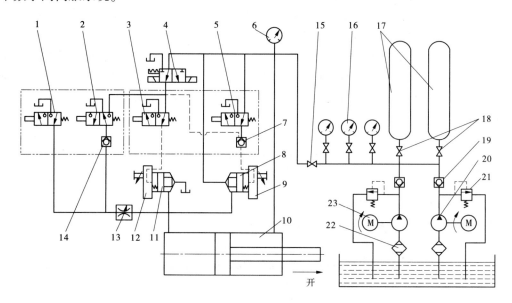

1—小波动关机电磁球阀;2—小波动开机电磁球阀;3—大波动关机电磁球阀;
4—紧急停机电磁阀;5—大波动开机电磁球阀;6—压力表;7—液控单向阀;
8—开机插装阀;9—行程调节盖板(调节开机时间);10、13—差压油缸(接力器);
11—关机插装阀;12—行程调节盖板(调节关机时间);14、19—单向阀;15、18—截止阀;
16—电接点压力表;17—蓄能器;20—油泵;21—溢流阀;22—滤油器;23—电机

图3-39 全数字可编程微机调速器的机械液压系统原理图工作原理

自动调节部分采用大波动阀与小波动阀并联的调节模式。大波动阀采用以电磁球阀3、5为先导阀的插装阀11、8,开机插装阀8与其先导电磁球阀5之间串联了一个液控单向阀7。小波动阀由小波动关机电磁球阀1、小波动开机电磁球阀2和单向阀14串联组成,在小波动阀上加装手动按钮兼作手动操作阀(在图3-39中没有画出)。节流阀13用于调节小波动阀的控制液压缸的运动速度。紧急停机电磁阀4是一个两位三通的电磁换向阀,它同时控制着电磁球阀2、3的压力油及液控单向阀7的控制油。主接力器采用速度比为2的液压缸,其有杆侧与压力油始终保持接通,无杆侧与控制油接通。液压缸在两只插装阀的控制下作开关运动,开关机时间通过调节插装阀芯的行程,即行程调节盖板9和12来实现。

自动工况时,紧急停机电磁阀4处于复归状态。开机侧小波动开机电磁球阀2、大波动关机电磁球阀3及液控单向阀7的控制腔均经紧急停机电磁阀4与压力油接通。此时,液控单向阀7相当于通路,大、小波动电磁阀均能正常工作。微机调速器输出的调节信号经放大后,分别作用于小波动电磁球阀和插装阀的先导球阀,实现对主接力器的大、小波动控制,使主接力器(液压缸)迅速准确地跟随调节信号的变化,直至调节过程结束。

以大波动关机为例分析,当微机调速器发出大波动关机信号,即图3-39中开关量输出模块的大波动关机电磁球阀输出端有信号输出时,大波动关机电磁球阀3左位工作,插装阀11的控制油孔接通排油,其阀芯开启,差压油缸10的开启腔接通排油,则液压缸活塞向关闭侧运动。其他控制的分析类似,请自行分析。

手动操作时,手自动切换信号切除电气调节器的输出,用小波动阀上的手动按钮进行手动操作,控制接力器向开启或关闭方向运动。

紧急停机时,紧急停机电磁阀4动作,电磁球阀2、3左位工作,液控单向阀7的控制腔经紧急停机电磁阀4与排油接通,液控单向阀7的功能相当于一般单向阀。这样,无论开机侧的电磁球阀2和5处于什么状态,均不影响紧急停机的可靠动作。其他分析与上面分析相同。

思考与习题

1. 微机调速器的特点有哪些?

2. 微机调速器按结构形式可划分为哪几种?

3. 熟悉微机调速器的典型结构。

4. 微机调速器控制系统的硬件由哪些部分组成?各部分的作用是什么?

5. 以开机过程为例,试述微机调速器的工作原理。

6. 微机调速器的频率信号源有哪些?

7. 试述微机调速器的测频方法。各种测频方法是如何实现测频的?

8. 微机调速器对频率测量的要求有哪些?

9. 什么是位置型PID控制算法?

10. 什么是增量型PID控制算法?

11. 什么是仿增量型数字PID控制算法?

12. 微机调速器的工作状态有几种?每种状态的特点是什么?

13. 微机调速器的调节模式有哪些?各种调节模式的特点有哪些?分别适用于什么运行工况?

14. 微机调速器的控制方式有哪些?每种控制模式的执行过程是什么?

15. 微机调速器伺服系统可分为哪几种?试述每种伺服系统工作过程。

项目四 调节保证计算

任务一 调节保证计算的任务及标准

一、调节保证计算的任务

在电站的运行过程中,电力系统的负荷有时会发生突然变化,如因事故突然丢弃负荷,或在较短的时间内启动机组或增加负荷。尤其是当因事故而甩全负荷时,会出现水轮机动力矩与发电机的负荷阻力矩极不平衡而使机组转速急剧变化的现象,这时调速器迅速调节进入水轮机的流量,以使机组出力与变化后的负荷重新保持平衡,机组进入一个新的稳定工况。在上述调节过程中,机组转速与压力水管中的水压力都将发生急剧的变化,甚至可能产生危及机组、水电站压力引水系统及电网安全的严重事故,如较大的水击压强变化使压力管道爆裂或压扁,以及水轮机遭到破坏;过高的转速变化使机组强烈振动并损害机组的强度和寿命,甚至造成机组飞逸事故等。

因此,在水电站设计时必须进行机组最大转速和最大水压变化的计算,这在工程上称为调节保证计算,简称调保计算。

调节保证计算的任务是:根据水电站过水系统和水轮发电机组的特性,合理选择导叶的关闭时间和关闭规律,进行水压变化和机组转速变化计算,使压力变化值和转速上升值都在允许范围内,并以此结果指导电站的最终设计和调节系统的整定。

二、调节保证计算的标准

调节保证计算一般是在最大水头、设计水头和最小水头三种工况下进行的。最大水头下产生的水击压力可能是最大内水压力。设计水头时引用流量最大,机组上升速率可能最大,也可能产生最大的内水压力。最小水头时增加负荷可能产生最大负水击,将决定管线位置。大中型机组都是并入电力系统工作的,在单机容量不超过系统容量的10%时,可不进行突增负荷的调节保证计算。当机组不并入系统而单独运行并带有比重较大的集中负荷时,突增负荷的调节保证计算就很有必要了。

甩负荷过程中最大水压力上升率为

$$\xi = \frac{H_{\max} - H_0}{H_0} \times 100\% \tag{4-1}$$

式中　$H_{\max}$——甩负荷过程中最大水压力,m;

　　　H_0——甩负荷前的水电站静水头,m。

甩负荷过程中最大转速上升率为

$$\beta = \frac{n_{max} - n_0}{n_0} \times 100\% \tag{4-2}$$

式中　n_{max}——机组甩负荷过程中产生的最大转速，r/min；

　　　n_0——机组的额定转速，r/min。

三、调节保证计算的标准

在调节保证计算过程中，压力升高和转速升高都不能超过允许值。此允许值就是进行调节保证计算的标准。

我国的调节保证计算的标准为：

(1)甩全负荷时，过水系统允许的最大水压力上升率一般不超过表 4-1 中的数值。

表 4-1　最大水压力上升率允许值

电站设计水头(m)	<40	40~100	>100
蜗壳末端允许最大水压力上升率(%)	70~50	50~30	<30

(2)当机组容量占系统总容量的比重较大且担负调频任务时，$\beta_{max} < 45\%$；当机组容量占系统总容量的比重不大或担负基荷运行时，$\beta_{max} < 55\%$；当机组为独立运行时，$\beta_{max} \leqslant 30\%$；当机组为冲击式水轮机时，$\beta_{max} < 30\%$。

(3)尾水管内的最大真空度不宜大于 $8\ mH_2O$。

(4)机组突增全负荷时，引水系统任一断面不允许出现负压且有 $2\ mH_2O$ 高的压强余度。

注意，上述调保计算标准是在一定的技术条件下制定的。随着系统容量的增大和水轮发电机组制造技术的提高，调保计算标准也有逐渐放宽的趋势。国内不少大型水轮发电机组转速上升率允许值已超过 50%，达到 58%，美国为 60%，而俄罗斯则达到 65%。一般当选择标准超出规定的标准值时，应作特殊的论证。

任务二　水击现象及压力上升

一、水击现象及危害

在水电站不稳定工况中，随着压力管道末端阀门(或导叶)的突然关闭(或突然开启)，压力管道内紧邻阀门(或导叶)的水体流速将突然减小(或突然增大)，管中内水压强将急剧升高(或急剧降低)，水轮机尾水管中的压力也将发生相反的变化。由于水流的惯性及水体与管壁的弹性作用影响，这种压强的升高(或降低)将以压力波的形式在压力管道中往复传播，形成压强交替升降的波动，并伴有锤击的响声和振动。这种由于压力管道中水流流速的突然改变而引起管内压强急剧升高(或降低)，并往复波动的水力现象称为水击(也称水锤)现象，其压力波称为水击波。

为进一步说明水击现象及其传播过程，现举例说明。图 4-1 为一简单压力管道的示意图,管道长度 L,管道末端为阀门端 A(或导叶),B 端为管道进口与水库相连处,管壁材料、厚度及管径均沿程不变。

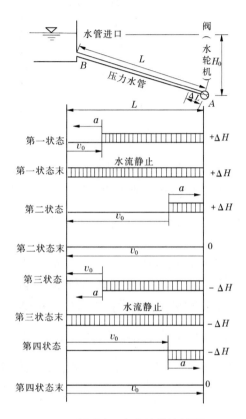

图 4-1　水击波传波过程

当水电站处于稳定工况时,管道内水流为恒定流,其平均流速为 v_0,电站静水头为 H_0。当电站突然丢弃全负荷时,阀门端 A 在瞬时(关闭时间 $T_s=0$)全部关闭后,压力管道内将产生水击现象,若忽略水头损失,水击波在管道中的传播可分为以下四种状态:

(1)第一状态。在阀门突然关闭前,管中水流以流速 v_0 向阀门端 A 方向流动。当阀门瞬时全部关闭($t=0$)后,阀门处的流速变为零,但管道中的水体由于惯性作用,仍以流速 v_0 流向阀门,致使紧邻阀门端 A 处微小管段 ΔX 内的水体被压缩,密度增大,管中内水压强由 H_0 增加为 $H_0+\Delta H$,水头升高 ΔH,管壁产生膨胀 ΔD,如图 4-2 所示。

由于微小管段 ΔX 以上的水体未受到阀门关闭的影响,仍以流速 v_0 流向阀门,使靠近微小管段 ΔX 上游的另一水体也受到压缩,密度增大,压强升高,管壁膨胀。如此逐段传递下去,就形成一种流速减小、压强增加并以一定速度 a 从阀门端 A 向上游传播的现象,这种现象称为水击波的传播。由于这种水击波所到之处,压强增高 ΔH,故称之为水击升压波。又因为水击波传播方向与压力管道中恒定流的水流方向相反,又称之为逆行升压波。经过时间 $t=\dfrac{L}{a}$,此升压波到达水库端 B 处时,全管水流流速为零,水击压强升高为 $H_0+\Delta H$,水头升高 ΔH。

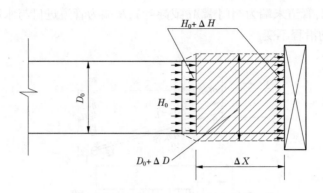

图 4-2　水击现象

（2）第二状态。在 $t = \dfrac{L}{a}$ 时，升压波传至水库端 B 处。由于 B 端右侧管道内的压强为 $H_0 + \Delta H$，而左侧水库具有很大的自由水面，不可能形成压强升高，仍为 H_0。因此，B 点水体受力不平衡，压力管道内压强高于水库压强。在不平衡力作用下，紧邻水库的管道进口微小管段内水体首先由静止状态以反向流速 v_0 倒流向水库，压强由 $H_0 + \Delta H$ 降为原来的 H_0，水体密度及管径均恢复原状。随后，自水库端 B 至管道末端阀门端 A，一段段微小水体的压强、密度和管径也相继恢复原状，这种现象以"顺行降压波"的形式从水库端 B 按速度 a 向阀门端 A 传播。经过时间 $t = \dfrac{2L}{a}$，此降压波到达阀门端 A 处。此时，全管压强恢复为 H_0，水体密度和管径全部恢复原状，但压力管道内水流以反向流速 v_0 流向水库。

（3）第三状态。在 $t = \dfrac{2L}{a}$ 时，降压波到达阀门端 A，由于阀门已经完全关闭，水流反向流动的结果是，使 A 处水流脱离阀门及管壁而形成真空，管径收缩，水体密度减小，压强降低 ΔH，水流流速由 v_0 变为零。这种现象以"逆行降压波"的形式从阀门端 A 按速度 a 向上游传播。经过时间 $t = \dfrac{3L}{a}$，降压波到达水库端 B。全管压强降低为 $H_0 - \Delta H$，全管水流流速为零。

（4）第四状态。在 $t = \dfrac{3L}{a}$ 时，降压波传至水库端 B 处。由于 B 端右侧管道内的压强为 $H_0 - \Delta H$，而左侧水库具有很大的自由水面，不可能形成压强降低，仍为 H_0。因此，B 点受力不平衡，水库压强高于管道内压强，紧邻管道进口的库内水体在不平衡力的作用下，从水库以流速 v_0 流向压力管道，使紧邻进口的微小管段水体受到压缩，压强升高 ΔH 恢复到 H_0，密度增大，管径扩张，恢复到初始状态。接着自水库端 B 至管道末端阀门端 A 的逐段水体相继以"顺行升压波"的形式向下游传播。经过时间 $t = \dfrac{4L}{a}$，此升压波传到阀门端 A，此时全管水流的流速、压强、密度和管径均恢复至阀门关闭前的初始状态。若不计管壁的摩阻作用，水击波的传播将重复上述四个传播过程。实际上，由于管壁的摩阻作用总是存在的，故压力管道中的水击现象会逐步衰减，并最终消失。

阀门突然开启时,同样会在压力管道内产生水击波的往返传播,不同的是在第一状态开始时,阀门处微小管段内的水体由于首先补充水轮机流量不足而造成压强降低 ΔH(水头降低 ΔH),水体密度减小,管径收缩,水击波以逆行降压波的形式向上游水库端传播,此后水击波传播过程及物理性质均与阀门突然关闭时完全相同。

从上述可知,水击波从 $t = 0$ 至 $t = \dfrac{4L}{a}$ 完成四个传播过程后,压力管道内的水流恢复到初始状态,故将 $T = \dfrac{4L}{a}$ 称为水击波的"周期"。而将水击波在管道中传播一个往返所需的时间 $t = \dfrac{2L}{a}$ 称为水击波的"相",两相为一个周期。

实际上,阀门关闭不可能瞬时完成,总是存在一个时间过程(水轮机导叶的关闭时间 $T_s = 3 \sim 8 \text{ s}$)。阀门每关闭(或开启)一个微小开度,阀门处就产生一个水击波向上游传播,伴随着水击压强升高(或降低) ΔH。在阀门连续关闭(或开启)过程中,水击波连续不断地产生,水击压强不断升高(或降低)。

由前述传播过程知,在水击波连续往返传播过程中,水击波到达水库端 B 和阀门端 A 时均会发生反射。若不计损失,水库端 B 的反射是异号等值的,即传入 B 点的升压波反射回去为降压波,传入 B 点的降压波反射回去为升压波。阀门端 A 的反射是同号等值的,即传入 A 点的升压波反射回去也为升压波,传入 A 点的降压波反射回去亦为降压波。因此,实际压力管道中水击波的传播将是众多水击波往复交错的传播过程,水击压强的升高(或降低)值也是升压波与降压波的叠加结果,情况很复杂。

水击现象对水电站有压引水系统和机组的运行均有不利影响。若水击压强升高过大,可能会导致压力水管强度不够而爆裂;若尾水管中的水击压力降低过多,形成过大的负压,可能使尾水管发生严重的气蚀,水轮机运行时机组会产生强烈振动;水击压力的上下波动,将影响机组稳定运行和供电质量;同时,水击现象还可能引起明钢管的振动破坏。因此,为了保证工程运行的安全可靠,必须研究水击现象,以便采取工程措施,防止水击压强过大,避免对工程带来危害。

二、水击波的传播速度

水击波的传播是水击现象的主要特征,水击波的传播速度是研究水击现象的重要参数。其大小主要与压力水管的管径 D、管壁厚度 δ、管壁材料(或衬砌)的弹性模量 E,以及水的体积弹性模量 E_w 等因素有关。根据水流连续性原理和动量定理,并计及水体的压缩性和管壁的弹性,可推得水击波的传播速度为

$$a = \frac{\sqrt{E_w \rho_w}}{\sqrt{1 + \dfrac{2E_w}{Kr}}} \tag{4-3}$$

式中　E_w——水的体积弹性模量,在一般温度和压力下, $E_w = 2.06 \times 10^3 \text{ MPa}$;

ρ_w——水体的密度,其大小与温度有关,温度越高,密度越小,一般为 $\rho_w = 1\,000$ kg/m^3;

$\sqrt{E_w\rho_w}$ ——声波在水中的传播速度,随温度和压力的升高而加大,一般为 1 435 m/s;

r——压力管道半径,m;

K——管壁抗力系数,对以下不同情况的管道,各取不同的数值。

(一)明钢管

对于明钢管

$$K = K_s = \frac{E_s\delta_s}{r^2} \tag{4-4}$$

式中 E_s——钢管材料弹性模量;

δ_s——管壁厚度,若设有加劲环,近似取 $\delta_s = \delta_0 + F/l$,$\delta_0$ 为管壁实际厚度,F 为加劲环的截面面积,l 为加劲环的间距;

其他符号意义同前。

(二)钢筋混凝土管

$$K = K_c = E_c\delta_c(1 + 9.5\mu_1)r^2 \tag{4-5}$$

式中 E_c——混凝土的弹性模量;

δ_c——混凝土管管壁厚度,mm;

μ_1——管壁环向含筋率,μ_1 取 0.015~0.05;

r——钢筋混凝土管径,m。

(三)埋藏式钢管

埋藏式钢管又称钢板衬砌隧洞,断面构造如图 4-3 所示,其抗力系数 K 为

$$K = K_s + K_c + K_r + K_f \tag{4-6}$$

$$K_c = \frac{E_c}{(1-\mu_c^2)r_1}\ln\frac{r_2}{r_1} \tag{4-7}$$

$$K_f = \frac{E_a f}{(1-\mu_c)r_1 r_f} \tag{4-8}$$

$$K_r = \frac{100K_0}{r_2} \tag{4-9}$$

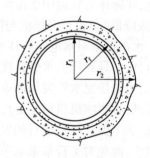

图 4-3 埋藏式钢管

式中 K_s——钢板衬砌隧洞的抗力系数,按式(4-4)计算,$r = r_1$,E_s 代以 $\dfrac{E_s}{1-\mu^2}$;

r_1——回填混凝土的内半径;

K_c——回填混凝土的抗力系数,若混凝土已开裂,忽略径向压缩,近似令 $K_c = 0$,若未开裂,K_c 按式(4-7)计算;

r_2——隧洞开挖直径,m;

K_f——环向钢筋抗力系数,按式(4-8)计算;

f——每厘米长管道中钢筋的截面面积,m^2;

r_f——钢筋圈半径,m;

K_r——围岩单位抗力系数,按式(4-9)计算;

K_0——岩石单位抗力系数,坚硬完整新鲜岩石为 9 800~19 600 N/cm³,中等坚硬完整新鲜岩石为 4 900~9 800 N/cm³,松软新鲜岩石为 1 960~4 900 N/cm³,节理裂隙发育的风化岩石为 490~4 900 N/cm³;

其他符号意义同前。

(四)围岩中的不衬砌隧洞

抗力系数 K 值按式(4-9)计算。

需要指出的是,由于一些原始数据(如围岩的弹性抗力系数 K_0 等)难以准确确定,除匀质薄壁钢管外,对管道特性(直径、壁厚)不一致的组合管道,水击波速只能按上述公式近似计算,这对大多数电站工程来说是能满足要求的。对于高水头电站,水击波波速对最大水击压强升高影响较大,应尽可能选择符合实际情况而又略偏小的水击波波速值以策安全;对于中低水头电站,水击波波速计算可较粗略。缺乏资料的情况下,明钢管的水击波波速可近似地取为 1 000 m/s,埋藏式钢管的水击波波速可近似地取为 1 200 m/s,钢筋混凝土管可近似取为 900~1 200 m/s。

三、直接水击与间接水击

若压力管道阀门(或导叶)开度的调节 $T_s \leqslant \dfrac{2L}{a}$,则在水库反射波到达水管末端的阀门之前,阀门开度变化已经结束。这样,阀门处的最大水击压强就不会受水库反射波的影响,其大小只取决于阀门瞬时启闭($T_s = 0$)直接引起的水击波。这种水击称为直接水击,其数值很大,在水电站工程中应绝对避免。

若 $T_s > \dfrac{2L}{a}$,则当阀门尚未完全关闭时,从水库反射回来的第一个降压顺行波已达到阀门处,从而使阀门处的水击压强在尚未达到最大值时就受到降压顺行波的影响而减小。阀门处的这种水击称为间接水击,其值小于直接水击,是水电站经常发生的水击现象。

四、水击的基本方程及连锁方程

(一)水击的基本方程

由《水力学》知,水流在压力管道中流动应满足运动方程及连续方程。当压力管道的材料、厚度及直径均沿管长度不变,且忽略水流摩阻损失时,管道的水击基本方程为

$$\left.\begin{array}{l} \dfrac{\partial v}{\partial t} = g\,\dfrac{\partial H}{\partial x} \\[3mm] \dfrac{\partial H}{\partial t} = \dfrac{a^2}{g}\,\dfrac{\partial v}{\partial x} \end{array}\right\} \tag{4-10}$$

式中　v——管道中的水流速度,向下游为正,m/s;

H——压力管道内水体压力水头,m;

x——以压力管道末端为原点,水击波离开原点的距离,向上游为正,m;

t——时间,s;

a——水击波的传播速度,m/s;

g——水击波的传播加速度,m/s^2。

式(4-10)为一组双曲线型偏微分方程,其通解为

$$\Delta H = H - H_0 = \phi\left(t - \frac{x}{a}\right) + F\left(t + \frac{x}{a}\right) \tag{4-11}$$

$$\Delta v = v - v_0 = -\frac{g}{a}\left[\phi\left(t - \frac{x}{a}\right) - F\left(t + \frac{x}{a}\right)\right] \tag{4-12}$$

式中　H_0——初始水头,m;

v_0——压力管道中水流的初始流速,m/s;

$\phi\left(t - \dfrac{x}{a}\right)$——以速度$a$沿$x$轴正方向,向上游传播的水击波波函数,称逆行波;

$F\left(t + \dfrac{x}{a}\right)$——以速度$a$沿$x$轴反方向,向下游传播的水击波波函数,称顺行波。

式(4-11)及式(4-12)表明,压力管道中任一时刻任一断面的水击压强和流速变化情况取决于波函数ϕ和F,该两式称水击基本方程,表明了水击运动的基本规律。波函数ϕ和F的量纲与水头H量纲相同,故可视为压力波,但确定这两个函数必须利用已知的初始条件与边界条件。

(二)水击的连锁方程

根据水击的基本方程可知,压力管道中任一断面任一时刻的水击压强变化值等于两个方向相反的压力波之和,而流速变化值等于两个压力波之差再乘以 $-\dfrac{g}{a}$。因此,可利用已知的初始条件与边界条件,由水击基本方程求得压力管道中每一个顺行波与逆行波产生的水击压强与流速的变化值,然后依次逐相计算,则求得水击过程的全部解。

为求得每一个顺行波与逆行波的水击压强解,将水击基本方程的两式分别加减处理后得:

$$2\phi\left(t - \frac{x}{a}\right) = H - H_0 - \frac{a}{g}(v - v_0) \tag{4-13}$$

$$2F\left(t + \frac{x}{a}\right) = H - H_0 + \frac{a}{g}(v - v_0) \tag{4-14}$$

观察某压力管道中A、B两点(如图4-4所示),B点在A点上游,设向上游为x正方向。令:某逆行水击波在t_1时刻传到A点时该处的压强水头为$H_{t_1}^A$,流速为$v_{t_1}^A$,该水击波在t_2时刻传到B点时该处压强水头为$H_{t_2}^B$,流速为$v_{t_2}^B$。将此情况代入式(4-13),整理后得:

$$2\phi\left(t_1 - \frac{x_1}{a}\right) = H_{t_1}^A - H_0 - \frac{a}{g}(v_{t_1}^A - v_0) \tag{4-15}$$

$$2\phi\left(t_2 - \frac{x_2}{a}\right) = H_{t_2}^B - H_0 - \frac{a}{g}(v_{t_2}^B - v_0) \tag{4-16}$$

合并式(4-15)和式(4-16)得:

$$2\phi \left[(t_1 - t_2) - (\frac{x_1 - x_2}{a}) \right] = H_{t_1}^A - H_{t_2}^B - \frac{a}{g}(v_{t_1}^A - v_{t_2}^B)$$

因 $x_1 - x_2 = a(t_1 - t_2)$,故：

$$H_{t_1}^A - H_{t_2}^B = \frac{a}{g}(v_{t_1}^A - v_{t_2}^B) \tag{4-17}$$

同理,对于顺行波可得：

$$H_{t_3}^B - H_{t_4}^A = -\frac{a}{g}(v_{t_3}^B - v_{t_4}^A) \tag{4-18}$$

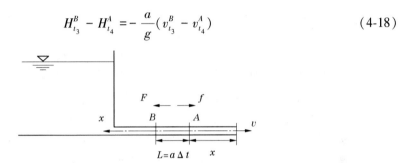

图 4-4　压力管道中的水击计算坐标

式(4-17)和式(4-18)给出了水击波在一段时间内通过两个断面时压强和流速的变化情况,称为水击的特征方程。为便于计算,常用水头与流速的相对值表示为无量纲的形式：

逆行波 $\qquad\qquad \xi_{t_1}^A - \xi_{t_2}^B = 2\rho(v_{t_1}^A - v_{t_2}^B) \tag{4-19}$

顺行波 $\qquad\qquad \xi_{t_3}^B - \xi_{t_4}^A = -2\rho(v_{t_3}^B - v_{t_4}^A) \tag{4-20}$

式中　ξ ——水击压强的相对升高值, $\xi = \dfrac{\Delta H}{H_0} = \dfrac{H - H_0}{H_0}$ ；

$\quad\rho$ ——管道特性系数, $\rho = \dfrac{av_0}{2gH_0}$ ；

$\quad v$ ——压力管道中的相对流速, $v = \dfrac{v}{v_0}$ 。

利用式(4-19)和式(4-20)可求出压力管道在 t_1 、t_2 、t_3 、…、t_n 等任意时刻的水击压强相对升高值,进而可求得水击发生过程的全部解。但必须逐次连锁求解,故又称为水击连锁方程。该方程的适用条件是管道的材料、管壁厚度及管径沿管长不变。

五、水击计算的边界条件

利用水击的基本方程求解水击问题,必须利用已知的初始条件与边界条件。

(一)初始条件

初始条件是阀门(或导叶)尚未发生变化的情况,此时管道内水流为恒定流,其平均流速为 v_0 ,电站静水头为 H_0 。

(二)边界条件

在图 4-5 所示的水电站压力引水系统中,A 点为阀门端,A' 为封闭端,B 点为水库,调压室或压力前池端，C 点为管径变化点，D 点为分岔点。下面分析这 5 种边界点的边界条件。

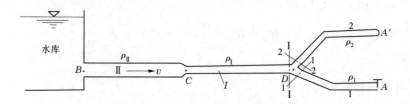

图 4-5　水电站压力引水系统的边界点

（1）阀门端 A。阀门端是水击首先发生的地方，压强变化最为剧烈，该处的水流状态决定着水击波的传播情况。A 点的边界比较复杂，它决定于流量调节机构的出流规律。

对于冲击式水轮机，喷嘴可视为孔口，设喷嘴全开时的过水断面面积为 ω_m，水头为 H_0，流量系数为 μ_m，压力水管的过水断面面积为 ω_0，流速为 v_0。根据水力学中孔口出流的公式，喷嘴的出流量为

$$Q_0 = \mu_m \omega_m \sqrt{2gH_0} = \omega_0 v_0 \tag{4-21}$$

当孔口在时刻 t 突然关闭至 ω_t 时，由于发生水击，其压力水头变为 H_t^A，压力水管中的流速为 v_t^A，流量系数为 μ_t，则此时喷嘴孔口的出流量为

$$Q_t^A = \mu_t \omega_t \sqrt{2gH_t^A} = \omega_t v_t^A \tag{4-22}$$

假定喷嘴在不同开度时的流量系数保持不变，即 $\mu_m = \mu_t$，则以上两式相除化简后得：

$$q_t^A = \nu_t^A = \tau_t \sqrt{1 + \xi_t^A} \tag{4-23}$$

式中，$q_t^A = Q_t^A/Q_0$，称为压力管道中的相对流量；$\nu_t^A = v_t^A/v_0$，称为压力管道中的相对流速；$\tau_t = \omega_t/\omega_m$，为喷嘴孔口的相对开度；$\xi_t^A = (H_t^A - H_0)/H_0$，为水击压强的相对升高值。

式（4-23）为假定压力水管末端 A 为孔口出流时的边界条件，它适用于装有冲击式水轮机的压力水管。当水电站装设反击式水轮机时，压力水管末端 A 点的出流规律与水头、导叶开度和转速有关，因此比较复杂。为简化计算，可近似以式（4-23）作为边界条件计算，然后再加以修正。

（2）封闭端 A'。封闭端在任何时刻 t 的流量和流速均为零，故其边界条件为 $Q_t^{A'} = 0$，$v_t^{A'} = 0$。

（3）压力水管进口端 B。

①若 B 点上游侧为水库或压力前池，由于它们面积相对于压力管道来说很大，可认为在管道中发生水击时水库水位或压力前池水位基本不变，因而在任何时刻 B 点的边界条件为 $H_t^B = $ 常数，即 $\xi_t^B = 0$。

②若压力水管进口端 B 的上游侧为调压室，其边界条件因调压室的类型不同而有所不同。对简单圆筒式调压室，其边界条件与 B 点上游侧有压力前池的情况相同，即 $\xi_t^B = 0$。

（4）管径变化点 C。若不考虑点 C 的摩阻损失，并根据水流连续性条件，则 C 点的边界条件为 $H^{CI} = H^{CX}$，$Q^{CI} = Q^{CX}$。

（5）分岔点 D。若不考虑点 D 处水流惯性和弹性的能量损失，则分岔点各管端的压力水头应相同，流量应连续。这样，D 点的边界条件为

$$H^{D1} = H^{D2} = H^{DI}, Q^{DI} = Q^{D1} + Q^{D2}$$

六、简单管道最大水击压力计算

为简化水击计算，引入以下两个假定：

（1）水轮机导叶（或喷嘴）的出流条件符合式（4-23）。这一假定对冲击式水轮机是适合的，对反击式水轮机是近似的。

（2）在 T_s 时段内导叶（或喷嘴）的开度变化与启闭时间成直线关系。实际上水轮机导叶（或喷嘴）的启闭规律常如图 4-6 所示，导叶从全开至全关的整个历时为 T_z，导叶的关闭速度开始时较慢，这是由于调节机构的惯性所致；终了时也较慢，是由于调节机构的缓冲作用所致。对水击计算影响较大的是图中 T_s 时段，T_s 称为有效调节时间。在缺少调节器资料时，可取 $T_s = 0.7T_z$。

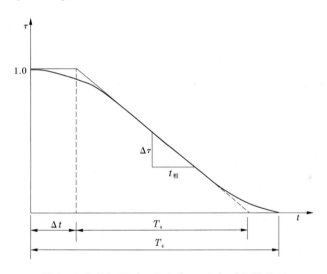

图 4-6 水轮机导叶（或喷嘴）开度与时间的关系

导叶（或喷嘴）的相对起始开度 τ_0 应按设计条件确定。一般情况下，关闭时常取全开为设计条件，即 $\tau_0 = 1$，如图 4-7（a）所示；开启时根据机组增加负荷前的导叶（或喷嘴）开度确定 τ_0。在 T_s 时段内，任一时刻 t 的开度 τ_t 与起始开度 τ_0 之间有以下关系：

关闭时 $$\tau_t = \tau_0 - \frac{t}{T_s}$$

开启时 $$\tau_t = \tau_0 + \frac{t}{T_s}$$

实际上，即使在 T_s 时段内导叶（或喷嘴）的启闭规律也是非线性的，故这一假定与实际情况略有出入。

对于管径、管壁材料和管壁厚度沿管长不变的简单管道，其边界条件只需考虑水管的进口端（水库、压力前池或调压室）和末端（导叶或喷嘴处）。

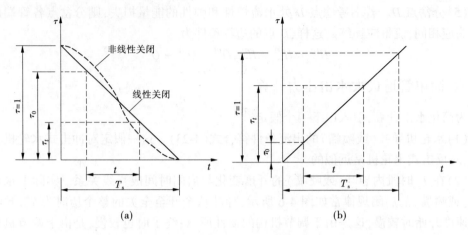

图 4-7　任一时刻导叶(或喷嘴)开度 τ_t

(一)直接水击计算

如前所述,当 $T_s \leqslant \dfrac{2L}{a}$ 时,压力管道中将产生直接水击,其最大值将在导叶(或喷嘴)开度调节终了时首先发生在管道末端。由于压力管道末端未受水库端反射回来的水击波的影响,因此式(4-11)和式(4-12)中的顺行波函数 $F\left(t + \dfrac{x}{a}\right) = 0$,故可从二式中消去 $\phi\left(t - \dfrac{x}{a}\right)$ 得直接水击的计算公式:

$$\Delta H = H - H_0 = -\frac{a}{g}(v - v_0) \tag{4-24}$$

式(4-24)只适用于 $T_s \leqslant \dfrac{2L}{a}$ 的情况,由该式得出以下结论:

(1)当阀门关闭时,管道内流速减小,ΔH 为正,发生正水击;当阀门开启时,管道内流速增加,ΔH 为负,发生负水击。

(2)直接水击压强值的大小只取决于流速改变的绝对值 $\Delta v = v_1 - v_2$ 和水击波速 a,而与阀门开度变化的速度、变化规律及管道长度无关。

直接水击压强往往很大,例如,当压力管道中的起始流速 $v_0 = 5$ m/s,$a = 1\,000$ m/s 时,突然快速全部关闭,$\Delta H = -\dfrac{a}{g}(v - v_0) = -\dfrac{1\,000}{9.81} \times (0 - 5) = 510$(m),将对电站造成很大的危害。因此,应当避免发生直接水击。

(二)间接水击计算

间接水击是水电站压力引水系统中经常发生的水击现象。由水击波的传播过程可知,各相的最大水击压强值发生在水管末端 A 处,并发生于各相之末。因此,只要求出 A 处各相末的水击压强值,则其中最大者即为间接水击压强的最大值。计算间接水击的最大值对于工程设计有重要用途。

1.阀门处各相末水击压强的计算公式

根据水击连锁方程式(4-19)、式(4-20)、初始条件与边界条件及计算假定,可推导出阀门处各相末的水击压强计算公式。

1) 第一相末的水击压强

$$\tau_1\sqrt{1 + \xi_1^A} = \tau_0 - \frac{\xi_1^A}{2\rho} \qquad (4\text{-}25)$$

$$\tau_1\sqrt{1 - \eta_1^A} = \tau_0 + \frac{\eta_1^A}{2\rho} \qquad (4\text{-}26)$$

式中　τ_1——第一相末阀门(或喷嘴)的相对开度,下标"1"表示第一相末,以下同理;

　　　ξ_1^A——第一相末的水击压强相对升高值;

　　　η_1^A——第一相末的水击压强相对降低值。

2) 第二相末的水击压强

$$\tau_2\sqrt{1 + \xi_2^A} = \tau_0 - \frac{\xi_1^A}{2\rho} - \frac{\xi_2^A}{2\rho} \qquad (4\text{-}27)$$

$$\tau_2\sqrt{1 - \eta_2^A} = \tau_0 + \frac{\eta_1^A}{2\rho} + \frac{\eta_2^A}{2\rho} \qquad (4\text{-}28)$$

式中各项符号意义同前。

3) 第 n 相末的水击压强

$$\tau_n\sqrt{1 + \xi_n^A} = \tau_0 - \frac{1}{2\rho}\sum_{i=1}^{n-1}\xi_i^A - \frac{\xi_n^A}{2\rho} \qquad (4\text{-}29)$$

$$\tau_n\sqrt{1 - \eta_n^A} = \tau_0 + \frac{1}{2\rho}\sum_{i=1}^{n-1}\eta_i^A + \frac{\eta_n^A}{2\rho} \qquad (4\text{-}30)$$

式中各项符号意义同前。

2. 水击计算的简化公式

应用式(4-30)即可求出 A 处任意相末的水击压强,将各相末的水击压强值加以比较,即可求得 A 处的最大水击值,但必须依次求出 ξ_1^A、ξ_2^A、$\cdots$ ξ_{n-1}^A、ξ_n^A,这样计算工作量颇大,实际应用不够方便,常设法简化。

根据对水击现象的研究,对于阀门(或导叶)依直线规律启闭的简单管,间接水击可归纳为两种基本类型。

1) 第一相水击

第一相水击是指最大水击压强值发生在第一相末,即 $\xi_{max}^A = \xi_1^A$,如图 4-8(a)所示。这类水击多发生于高水头电站。

在实际工程设计中,一般要求 $\xi_1^A < 0.5$,故可近似采用 $\sqrt{1 + \xi_1^A} \approx 1 + \frac{\xi_1^A}{2}$,代入式(4-25)中得:

$$\tau_1\left(1 + \frac{\xi_1^A}{2}\right) = \tau_0 - \frac{\xi_1^A}{2\rho}$$

令 $\sigma = \rho\dfrac{2L}{aT_s} = \dfrac{Lv_0}{gH_0 T_s}$,$\sigma$ 为另一个水管特性系数;已知在阀门关闭时 $\tau_1 = \tau_0 - \dfrac{t_1}{T_s}$,将

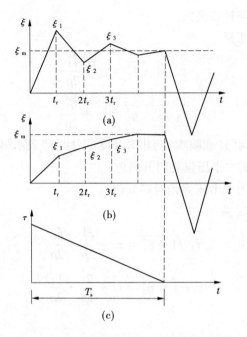

图 4-8　阀门依直线规律关闭时的水击类型

以上数值代入上式可解得：

阀门关闭时
$$\xi_1^A = \frac{2\sigma}{1 + \rho\tau_0 - \sigma} \tag{4-31}$$

同理可得阀门开启时
$$\eta_1^A = \frac{2\sigma}{1 + \rho\tau_0 + \sigma} \tag{4-32}$$

式(4-31)与式(4-32)是计算第一相末水击的简化公式，在中小型工程上应用广泛，但当实际水击压强超过静水头的 50%时，则计算结果误差偏大。

2) 末相水击

末相水击是指最大水击压强值发生在 m 相末，其特点是最大水击值接近于极限值 ξ_{max}^A，故又称为极限水击，如图 4-8(b)所示。

从图 4-8(b)可以看出，末相水击的水击压强随着相数增加而逐渐上升，直至关闭终了达最大值，可用式(4-29)进行计算。当相数足够时，可以认为 $\xi_{m-1}^A = \xi_m^A$，于是经过适当的数学推导可得极限水击的计算公式：

$$\xi_m^A = \frac{\sigma}{2}\left(\sqrt{\sigma^2 + 4} + \sigma\right) \tag{4-33}$$

$$\eta_m^A = \frac{\sigma}{2}\left(\sqrt{\sigma^2 + 4} - \sigma\right) \tag{4-34}$$

当 ξ_m、η_m 小于 0.5 时，可取 $\sqrt{1 + \xi_m^A} \approx 1 + \frac{1}{2}\xi_m^A$ 和 $\sqrt{1 - \eta_m^A} \approx 1 - \frac{1}{2}\eta_m^A$，代入式(4-33)与式(4-34)可得简化公式：

$$\xi_m^A = \frac{2\sigma}{2 - \sigma} \tag{4-35}$$

$$\eta_m^A = \frac{2\sigma}{2 + \sigma} \tag{4-36}$$

极限水击多发生于低水头的电站。

3. 第一相水击和末相水击的判别

对于阀门开度依直线规律变化的情况,只要能判别水击的类型(直接水击、第一相水击、末相水击,即可利用以上各有关公式求得最大水击压强。水击的类型可以根据 $\rho\tau_0$ 和 σ 的值从图 4-9 中查出。该图中有 6 个区域,根据 $\rho\tau_0$ 和 σ 两坐标交点落在的区域即可判别水击的类型。

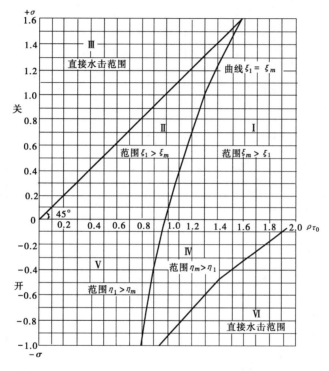

图 4-9　水击类型判别图

为了查找使用方便,将简单管路水击计算的简化公式汇总于表 4-2。在应用简化公式时,应注意以下问题:

(1)公式适用条件:表中的简化公式只适用于简单管、不计管道内水力摩阻损失、压力管道末端为冲击式水轮机及阀门启闭按直线规律变化。对于反击式水轮机,导叶启闭虽然呈直线规律变化,但流量也不是呈直线变化。因此,对反击式水轮机在使用上述公式时需要乘以一个机型修正系数 C,即

$$\xi_{max} = C\xi$$

式中,C 值与水轮机的比转速有关,可根据试验确定。在丢弃负荷时,对混流式水轮机组可近似取 $C = 1.2$,对轴流式水轮机组可近似取 $C = 1.4$。

表4-2　简单管路水击压强计算公式汇总表（对于阀门处断面）

水击类型	阀门关闭 开度 起始	阀门关闭 开度 终了	阀门关闭 计算公式	阀门关闭 近似公式($\xi<0.5$)	阀门开启 开度 起始	阀门开启 开度 终了	阀门开启 计算公式	阀门开启 近似公式($\eta<0.5$)
直接水击	τ_0	τ_t	$\tau_1\sqrt{1+\xi} = \tau_0 - \frac{1}{2\rho}\xi$	$\xi = \frac{2\rho(\tau_0-\tau_t)}{1+\rho\tau_t}$	τ_0	τ_t	$\tau_1\left(\sqrt{1-\eta}\right) = \tau_0 + \frac{1}{2\rho}\eta$	$\eta = \frac{2\rho(\tau_t-\tau_0)}{1+\rho\tau_t}$
	τ_0	0	$\xi = 2\rho\tau_0$	$\xi = 2\rho\tau_0$	τ_0	1	$\left(\sqrt{1-\eta}\right) = \tau_0 + \frac{1}{2\rho}\eta$	$\eta = \frac{2\rho(1-\tau_0)}{1+\rho}$
	1	0	$\xi = 2\rho$	$\xi = 2\rho$	0	1	$\left(\sqrt{1-\eta}\right) = \frac{1}{2\rho}\eta$	$\eta = \frac{2\rho}{1+\rho}$
	τ_0	0	$\xi_m^A = \frac{\sigma}{2}\left(\sqrt{\sigma^2+4}+\sigma\right)$	$\xi_m^A = \frac{2\sigma}{2-\sigma}$	τ_0	1	$\eta_m^A = \frac{\sigma}{2}\left(\sqrt{\sigma^2+4}+\sigma\right)$	$\eta_m^A = \frac{2\sigma}{2+\sigma}$
间接水击	τ_0		$\tau_1\sqrt{1+\xi_1^A} = \tau_0 - \frac{\xi_1^A}{2\rho}$	$\xi_1^A = \frac{2\sigma}{1+\rho\tau_0-\sigma}$	τ_0		$\tau_1\left(\sqrt{1-\eta_1^A}\right) = \tau_0 + \frac{\eta_1^A}{2\rho}$	$\eta_1^A = \frac{2\sigma}{1+\rho\tau_0+\sigma}$
	1		$\tau_1\left(\sqrt{1+\xi_1^A}\right) = \tau_0 - \frac{\xi_1^A}{2\rho}$	$\xi_1^A = \frac{2\sigma}{1+\rho-\sigma}$	0		$\tau_n\left(\sqrt{1-\eta_n^A}\right) = \tau_0 + \frac{\eta_1^A}{2\rho}$	$\eta_1^A = \frac{2\sigma}{1+\rho}$
	τ_0	0	$\tau_n\left(\sqrt{1+\xi_n^A}\right) = \tau_0 - \frac{1}{\rho}\sum_{i=1}^{n-1}\xi_i^A - \frac{\xi_n^A}{2\rho}$	$\xi_n = \frac{2\left(n\sigma - \sum_{i=1}^{n-1}\xi_i\right)}{1+\rho\tau_0 - n\sigma}$	τ_0	1	$\tau_n\left(\sqrt{1-\eta_n^A}\right) = \tau_0 + \frac{1}{\rho}\sum_{i=1}^{n-1}\eta_i^A + \frac{\eta_n^A}{2\rho}$	$\eta_n = \frac{2\left(n\sigma - \sum_{i=1}^{n-1}\xi_i\right)}{1+\rho\tau_0 + n\sigma}$

(2)用简化公式求出的水击压强值 ξ 应小于 0.5,否则应用一般公式。

【**例 4-1**】　某引水式水电站,压力水管末端阀门处静水头 $H_0 = 140$ m,最小水头 $H_{min} = 125$ m,压力水管长 $L = 500$ m,管径 $D = 3$ m,设计引用流量 $Q_p = 30$ m³/s,管壁厚度 $\delta = 25$ mm,导叶有效调节时间 $T_s = 3$ s。

(1)已知管壁钢材的弹性模量 $E_s = 206 \times 10^6$ kPa,水的体积弹性模量 $E_w = 2.06 \times 10^6$ kPa,求压力水管中水击波速 a 值。

(2)水轮机由满负荷工作丢弃全部负荷,设导叶依直线规律关闭,求压力水管末端阀门处 A 点及距阀门上游 200 m 处 C 点的水击压力。

(3)水轮机突增全负荷时,求管中的最大水压力和最小水压力。

解:(1)求水击波速。

$$a = \frac{1\ 435}{\sqrt{1 + \dfrac{E_w D}{E_s \delta}}} = \frac{1\ 435}{\sqrt{1 + \dfrac{2.06 \times 10^6 \times 3}{206 \times 10^6 \times 0.025}}} = 967.6 (\text{m/s})$$

(2)①判别水击类型

$$\frac{2L}{a} = \frac{2 \times 500}{967.6} = 1.03 (\text{s})$$

由于 $2L/a = 1.03$ s $< T_s = 3$ s,所以发生间接水击。

②求 v_m。

$$v_m = \frac{Q_p}{F} = \frac{30}{\pi \times (\frac{3}{2})^2} = 4.24 (\text{m/s})$$

③判别间接水击类型。

$$\rho = \frac{a v_m}{2 g H_0} = \frac{967.6 \times 4.24}{2 \times 9.81 \times 140} = 1.49$$

$$\sigma = \rho \frac{2L}{a T_s} = 1.49 \times \frac{2 \times 500}{967.6 \times 3} = 0.513$$

因为初始状态为全开,$\tau_0 = 1$,$\rho \tau_0 = 1.49$,以 $\rho \tau_0$ 和 σ 查图 4-9,可知发生末相水击。

④求水击压力。

由于 $\xi_m^A = \dfrac{2\sigma}{2 - \sigma} = \dfrac{2 \times 0.513}{2 - 0.513} = 0.69 > 0.5$,因此应采用原公式:

$$\xi_m^A = \frac{\sigma}{2} (\sqrt{\sigma^2 + 4} + \sigma) = \frac{0.513}{2} \times (\sqrt{0.513^2 + 4} + 0.513) = 0.661$$

$$\Delta H_A = \xi_{max}^A \cdot H_0 = 0.661 \times 140 = 92.54 (\text{m})$$

$$\xi_{max}^C = \frac{l}{L} \xi_m^A = \frac{500 - 200}{500} \times 0.661 = 0.397$$

$$\Delta H_C = \xi_{max}^C \cdot H_0 = 0.397 \times 140 = 55.58 (\text{m})$$

(3)突增全负荷时(导叶由起始 0.1 开至 1.0)。此时管道内将发生负水击,并且静水头越小负水击绝对值越大,因此计算时以最小水头作为计算工况。

$$H_0 = H_{\min} = 125 \text{ m}$$

$$\rho = \frac{av_m}{2gH_0} = \frac{967.6 \times 4.24}{2 \times 9.81 \times 125} = 1.67$$

$$\sigma = \rho \frac{2L}{aT_s} = 1.67 \times \frac{2 \times 500}{967.6 \times 3} = 0.5753$$

查图 4-9 可知发生第一相水击,则

$$\eta_{\max} = \eta_1 = \frac{2\sigma}{1 + \rho\tau_0 + \sigma} = \frac{2 \times 0.5753}{1 + 1.67 \times 0.1 + 0.5753} = 0.66$$

$$\Delta H_{\max} = \eta_{\max}H_0 = 0.66 \times 125 = 82.5(\text{m})$$

管内最小内水压力为

$$H_{\min} = H_0 - \Delta H_{\max} = 125 - 82.5 = 42.5(\text{m})$$

七、复杂管路的水击计算方法

以上讨论的均是简单管路的水击问题。但在实际工程中简单管路并不多见,经常遇到的却是复杂管路系统。复杂管路可分为以下三种类型:

(1)串联管。管壁厚度随水头增加而逐渐加厚、管径随水头增加而逐渐减小的管道,如图 4-10 所示。

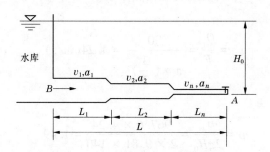

图 4-10　串联管的管路示意图

(2)分岔管。即分组供水和联合供水系统中的分岔管,如图 4-11 所示。

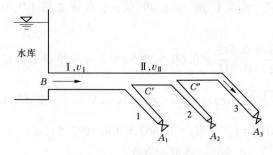

图 4-11　分岔管的管路示意图

(3)反击式水轮机的管道系统。此类管道系统应考虑蜗壳和尾水管的影响,其过流特性与孔口出流不同,流量不仅与作用水头有关,而且与水轮机的机型和转速有关。

复杂管路的特性系数 ρ 和 σ 在各管段均不相同,水击波在水管特性变化处都将发生反射现象,从而使复杂管路的水击计算问题复杂化。对于复杂管路的水击计算,可采用精确的方法,也可采用简化方法,具体应视工程需要确定。对于中小型水电站,一般采用简化计算方法。这里仅介绍简化计算方法。

(一)串联管水击计算的简化方法

在实际工程中常用"等价管法"简化计算串联管。这里所谓的"等价",是设想用一根等价的简单管来代替串联管,该等价简单管在管长、管中水体动能及水击波传播时间方面与被代替的原串联管相同。

设有一根特性变化的串联管(见图 4-10),全长为 L,各段的长度、流速和水击波波速分别为 L_1、v_1、a_1,L_2、v_2、a_2,$\cdots$,L_n、v_n、a_n。现用一根长 L_m、加权平均流速为 v_m、加权水击波波速为 a_m 的等价简单管代替串联管,两者之间应满足下列三个条件:

(1)等价管的总长与原串联管相同,即

$$L_m = L_1 + L_2 + \cdots + L_n = \sum_{i=1}^{n} L_i \tag{4-37}$$

(2)等价管中水体动能与串联管相同,即

$$L v_m = L_1 v_1 + L_2 v_2 + L_3 v_3 + \cdots + L_n v_n = \sum_{i=1}^{n} L_i v_i$$

于是

$$v_m = \frac{\sum_{i=1}^{n} L_i v_i}{L_m} \tag{4-38}$$

(3)等价管中水击波传播时间与串联管相同,即

$$\frac{L_m}{a_m} = \frac{L_1}{a_1} + \frac{L_2}{a_2} + \cdots + \frac{L_n}{a_n} = \sum_{i=1}^{n} \frac{L_i}{a_i}$$

于是

$$a_m = \frac{L_m}{\sum_{i=1}^{n} \dfrac{L_i}{a_i}} \tag{4-39}$$

据此,可得等价简单管的两个平均水管特性系数为

$$\rho_m = \frac{a_m v_m}{2 g H_0}, \sigma_m = \frac{L v_m}{g H_0 T_s} \tag{4-40}$$

利用 ρ_m 和 σ_m 即可将串联管化为等价简单管,然后用有关简单管路水击计算公式进行计算。这种简化计算方法忽略了管道内边界点水击波的局部反射,水击压强值仅仅视作由管中水体动能转化而得到,因此用来计算阀门按直线规律关闭的末相水击较为合适,其误差一般不超过 1%~2%。对于第一相水击或非直线规律关闭的情况,误差较大。

(二)分岔管水击计算的简化方法

如图 4-11 所示的分岔管路,虽可根据水击连锁方程进行较精确的计算,但比较烦琐。在中小型工程实际中常用下述简化方法计算。

设想将由主管供水的所有机组合并成一台大机组,装在一根最长的支管末端。其引用流量为各机组引用流量之和,最长支管的横断面面积为各支管横断面面积之和,主管横

断面面积不变。这样,就将布置有分岔的复杂管路首先简化作串联管,然后用上述"等价管法"进行水击计算。当主管很长而支管相对而言很短时,采用这种简化方法,其计算精度一般可满足工程要求,但在主、支管长度相差不太大的情况(例如对于布置有分岔管的低水头电站)下,其计算结果是相当粗略的。

(三)反击式水轮机的管道系统的水击计算

反击式水轮机在导叶突然启闭时,其蜗壳和尾水管也将发生水击现象,影响水轮机的流量,从而影响压力管道中的水击。蜗壳相当于压力水管的延续部分,其水击现象与压力管道中的水击现象相同;尾水管位于导叶之后,其水击现象与压力管道中的水击现象相反。

对于高水头、长压力管道的电站,蜗壳和尾水管相对很短,它们对水击的影响常可忽略不计,但对低水头、短压力管道的水电站,蜗壳和尾水管的长度在电站压力引水系统中所占比重较大时,应当考虑它们的影响。

由于蜗壳和尾水管中的流态极为复杂,断面形状又沿长度变化,故水击计算目前只能近似求解。常用的近似方法是设想将机组移至尾水管末端,将压力管道、蜗壳和尾水管看作串联管,先用前述"等价管法"求出总水击压强,再按各段的 ρ_m 和 σ_m 比值分配水击压强值。

设压力管道、蜗壳和尾水管的长度分别为 L_p、L_s 和 L_d,平均流速分别为 v_p、v_s 和 v_d,平均水击波速为 a_p、a_s、a_d。等价管道的长度 L_m、平均流速 v_m、平均波速 a_m 及管特性系数 ρ_m 和 σ_m 可分别按下式计算:

$$L_m = L_p + L_s + L_d \tag{4-41}$$

$$v_m = \frac{L_p v_p + L_s v_s + L_d v_d}{L_m} \tag{4-42}$$

$$a_m = \frac{L_m}{L_p/a_p + L_s/a_s + L_d/a_d} \tag{4-43}$$

$$\rho_m = \frac{a_m v_m}{2gH_0}, \sigma_m = \frac{L_m v_m}{gH_0 T_s} \tag{4-44}$$

在求出 L_m、v_m、a_m、ρ_m 和 σ_m 后,即可根据压力管道、蜗壳末端和尾水管中水体动能所占的比例将 ξ 或 η 值进行分配:

压力管道末端:　　　　　$\xi_p = \frac{L_p v_p}{L_m v_m}\xi$ 或 $\eta_p = \frac{L_p v_p}{L_m v_m}\eta$ 　　　　　(4-45)

蜗壳末端:　　　　$\xi_s = \frac{L_p v_p + L_s v_s}{L_m v_m}\xi$ 或 $\eta_s = \frac{L_p v_p + L_s v_s}{L_m v_m}\eta$ 　　　　(4-46)

尾水管进口:　　　　$\xi_d = \frac{L_d v_d}{L_m v_m}\xi$ 或 $\eta_d = \frac{L_d v_d}{L_m v_m}\eta$ 　　　　(4-47)

由于尾水管在导叶或阀门之后,故其水击现象与压力管道相反,为负水击。求出尾水管的负水击后,应校核尾水管进口处的真空度 H_a,以防止尾水管中压力过低,引起抬机现象。

$$H_a = H_d + \eta_d H_g + \frac{v_d^2}{2g} < 8 \sim 9(m) \tag{4-48}$$

式中　H_a——水轮机的吸出高度,m;

　　　v_d——尾水管进口断面的流速,m/s。

任务三　转速上升

水电站在正常运行中,机组出力与承担的负荷处于平衡状态,机组以额定转速运行。当外界负荷突然变化时,这种能量平衡将被破坏,机组自动调速器系统会快速关闭(或打开)导叶(或阀门)进行调节。在调节过程中,一方面水电站有压引水系统中产生水击现象。另一方面,机组出力与外界变化后的负荷不可能立即平衡而使机组转速发生变化:丢弃负荷时,机组的多余能量将转化为机组转动部分的动能,致使机组转速迅速升高;增加负荷时,机组的不足能量将由机组转动部分的动能补偿,致使机组转速迅速下降。

在机组调节过程中,机组的转速变化一般用相对值 β 表示,称为转速变化率。若以 n_0、n_{max}、n_{min} 分别表示机组的额定转速、丢弃负荷时的最高转速和增加负荷时的最低转速,则有:

丢弃负荷时
$$\beta = \frac{n_{max} - n_0}{n_0} \times 100\%$$

增加负荷时
$$\beta = \frac{n_0 - n_{min}}{n_0} \times 100\%$$

机组转速变化率公式较多,现介绍以下常用公式:

(1)"苏联列宁格勒金属工厂"公式。

丢弃负荷时
$$\beta = \sqrt{1 + \frac{3\,573.18 N_0 T_{s1} f}{n_0 \sum GD^2}} - 1 \tag{4-49}$$

增加负荷时
$$\beta = 1 - \sqrt{1 - \frac{3\,573.18 N_0 T_{s2} f}{n_0 \sum GD^2}} \tag{4-50}$$

式中　N_0——机组额定出力,kW;

　　　n_0——机组额定转速,r/min;

　　　$\sum GD^2$——机组转动惯量,kN·m²,一般由制造厂家提供;

　　　T_{s1}——导叶由全开关至空转开度的历时,s;

　　　T_{s2}——导叶由空转开度开至全开的历时,s;

　　　f——水击影响修正系数,可按式 $f = 1 + 1.2\sigma$ 计算,当 $\sigma < 0.6$ 及 $\beta < 0.5$ 时, f 值可由图4-12查得。

对于混流式和冲击式水轮机, T_{s1} 和 T_{s2} 均采用 $(0.85 \sim 0.9)T_s$,对于轴流式水轮机, T_{s1} 和 T_{s2} 均采用 $(0.65 \sim 0.7)T_s$。

有时需要在给定了 β 的情况下,用上述各式反求必需的 GD^2。若反求出的 GD^2 值大于厂家提供的数据,则表示机组的转动惯性偏小,应采取必要的措施,如加大飞轮。当缺乏资料时, GD^2 可用下式估算:

$$GD^2 = (5 \sim 7.5)\left(\frac{60}{n^2}\right)^2 N_0/\cos\varphi \tag{4-51}$$

式中　N_0——发电机的额定容量,kW;

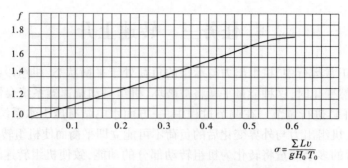

$$\sigma = \frac{\sum L\upsilon}{gH_0 T_0}$$

图 4-12　水击影响修正系数 f 与 σ 关系曲线

　　$\cos\varphi$ ——功率因数。

　　(2)"长江流域规划办公室"公式(简称"长办"公式)。

$$\beta = \sqrt{1 + \frac{3\,573.18N_0}{n_0^2 \sum GD^2}(2T_c + T_n f_h)} - 1 \tag{4-52}$$

$$T_c = T_A + 0.5\delta T_a \tag{4-53}$$

$$T_a = n_0^2 GD^2 / (365N_0) \tag{4-54}$$

$$T_n = (0.9 - 0.000\,63n_s)T_s \tag{4-55}$$

式中　T_c ——调速系统迟滞时间,s;

　　　　T_A ——导叶动作迟滞时间,电调调速器取 0.1 s,机调调速器取 0.2 s;

　　　　δ ——调速器的残留不均衡度,一般取 0.02~0.06;

　　　　T_a ——机组的时间常数,s;

　　　　T_n ——升速时间,s;

　　　　n_s ——水轮机比转速, $n_s = n_0\sqrt{N_0}/H^{1.25}$;

　　　　T_s ——导叶(或阀门)的有效调节时间,s;

　　　　f_h ——水击影响系数,根据管道特性常数 σ 由图 4-13 查得。

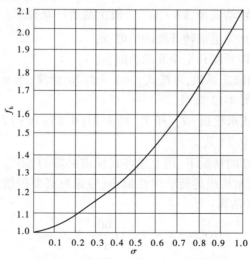

图 4-13　水击影响系数 f_h 与 σ 关系曲线

近年来,随着科学技术及机组制造水平的发展提高,机组转速变化率 β 值的规定范围有提高的趋势。目前,我国某些水电站实际运行中的 β 值已超过40%。

任务四　改善调节保证参数的措施

压力管道较长的中高水头水电站,水流的惯性时间常数较大($T_w > 2 \sim 3.5$ s)时,调节保护计算的结果很难同时满足压力上升率和转速上升率的要求。减小水击压强对于降低压力管道中的内水压力和水电站引水建筑物的造价,改善机组的运行条件均有重要的意义。所以通常是在保证转速上升率在容许的范围内减小水击压强,以改善调节保证参数。一般有以下几种措施。

一、缩短压力管道的长度

缩短压力管道的长度,可减小水击波的传播时间,从进水口反射回来的水击波能较早地回到压力管道的末端,增加调节过程中的相数,加强进口反射波削弱水击压强的作用,从而降低水击压强。从水击计算公式 $\sigma = Lv_0/(gH_sT_s)$ 中可以看出,减小 L 可减小水管特性系数 σ 的值,从而减小了水击值。因此,在布置管道时,应根据地形地质条件,选择尽可能短的路线。

在比较长的压力引水系统中,可在靠近厂房的适当位置设置调压室,利用调压室具有较大的自由水面反射水击波,实际上等于缩短了管道的长度,这是一种有效的、减小水击压强的工程措施,如图4-14所示。调压室工作可靠,对于水电站突然丢弃或增加负荷均起作用,但造价较高,应通过技术经济分析,决定是否设置。

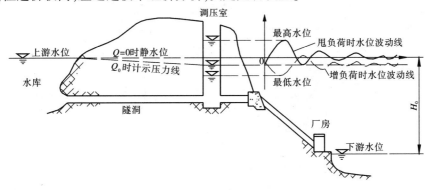

图4-14　调压室布置及其内部水位波动

二、采用合理的导叶(阀门)启闭规律

在调节时间 T_s 一定的情况下,采取合理的导叶(或阀门)的启闭规律能有效降低水击压强值。目前,工程中常采用分段关闭规律以有效减小水击压强:在中低水头电站中,一般出现末相水击,应采用先快后慢的关闭规律;在高水头电站中,常出现第一相水击,宜采用先慢后快的关闭规律,如图4-15所示。

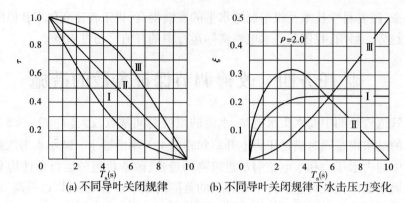

(a) 不同导叶关闭规律　　　　(b) 不同导叶关闭规律下水击压力变化

图 4-15　导叶关闭规律对水击压力上升的影响

三、设置调压阀(空放阀)

调压阀又称空放阀,一般装置于压力水管末端或蜗壳上,如图 4-16 所示,它是一种过压保护装置。当机组丢弃负荷时,在导叶关闭的同时,调压阀开启,一部分机组引用流量经由调压阀流向下游,从而减小了水管中流量的改变量,也即减小了水击值。为了节省水量,在导叶关闭终了后,调压阀则自动缓慢关闭,关闭时间为 20 ~ 30 s。采用调压阀的压力水管,其水击压强升值一般不超过 20%。

与调压室相比,调压阀有节省投资的优点,但调压阀在电站突然增加负荷时不起作用。另外,调压阀的可靠性也不如调压室。目前,我国一些中高水头的小型电站在"以阀代室"的试验运行中,取得了不少成功经验。

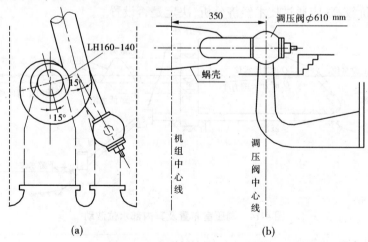

(a)　　　　　　　　　　　　(b)

图 4-16　调压阀装置示意图　(单位:cm)

四、增大机组 GD^2

从速率上升计算公式可以知道,增加机组 GD^2 值,可以降低上升值。

机组转动惯量 GD^2 一般以发电机转动部分为主,而水轮机转轮相对直径较小、质量较轻,通常其 GD^2 只占机组总 GD^2 值的 10% 左右。一般情况下,大中型反击式水轮机组

按照常规设计的 GD^2 已基本满足调节保证计算的要求;如不满足,应与发电机制造部门协商解决。中小型机组,特别是转速较高的小型机组,由于其本身的 GD^2 较小,常用加装飞轮的办法来增加 GD^2。

此外,加大 GD^2 意味着加大了机组惯性时间常数,这会有利于调节系统稳定性。

五、设置水阻器

水阻器是一种利用水阻抗消耗电能的设备,它与发电机母线相连。当机组突然丢弃负荷时,通过自动装置使水阻器投入,将机组原来输出的电能消耗于水阻抗中,然后在一个较长的时段内将导叶关闭,这样就延长了关闭时间,从而减小了水击压强。水阻器造价低但运行可靠程度较差,而且当电站突然增加负荷时不起作用,故一般用于小型电站。

六、设置折向器(偏流器)

折向器是一种设置在冲击式水轮机喷嘴出口下方的偏流设备。当机组丢弃负荷时,调速器使折向器在 $1 \sim 2$ s 内快速启动,将射流折偏,离开转轮,以防止机组转速变化过大。然后,针阀以较慢速度关闭,从而减小水击压强。折向器构造简单、造价低,且无须增加厂房的尺寸,但折向器在机组增加负荷时不起作用。

任务五　调节设备的选择

水电站水轮机型式不同,其调速器型式也不同,调速器的选型方法也不相同。

一、反击式水轮机调速器的选择

(一)中小型调速器的选型

中小型调速器是根据计算水轮机所需的调速功 A 查调速器系列型谱表来选择的。

反击式水轮机调速功的经验公式:

$$A = (200 \sim 250) \times Q\sqrt{H_{max}D_1} \quad (N \cdot m) \tag{4-56}$$

式中　H_{max}——水轮机的最大工作水头,m;

　　　Q——最大工作水头下水轮机发出额定出力时的流量,m³/s;

　　　D_1——水轮机转轮的标称直径,m;

　　　$200 \sim 250$——系数,高水头取 200,低水头取 250。

一般中小型水轮机系列产品均有配套调速器,其型号可直接选用。

(二)大型调速器的选型

大型调速器调速柜、主接力器、油压装置分开设置,选择时应分开选配。

大型调速器是通过计算主配压阀直径查调速器系列型谱表进行选择的,选择时先由机型决定采用单调或双调,再计算主配压阀直径,来选定调速器型号。选择计算方法如下。

1. 接力器的选择

1)导叶接力器的选择

大型调速器常用两个接力器来操作导水机构,当油压装置的额定油压为 2.5 MPa

时,每个接力器的直径 d_s 按下列经验公式计算

$$d_s = \lambda D_1 \sqrt{\frac{b_0}{D_1} H_{max}} \quad (\text{m}) \tag{4-57}$$

式中　λ ——计算系数(见表4-3);

　　　b_0 ——导叶高度,m;

　　　D_1 ——转轮标称直径,m;

　　　H_{max} ——水轮机最大水头,m。

表 4-3　系数 λ 取值

导叶数 Z_0	16	24	32
标准正曲率导叶	0.031~0.034	0.029~0.032	
标准对称型导叶	0.029~0.032	0.027~0.030	0.027~0.030

当油压装置额定油压为 4.0 MPa 时,接力器直径 d'_s 的经验公式为

$$d'_s = d_s \sqrt{1.05 \times \frac{2.5}{4.0}} = 0.81 d_s \tag{4-58}$$

根据计算的 d_s 或 d'_s 查标准接力器系列表4-4选相邻偏大的直径。

表 4-4　标准接力器系列

接力器直径	200	225	250	275	300	325	350	375	400	450
(mm)	500	550	600	650	700	750	800	850	900	

接力器最大行程 S_{max} 计算经验公式:

$$S_{max} = (1.4 \sim 1.8) a_{0max} \tag{4-59}$$

式中　a_{0max} ——水轮机导叶最大开度,mm,由模型水轮机导叶最大开度 $a_{0m\,max}$ 计算出,计算式为

$$a_{0max} = a_{0m\,max} \frac{D_0 Z_{0m}}{D_{0m} Z_0}$$

式中　D_0、D_{0m} ——原、模型水轮机导叶轴心圆直径,m;

　　　Z_0、Z_{0m} ——原、模型水轮机的导叶数目。

转轮直径 $D_1 > 5$ m 时,式(4-59)用较小系数。把 S_{max} 单位化为 m,则两接力器的总容积为

$$V_s = 2\pi \left(\frac{d_s}{2}\right)^2 S_{max} = \frac{1}{2}\pi d_s^2 S_{max} \quad (\text{m}^3) \tag{4-60}$$

2)转桨式水轮机转轮叶片接力器的选择

转桨式水轮机属于双调节,除选导叶接力器外还应选叶片接力器,转轮叶片接力器装在轮毂内,其直径 d_c、最大行程 S_{cmax}、容积 V_c 可按下列经验公式估算:

$$d_c = (0.3 \sim 0.45) \times D_1 \sqrt{\frac{2.5}{p_0}} \tag{4-61}$$

式中　p_0 ——调速器油压装置的额定油压,MPa;

D_1——转轮标称直径,m。

$$S_{cmax} = (0.036 \sim 0.072) \times D_1 \tag{4-62}$$

$$V_c = \frac{\pi}{4} d_c^2 S_{cmax} \tag{4-63}$$

若 $D_1 > 5$ m,则式(4-61)、式(4-62)中系数用较小值。

2.主配压阀直径的选择

通常主配压阀的直径等于通向接力器的油管直径。通过主配压阀油管的流量为

$$Q = \frac{v_s}{T_s} \quad (m^3/s) \tag{4-64}$$

式中 T_s ——导叶从全开到全关的直线关闭时间,s。

则主配压阀直径为

$$d = \sqrt{\frac{4Q}{\pi v_m}} = 1.13 \times \sqrt{\frac{v_s}{T_s v_m}} \quad (m) \tag{4-65}$$

式中 v_m ——管内油压的流速,m/s,额定油压为 2.5 MPa 时 $v_m = 4 \sim 5$ m/s,管短且工作
油压较高时取大值。

由计算所得 d 值选定调速器型号。

对于转桨式水轮机,在选调速器时,常使操作叶片与操作导水机构的主配压阀直径相同,因转轮叶片接力器的运动速度比导叶接力器慢得多,故满足导叶接力器的主配压阀必能满足转轮叶片接力器的要求。

3.油压装置选择

油压装置的工作容量以压力油罐的总容积为表征,选择时以压力油罐的总容积 V_k 为依据,V_k 的经验公式为

混流式水轮机: $$V_k = (18 \sim 20)V_s \tag{4-66}$$

转桨式水轮机: $$V_k = (18 \sim 20)V_s + (4 \sim 5)V_c \tag{4-67}$$

若选定额定油压为 2.5 MPa,可按计算的压力油箱总容积由表 4-5 中选择相近偏大的油压装置。

表 4-5 油压装置系列

型式	系列
分离式	YZ-1.0,YZ-1.6,YZ-2.5,YZ-4.0,YZ-6.0,YZ-8.0,YZ-10.0,YZ-12.5, YZ-16/2,YZ-20/2
组合式	HYZ-0.3,HYZ-0.6,HYZ-1.0,HYZ-1.6,HYZ-2.5,HYZ-4.0

二、冲击式水轮机调速器的选择

(一)调速功选择

喷嘴接力器调速功计算公式为

$$A = 10Z_0 \left(d_0 + \frac{d_0^3 H_{max}}{6\,000} \right) \tag{4-68}$$

式中　Z_0——喷嘴数；

　　　d_0——射流直径,cm。

对于组合式中小型调速器,可根据机组所需操作功 A,直接选择调速功接近且偏大的调速器。

(二)接力器的选择

1. 工作油压的确定

目前,冲击式水轮机均采用高油压调速器,对中小型冲击式水轮机调速器,工作油压选用 10 MPa 较为合适;当喷针接力器和折向器接力器的操作功很小时,可考虑采用更低一些的工作油压。对大型冲击式水轮机调速器,工作油压选用 16 MPa 较为合适。因为工作油压愈高,其喷针接力器和折向器接力器的总容积愈小,所需压力油罐的总容积也就愈小,因而可选用较小规格的调速器,降低设备费用。

2. 选型计算的原则

冲击式水轮机调速器的选型,主要根据机组参数和调速器工作油压确定压力油罐的总容积,或直接根据喷针、折向器接力器容积确定压力油罐的总容积。

确定压力油罐总容积 V 的原则是:其实际可用油体积应大于机组调速所需的可用油体积。

压力油罐的可用油容积 V_u 是指自工作压力下限开始,降压到操作接力器所需的最低压力为止,压力油罐所供出的油体积。选型时,可近似按压力油罐总容积 V 的 20% 计算。

机组调速所需的可用油体积,即压力油罐的可用油容积 V_u 按下式计算:

$$V_u = 20\%V = 3V_z + 2V_p \tag{4-69}$$

式中　V_p——喷针接力器的总容积,L;

　　　V_z——折向器接力器的总容积,L。

选型时应满足:

$$20\%V > 3V_z + 2V_p,即 V > 5(3V_z + 2V_p) \tag{4-70}$$

显然,选用的压力油罐总容积愈大,油泵工作的间隔时间愈长,调速器工作也愈可靠。因而,在具体选型时,可适当选用较大的压力油罐余量。

(三)选型计算的方法

根据不同的已知条件,可选用以下不同的计算方法。

1. 选型计算之一

当已知某工作油压下喷针接力器总容积 V_p 和折向器接力器总容积 V_z 后,即可按式(4-69)计算出该油压下机组调速所需的可用油体积,按冲击式水轮机调速器的实际可用油体积大于机组调速所需的可用油体积的原则,确定待选冲击式水轮机调速器的压力油罐总容积及型号。

2. 选型计算之二

在初步设计时,可按下述经验公式,估算出在拟选工作油压 P 下机组所需冲击式水轮机调速器的压力油罐总容积 V:

$$V = \frac{500Z_0 H_{max} d_0^3}{P} \tag{4-71}$$

式中 d_0——冲击式水轮机射流直径,m;

Z_0——喷针数;

H_{max}——最高水头,m;

P——拟选工作油压,MPa。

按所选冲击式水轮机调速器的压力油罐总容积大于机组所需的压力油罐总容积的选型原则,可初步确定待选冲击式水轮机调速器的压力油罐总容积及型号。待得到有关资料后,再进行复核。

3. 选型计算之三

在设备改造或修改设计时,根据原来采用的较低工作油压 P_1、喷针接力器总容积 V_{p1} 和折向器接力器的总容积 V_{z1},可按下列公式计算在拟选较高工作油压下,保持喷针接力器与折向器接力器操作功不变所需的总容积 V_p、V_z:

$$V_p = V_{p1}P_1/P \qquad (4-72)$$

$$V_z = V_{z1}P_1/P \qquad (4-73)$$

式中 P_1——原来采用的较低工作油压,MPa;

P——修改后采用的较高工作油压,MPa;

V_p——修改后的喷针接力器总容积,L;

V_z——修改后的折向器接力器总容积,L。

然后按式(4-69)计算在工作油压 P 下机组调速所需的可用油体积;再按冲击式水轮机调速器的实际可用油体积大于机组调速所需的可用油体积的原则,确定待选冲击式水轮机调速器的压力油罐总容积及型号。

思考与习题

1. 什么是水轮机调节保证计算?有什么重要性?

2. 调节保证计算的标准是什么?

3. 什么是水击?分成哪几类?产生水击的根本原因是什么?如何判别水击的类型?

4. 水电站引水系统中的压力波传播速度 a 如何计算?

5. 水电站引水系统的最大水击压力上升值及各部分的水击压力如何计算?

6. 如何考虑蜗壳、尾水管对水击的影响?

7. 甩负荷过程中机组转速上升率如何计算?公式的简化假定和修正方式如何?

8. 改善甩负荷过程的技术措施有哪些?各适用于什么情况?原理如何?

9. 为何卧式机组一般都会装设一个很大的飞轮?

10. 某水电站采用单独供水,压力水管的材料、管径和壁厚沿管长不变,单机设计流量为 $10 \text{ m}^3/\text{s}$,压力水管断面面积为 2.5 m^2,水管全长 $L=300 \text{ m}$,最大静水头 $H_0=60 \text{ m}$,水击波速 $a=1\,000 \text{ m/s}$,导叶启闭时间 $T_s=3 \text{ s}$,求导叶由全开到全关时导叶处的最大水击压力升高值。

11. 某坝后式水电站安装 3 台单机容量为 $1\,000 \text{ kW}$ 的混流式水轮发电机组,其引水系统的布置及尺寸如图 4-17 所示。电站设计水头为 35.4 m,最大水头为 45 m,最小水头为 26 m,水轮机型号为 HL220-WJ-71,单机引用流量为 3.55 m³/s,混凝土的弹性模量 $E = 2.1 \times 10^5$ kg/cm²,水的弹性模量 $E = 2.1 \times 10^4$ kg/cm²,钢管的弹性模量 $E = 2.1 \times 10^6$ kg/cm²,尾水管的吸出高度 $H_s = 1.47$ m。

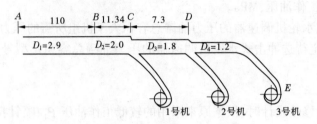

(a)电站引水系统平面布置图

(b)电站引水系统管道剖面图

图 4-17　某坝后式水电站引水系统布置图　（单位:m）

引水系统基本参数:

隧洞 AB 段:长 110 m,洞径 2.9 m,厚度 1.16 m;

钢管 BC 段:直径 2.0 m,厚度 10 mm;

钢管 CD 段:直径 1.8 m,厚度 10 mm;

钢管 DE 段:直径 1.2 m,厚度 10 mm;

蝶阀后至蜗壳前钢管段:长 2.5 m,直径 1.0 m,厚度 10 mm;

蜗壳段:长 6.67 m,等价直径 1.0 m,厚度 10 mm;

尾水管:长 5.12 m,等价直径 1.15 m,厚度 10 mm。

要求:

(1)3 号机丢弃全部负荷,导叶关闭时间 $T_s = 4$ s,并近似认为导叶开度 τ 随时间呈直线变化,要求对 3 号机进行调节保证计算;

(2)当 3 号机负荷由 $0.7 N_{max}$ 增至 N_{max} 时,$\tau_0 = 0.7$,$\tau_t = 1$,即导叶突然开启时,进行压力降低值的计算。

项目五　水轮机调节系统的调试、运行维护及故障分析

任务一　水轮机调节对象的特性

水轮机调节系统如图5-1所示,是调速器与调节对象组成的实际运行体系。调节对象由引水系统、水轮机、发电机和电力系统组成,在调节过程中输入的是接力器行程(导叶开度),而输出的是机组转速或频率。这正好是调速器的输出、输入信号。两者联系在一起共同运行,从信号(频率、接力器行程)的传递来看,构成了一个闭合圈,因而常称为闭环调节系统。显然,这个闭环系统的特性,尤其是动作的过程,不仅取决于调速器的特性,还受调节对象的影响。为了分析调节系统的特性,就有必要了解调节对象的特性与参量,以及这些特性对调节过程的影响,合理地选择调速器参数,实现水轮机的最佳调节。

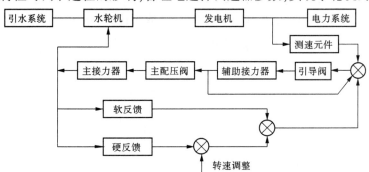

图5-1　水轮机调节系统

一、水轮发电机组的惯性

水轮发电机组的运动方程式为

$$J \frac{\mathrm{d}\omega}{\mathrm{d}t} = M_\mathrm{t} - M_\mathrm{g} \tag{5-1}$$

式中　J——机组转动部分的转动惯量;

　　　M_t——水轮机驱动力矩;

　　　M_g——发电机阻力矩,包括电磁力矩和摩擦力矩;

　　　$\dfrac{\mathrm{d}\omega}{\mathrm{d}t}$——角加速度,即角速度 ω 对时间 t 的变化率。

若以下标0表示稳定状态时的值,前加 Δ 表示各参数在调节过程中的变化量,则有

$$M_t = M_{t0} + \Delta M_t \tag{5-2}$$

$$M_g = M_{g0} + \Delta M_g \tag{5-3}$$

$$\omega = \omega_0 + \Delta\omega \tag{5-4}$$

稳定运行时力矩平衡，$M_{t0} = M_{g0}$，$\omega = \omega_0$，因此运动方程式可表达成

$$J\frac{\mathrm{d}(\Delta\omega)}{\mathrm{d}t} = \Delta M_t - \Delta M_g \tag{5-5}$$

为了消除各物理量单位不同的影响，可用相对值形式表达成

$$J\frac{\omega_r}{M_r}\frac{\mathrm{d}(\dfrac{\Delta\omega}{\omega_r})}{\mathrm{d}t} = \frac{\Delta M_t}{M_r} - \frac{\Delta M_g}{M_r} \tag{5-6}$$

式中　ω_r、M_r——角速度、力矩的额定值。

令 $x = \dfrac{\Delta\omega}{\omega_r}$，$m_t = \dfrac{\Delta M_t}{M_r}$，$m_g = \dfrac{\Delta M_g}{M_r}$，$T_a = J\dfrac{\omega_r}{M_r}$。上式简化为

$$T_a\frac{\mathrm{d}x}{\mathrm{d}t} = m_t - m_g \tag{5-7}$$

式(5-7)是用相对量表达的机组运动方程式。其中 T_a 反映了转动部分惯性的大小，称为机组惯性时间常数。它是机组在额定力矩 M_r 驱动下，由静止匀加速至额定角速度 ω_r 所用的时间，单位为 s。由力学相关知识可知，转动惯量 J 可用飞轮力矩 GD^2 表达；角速度 ω 可由转速 n 计算；而力矩 M 与输出出力 N 成正比，与角速度 ω 成反比，即

$$J = \frac{GD^2}{4g} \quad (\mathrm{t \cdot m \cdot s^2}) \tag{5-8}$$

$$M = 1\,000\,\frac{N}{\omega} \quad (\mathrm{N \cdot m}) \tag{5-9}$$

$$\omega = \frac{\pi n}{30} \quad (\mathrm{L/s}) \tag{5-10}$$

因此，机组惯性时间常数 T_a 可由下式计算得

$$T_a = \frac{GD^2 \cdot n_r^2}{3\,580 \times N_r} \quad (\mathrm{s}) \tag{5-11}$$

式中　GD^2——机组飞轮力矩，$\mathrm{t \cdot m^2}$；

　　　n_r——机组额定转速，$\mathrm{r/min}$；

　　　N_r——机组额定出力，kW。

式(5-7)表明：若发生相同的力矩变化（同样的负荷变化），机组惯性时间常数 T_a 大的机组，其转速的波动小。由此，机组惯性时间常数大是有利于调节过程的。卧式水轮发电机组常带有很大的飞轮，正是为了增大机组的惯性时间常数，从而改善其调节过程。

二、水轮机的特性

对已安装并运行的机组，惯性时间常数 T_a 是确定的，调节过程中转速的波动将由力矩 M_t 和 M_g 决定。其中水轮机驱动力矩 M_t，由大家熟知的关系式，取决于机组转速、工作

水头、通过流量和水轮机效率（ $M_t = N\omega = 9.81QH\eta\dfrac{\pi n}{30}$ ）。但是，调节过程中水轮机的各种参数都在变化，而且从不同方面来影响驱动力矩，因此 M_t 的变化是复杂的。例如，当机组负荷减少时，转速会上升，导致调速器动作，减小导叶开度。转速升高、流量减小都使驱动力矩 M_t 下降。但导叶开度减小将在引水系统（压力钢管、蜗壳等）中引起正水击——水流惯性而产生的水压力上升。这相当于增加了水轮机工作水头，势必会加大驱动力矩。另外，水轮机效率的变化更难准确分析，不同的水轮机在不同的工况下运行，效率的高、低以及变化多少都会不同。总之，水轮机的特性对调节过程是有影响的，但要针对具体情况来分析。不过，驱动力矩随导叶开度变化是主要的，开度加大时驱动力矩增大。

三、引水系统的特性

如前所述，导叶开度的变化会在引水系统中引起水击现象。水击的附加压力即水轮机工作水头的增减，将使驱动力矩变化。但是水击引起的变化是与调节作用方向相反的，关小导叶时力矩上升，开大导叶时力矩减小。因此，水击作用对调节过程是不利的。

引水系统中水击作用的强弱受很多因素影响。除导叶开度变化的大小及动作快慢外，还受引水系统本身特性的影响。为了简化分析，可以假定引水系统中的水和管壁都是刚性的，即可研究刚性水击的情况。由水力学知识，刚性水击引起的附加压力 ΔH 为

$$\Delta H = -\frac{L}{g}\frac{\mathrm{d}v}{\mathrm{d}t} = -\frac{L}{gF}\frac{\mathrm{d}Q}{\mathrm{d}t} \tag{5-12}$$

式中　　L——压力水管长度，m；

　　　　v——管内流速，m/s；

　　　　F——管道横断面面积，m^2；

　　　　Q——管内流量，m^3/s；

　　　　g——重力加速度，$\mathrm{m/s}^2$。

为了便于分析、比较，仍用相对量表达。以 H_r、Q_r 表示额定情况下的水头、流量，令

$$h = \frac{\Delta H}{H_r}, q = \frac{\Delta Q}{Q_r}, \Delta Q = Q - Q_r, T_w = \frac{LQ_r}{gFH_r}$$

则有

$$\mathrm{d}q = \frac{\mathrm{d}(\Delta Q)}{Q_r} = \frac{\mathrm{d}Q}{Q_r} \tag{5-13}$$

$$h = -T_w\frac{\mathrm{d}q}{\mathrm{d}t} \tag{5-14}$$

式（5-14）是刚性水击的基本公式，它表明水击压力与管内流量对时间变化率成正比，但方向相反。流量减小时压力上升，称为正水击；流量加大时压力下降，称为负水击。式（5-14）中比例系数 T_w 称为引水系统的惯性时间常数。它是管内水体在额定水头 H_r 作用下，由静止匀加速至额定流速 v_r（对应流量 Q_r）所用的时间，单位为 s。T_w 反映了引水系统中水流惯性的大小。因此，T_w 越大，水流惯性越大，调节系统的稳定性就越差，甚至使系统不能稳定。实际的水轮机引水系统包括蜗壳、转轮室、尾水管等水轮机过流部件在

内,压力管道也可能分成不同管径或壁厚的段落,水流惯性时间常数的计算应分段考虑长度和流量,应为

$$T_w = \frac{\sum L_i v_i}{g H_r}$$

式中　L_i——引水管道 i 段长度,m;

　　　v_i——引水管道 i 段水流流速,m/s。

四、发电机负载的特性

(一) 负载的力矩特性

由于摩擦力矩远小于电磁力矩,而且在运行中变化很小,在分析水轮发电机组阻力矩的变化时,可以只研究电磁力矩的情况。阻力矩 M_g 由式(5-9)计算,其大小取决于频率和出力。发电机的出力 N 也就是电能用户所消耗的电功率,称为负荷。而电能用户是由各种用电设备构成的,其总和即发电机的负载。负载的多少即表现为用电设备的台数,更表现为这些设备在额定频率及额定电压下消耗功率的大小。显然,发电机的负荷随着它承担负载的增、减而增、减。换句话说,负载对电功率的消耗就形成了发电机的阻力矩。负载阻力矩是随供电频率变化的,但是不同种类的负载在频率发生变化时,阻力矩会有不同的变化规律。发电机总阻力矩由同时运行的各个负载形成,因此它的变化规律取决于各种负载的规律以及各种负载的比例大小。

负载阻力矩可视为由两部分组成,即额定频率时的阻力矩 M_{g0},以及随频率变化的阻力矩 ΔM_g。若用它们占发电机额定力矩 M_r 的百分数表达,则成为相对量关系:

$$m_g = m_{g0} + e_g x \tag{5-15}$$

式中　m_{g0}——系统用户的投入或切除引起的阻力矩变化相对值;

　　　$e_g x$——机组转速变化(频率变化)引起的阻力矩变化相对值;

　　　e_g——发电机阻力矩对转速变化的传递系数,也称发电机负荷自调节系数,表示在规定的电网负荷下,发电机负载转矩偏差相对值与转速偏差相对值关系曲线在所取点的斜率,即 $e_g = \frac{\partial m_g}{\partial x}$。

式(5-15)即为发电机负载方程式。

在调节的动态过程中,m_{g0} 一般作为调节系统的扰动量,通常看成阶跃形式(突变后保持不变),因此可认为它是常数。在小波动工况下,认为转速引起的阻力矩变化相对值 $e_g x$ 与机组转速变化成线性关系。在此情况下可把 e_g 近似看成一个常数。

对于不同类型的负荷,其 e_g 值是不同的,一般可分为 3 类:

(1)$e_g < 0$,负载阻力矩与转速成反比。此类负荷有照明、电热炉等纯电阻负载,如图 5-2(a)所示。

(2)$e_g = 0$,负载阻力矩与转速无关。此类负载有纺织机械、金属切削机床、起重机等,如图 5-2(b)所示。

(3)$e_g > 0$,此类负载引起的阻力矩与频率成平方关系或高次方关系。此类负载有各类水泵、风机等,如图 5-2(c)所示。

对于电网来说,纯单一性负荷是很少见的。所以,一般均将发电机所带负载看成是综合性负载,e_g 值一般在 0.6~2.4,通常用实测方法求得。其力矩特性如图 5-2(d)所示,供电频率上升时阻力矩加大。

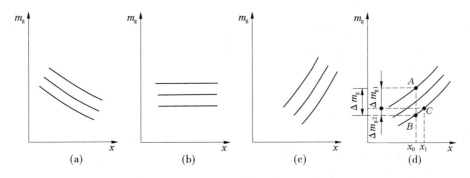

图 5-2　各类负载的力矩与转速的相对关系曲线

对于综合负载而言,由于 e_g 为大于零的数,根据式(5-15)可知,随着转速的升高,频率变化引起的阻力矩分量将加大,从而使 M_g 增大。由方程可知,当机组转速升高时,由于 e_g 大于零,而使 M_g 增大,从而减小了 $M_t - M_g$ 的差值,抑制了转速的升高。也就是说,存在着自调节作用,e_g 值越大,自调节作用越明显。

在调节系统中,常将水轮机自调节系数 e_x 和发电机负荷自调节系数 e_g 合并,称为水轮发电机组自调节系数,以 e_n 表示:

$$e_n = e_g - e_x$$

由于 e_x 为负值,所以

$$e_n = e_g + | e_x | \tag{5-16}$$

即 e_n 值实际为 e_g 与 e_x 绝对值之和。

(二) 负载的惯性时间常数

在电力系统中,具有转动部分的负荷与机组转动部分一样,存在一定的惯性,它们对调节过程起着与机组转动惯量相同的作用,可用负荷惯性时间常数 T_b 表示。T_b 与机组惯性时间常数 T_a 值的大小对调节过程的影响具有同样的意义,但很难精确计算。根据国内外的统计资料,通常认为

$$T_b = (0.24 ~ 0.30) T_a \tag{5-17}$$

任务二　水轮机调节参数对系统稳定性的影响

一、调节系统的稳定性

调节系统稳定性,是指在外界负荷突变或人为的扰动下,调节系统偏离平衡状态,当扰动消失后,系统以自调节能力,经过一定时间的调节,恢复原来的平衡状态或达到新的平衡状态,这样的系统称为稳定系统,否则,调节过程是不稳定的。在不同的调速器和参数的配合情况下,调节系统动态过程的形式是多种多样的,一般可归结为 4 种基本形式,

即周期性扩散的振荡过程、周期性等幅的振荡过程、周期性衰减的波动过程和非周期衰减的过程。如图5-3所示。

（1）周期性扩散的振荡过程，如图5-3（a）所示。负荷变化造成转速变化，但转速的变化呈周期性上升、下降，而且波动幅度逐次加大。

（2）周期性等幅的振荡过程，如图5-3（b）所示。机组转速一旦变化就呈周期性波动，但振幅不变。

（3）周期性衰减的波动过程，如图5-4（c）所示。负荷变化后机组转速发生周期性波动，但幅度逐次减小，最后重新稳定下来。

（4）非周期衰减的过程，如图5-4（d）所示。机组转速不发生来回波动，在负荷变化后转速相应变化，但在一定时间内平稳过渡到新的稳定状态。

这4类可能的情况中，前两类不可能重新稳定，是不允许发生的。非周期衰减的过程最平稳，但很难实现。周期性衰减的波动过程能在一段时间后达到新的稳定状态，过

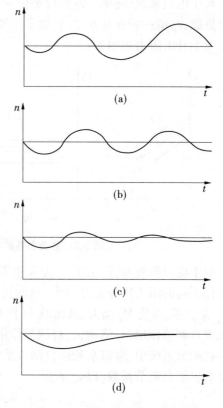

图5-3　调节过程的基本形式

程中机组转速有波动但幅度不大，而且不断减小，是绝大多数机组实际发生的情况。

二、调节系统的稳定区域

根据自动控制理论得出的稳定条件可确定调节系统的稳定区域，以 $b_t\theta_a$ 为纵坐标，以 θ_d 为横坐标（对 PID 调速器而言，是以 θ_n 为参变量）绘制坐标图。参变量 θ_n 为某一特定值时所得到的曲线称为稳定边界线，处于稳定边界线右上方的区域为稳定区域，处于边界线的左下方区域为不稳定区域。其中，$\theta_a = \dfrac{T_a}{T_w}$、$\theta_d = \dfrac{T_d}{T_w}$、$\theta_n = \dfrac{T_n}{T_w}$，$T_n$ 为微分时间常数。绘制出的调节系统稳定区域如图5-4所示，图中 $\theta_n = 0$ 所对应的稳定区域即为其他参数相同的 PID 调速器的稳定区域。从图中可看出，当 θ_n 不太大（$\theta_n = 0.5$）时，引入微分作用能使系统稳定区域比单纯用软反馈的 PI 调速器的稳定区域大，如果再进一步增大 θ_n，稳定边界将往上提（$\theta_n = 1$），其稳定性变坏，即稳定区域反而缩小。所以，只有在一定的 T_n 值范围内才对系统的稳定性有益。通过计算机对稳定参数的计算，绘出如图5-5所示的动态波形，可以看出，在稳定区域内调节过程是衰减的，而在稳定区域外调节过程则是扩散的。越接近稳定边界的过渡过程波动次数越多，转速偏差值也大，但过分远离稳定边界的过渡过程虽然波动次数少，调节过程却趋于非周期，调节速度可能过于缓慢，调节时间 T_p 会很长，其转速偏差也会很大。

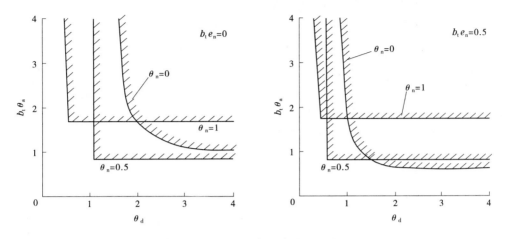

图 5-4　水轮机调节系统稳定区域

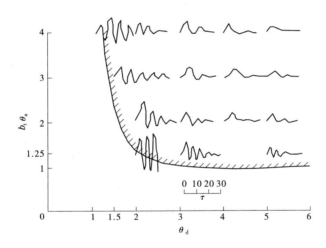

图 5-5　稳定区域内的动态波形

三、调节对象特性对调节过程的影响

(一)水流惯性时间常数 T_w 的影响

T_w 是使调节过程动态品质恶化的主要因素，T_w 越大，则 $\dfrac{T_a}{T_w}$ 与 $\dfrac{T_d}{T_w}$ 越小，图 5-5 中的相应的坐标点向左下方移动，接近稳定边界，将使转速偏差加大，波动次数增多，调节时间加长，甚至会超出稳定区域。其原因是引水系统的水击造成水轮机动力矩变化的滞后。当 T_w 较大时，应加大调速器各反馈参数。当 T_w 很大时，有可能使调节系统无法稳定下来。

(二)机组惯性时间常数 T_a 的影响

机组在系统中运行时，T_a 应理解为包括电网负荷的时间常数，即 $T_a + T_b$ 值，此数值增加将使机组惯性加大，增加调节系统的稳定性和延缓转速的变化。从图 5-5 可知，随着 T_a 增大，相应的坐标点上移，将远离稳定边界，使调节系统稳定，但 T_a 过大也可能使调节过程加长。总之，T_a 加大对改善动态品质是有显著好处的。

(三) 机组自调节系数 e_n

$e_n (e_n = e_g + |e_x|)$ 表示机组受到外界扰动后反抗转速变化的自平衡能力，e_n 越大，越有助于稳定和改善动态调节品质。因此，机组在大电网中并列运行时，由于负载的自动调节作用和负载的惯性作用，T_a 及 e_n 将增大，其调节品质必然优于单机运行时的工况。

上述 3 项调节对象的参数，对调节系统而言，一般是不能改变的，只能反映调节对象动态特性的优劣，以作为选择调速器参数的依据。

四、调速器参数对调节过程的影响

(一) 暂态转差系数 b_t

b_t 值的大小表示软反馈的强弱，从图 5-5 可知，增加 b_t 值可使坐标点上移，远离稳定边界，使转速偏差减小，振荡次数减少，有利于改善动态品质，但 b_t 值过大，将使导叶动作速度减慢，速动性变差，调节时间及转速偏差增大。因而，对于不同调节对象的调速器而言均具有最佳的 b_t 值。一般情况下，T_w 大时，应增加 b_t，以减小水击作用；T_a 小时，应增加 b_t，以减小转速变化。

(二) 缓冲时间常数 T_d

T_d 值表示缓冲器从动活塞回复时间的长短，T_d 越大，软反馈衰减越慢，接力器关机速度越慢。从图 5-5 知，T_d 越大，坐标点右移，使振荡次数减少，可提高调节过程的稳定性，但 T_d 值过大，则使调节速度减慢，调节时间增长。因而，对一定调节对象的调速器而言亦有一个最佳 T_d 值。

(三) 局部反馈系数 a

局部反馈系数 a 增大，使主配压阀开启的窗口开度减小，接力器动作速度变慢，将有利于稳定，也有利于减小最大转速偏差。

(四) 永态转差系数 b_p

调速器的永态反馈属于负反馈，因而加大 b_p 可增加调节的稳定性，但由于 b_p 的可调范围有限，故 b_p 对系统的动态品质影响并不显著。

五、调速器参数的整定

上述几个重要参数对调节系统的稳定性和调节品质有显著的影响和作用，而且参数的选用受多方面因素制约，调整时必须慎重。b_p 为永态转差系数，对于担任基荷的机组，b_p 值一般调整在 6% 左右；对于承担调频的机组，b_p 值一般调整在 3% 以下。

通常调节参数采用建议性公式和现场试验相结合的方式进行确定。下述公式是在一定条件下推导出来的，有一定适用的条件，且不十分准确，仅供调节参数的初步预选。

(一) 空载工况下调节参数的计算

对缓冲式 PI 调节规律的电液调速器，推荐如下公式：

$$b_t = 1.3 \sqrt{\frac{T_{y1}}{T_a}}$$

(5-18)

$$T_\mathrm{d} = 3.7\sqrt{T_\mathrm{a}T_\mathrm{y1}} \tag{5-19}$$

式中　T_y1——小波动时接力器反应时间,s;

　　　T_a——机组惯性时间常数,s。

公式使用条件:$T_\mathrm{w} < 2.6T_\mathrm{y1}T_\mathrm{a}$。

对电子调节器和电液随动装置构成的 PID 调节规律的电液调节装置,推荐如下公式:

$$K_\mathrm{P} = 0.8\frac{T_\mathrm{a}}{T_\mathrm{w}} \tag{5-20}$$

$$K_\mathrm{I} = 0.24\frac{T_\mathrm{a}}{T_\mathrm{w}^2} \tag{5-21}$$

$$K_\mathrm{D} = 0.27T_\mathrm{a} \tag{5-22}$$

(二)对单机负载工况下调节参数的计算

对 PI 调节规律的调节系统,可采用下式:

$$T_\mathrm{d} = 4T_\mathrm{w} \tag{5-23}$$

$$b_\mathrm{t} = 1.8\frac{T_\mathrm{w}}{T_\mathrm{a}} \tag{5-24}$$

对 PID 调节规律的调节系统,可采用下式:

$$T_\mathrm{n} = 0.5T_\mathrm{w} \tag{5-25}$$

$$T_\mathrm{d} = 3T_\mathrm{w} \tag{5-26}$$

$$b_\mathrm{t} = 1.5\frac{T_\mathrm{w}}{T_\mathrm{a}} \tag{5-27}$$

当考虑 e_n 的作用时,上述 b_t 和 T_d 值还可减小。由于调节过程是多因素作用的结果,因而理论计算仍需通过检验,最终才能确定最佳调节参数。

任务三　水轮机调节系统的主要试验

为了使调速器正确地控制机组,获取稳定的调节过程和良好的调节品质,保证安全运行和供电质量,对新安装或大、中修后的调速器必须进行通常的和有针对性的现场调整与试验。水轮机调速器系统的试验可分为出厂试验、电站试验、型式试验、验收试验,本书所介绍的主要为电站试验和验收试验的相关项目,其内容主要有机构、表计位置和应用参数调整,单元和系统的静态和动态特性试验以及有关参数测定。

一、油压装置的调试

油压装置是为调速器提供操作能源的设备,除应有足够的容量外,还应保证提供压力油的工作可靠、油质的清洁。

(一)油泵、压力油罐及导水机构最低操作油压试验

1.试验目的

(1)检查油泵工作是否正常。

（2）检查油泵的工作能力。

（3）按技术规程要求的导叶最低操作油压来控制导水机构全行程动作，检查导水机构制造及现场安装质量。

（4）检查压力油罐在额定工作油压下是否有漏气、漏油情况。

2. 试验要求

（1）油泵启动应平稳，温升应合格，即油温低于 50 ℃，油泵轴承、外壳及电动机轴承温度应低于 60 ℃（以手触以上部分能忍受得住），无杂音，外壳振动幅值小于 0.05 mm。

（2）在额定油压及室温下实测的输油量应不小于设计值。

（3）在蜗壳无水情况下，导水机构最低操作油压不大于额定油压的 16%。

（4）在额定工作油压及正常油位的情况下，关闭各连通阀门，经 24 h 后，压力油罐压力下降应不大于 0.10 MPa，油面下降不超过 15 mm。

3. 试验方法

1）油泵运转及导水机构最低操作油压试验

当油压装置和调速器装配完毕后，调速器的接力器与导水机构控制环已连接，并使导叶处于全关位置，投入接力器锁锭。压力油罐的供油阀、排气阀、排油阀均开启，安全阀调节螺堵松出。运转试验前先向油泵内注入油，打开进、出口调节阀，手动启动油泵并在空载状态下运行 1 h，以检查油泵转动部分是否温升正常、油泵运行情况是否良好。

当油泵运行正常后，关闭压力油罐所有连通阀门，调整安全阀，使压力油罐压力保持在额定油压的 16% 或稍低，打开供油阀，手动操作机械开限手轮或电液转换器，使接力器带动导水机构能在蜗壳无水的状态下在全行程范围内移动。然后关闭供油阀，将油泵转为自动运行，调节安全阀，逐步提高油压，分别在额定油压 25%、50%、75% 下运行 10 min，最后在额定油压下运行 1 h。检查补气阀、中间油罐、压力油罐附件、管接头及所有焊缝处是否有渗漏情况。如有，应停止试验，并在无压时做相应处理，在无油无压时做焊补处理。停机后进行拆卸检查，零部件不应有明显变化。

2）油泵输油量测定

实测时，在压力油罐内压力、温度都符合规定范围时，启动油泵送油，记录压力油罐油面上升的高度 $h(\text{mm})$ 和所用的时间 $t(\text{s})$，从压力油罐的结构图上查出压力油罐的内径 $d(\text{m})$，则油泵的输油量为

$$Q = \frac{\pi d^2 h}{4t} \times 10^{-6} \quad (\text{L/s})$$

试验应重复 3 次，取平均值作为实测输油量。

3）压力油罐泄漏检查

当压力油罐压力达到额定压力，油气比为 1:2 左右时，即可关闭所有连通阀门，使油泵停止运转，记下此时的油压、油位。经 24 h 后，检查油压、油位的变化情况应符合要求。若油压下降超过允许值，应根据压力下降和油位下降情况，综合判断是以漏气为主，还是以漏油为主，然后采取相应的处理措施。

4. 试验注意事项

（1）油泵自动运行时，油泵电动机需频繁启动，启动回路中的接触器触点容易烧损，

有可能造成电动机两相或单相带电,导致电动机烧毁,所以在压力油罐补气升压阶段,应加强对电动机运行情况的监视。

(2)试验中,若发现管道或管接头等有少量渗油,应停止升压,并待无压后,作相应处理使之合格。

(3)发现焊缝漏油,一般应停止试验,将油放完并进行补焊后再试验。

(4)补焊时,应做好防火、防爆措施,确保安全作业。

(二)安全阀调整试验

压力油罐的安全阀一般应按《固定式压力容器安全技术监察规程》(TSG 21—2016)要求进行校验,合格后才可进行安装。压力油泵的安全阀应根据设计要求进行现场调整,安全阀应在规定的压力适时开启或关闭,并且不产生过大的噪声。

(1)压力油泵安全阀调整:试验时启动油泵向压力油罐供油,达到工作油压上限后继续供油。调整安全阀螺堵,使油压升至工作油压上限以上2%或设计油压要求时安全阀开始排油;油压达到上限16%前,安全阀应全部开启,压力油罐内油压不再升高。反之,油压低于工作油压下限以前,安全阀应完全关闭。为确保安全阀动作可靠,调整试验应反复多次。

(2)压力油罐安全阀试验:试验时启动油泵向压力油罐供油,使压力油罐压力升至动作值,记录安全阀动作时的压力值。

(三)压力信号器的整定

压力信号器或接点压力表对油泵启、停的控制应当正确、可靠,应保证压力油罐工作油压在规定的范围内。同时提供油压因事故下降报警及事故低油压启动紧急停机电磁阀停机的压力信号。

1. 整定油泵启动压力

将油泵电动机置于"自动"状态,打开压力油罐排油阀慢慢排油,当油压下降至油泵启动时,记录压力值并与规定的下限油压比较,若不相符,则调整压力信号器的触点位置,直至启动油压等于规定的下限值。

2. 整定油泵停止压力

调整压力信号器的另一对触点,使油泵启动后压力油罐压力升至规定的上限值时油泵自动停止。油泵启动和停止压力的整定,也往往要反复进行。

3. 整定事故低油压

事故低油压是事故状态下接力器能够使导水机构动作的最低油压,应根据机组的具体情况整定。整定时,停止油泵,用排油阀慢慢排油,当油压降至事故低油压时,压力信号器应发出相应信号。

对有2台油泵的油压装置,还须整定备用油泵的启、停压力,方法同前述。而且应检查主油泵与备用油泵相互切换的情况。

(四)压力油罐的渗漏试验

压力油罐及其附件应有良好的密封性能,一般要求在额定油压和正常油位的情况下8 h内罐内压力下降不大于0.1~0.2 MPa,试验时使压力油罐达到额定油压和正常油位,关闭各阀门并记录压力和油面高度,8 h后检查油压、油位的变化情况。

二、调速器整机静态调整和检查

调速器整机静态调整和检查是指在机组充水前,对经过部件清洗、调试重新组装好的调速器所进行的整机初步调整和检查,目的是检查整机的安装质量。机械液压调速器、电液调速器和微机调速器的具体调试内容有些差别,但主要有以下几方面的内容。

(一)整机静态调整及检查

1. 机械液压调速器

1)充油试动

缓慢打开压力油罐的总供油阀,对各部件和油管充油,检查有无漏油或堵塞情况。缓慢操作开限手轮,使接力器全开与全关动作,检查有无异常现象。来回操作几次,以排出油管中的气体。

2)部件和杠杆调中

部件和杠杆调中主要有主配压阀活塞调中、接力器活塞中间位置确定、缓冲器中间位置的检查、暂态与永态反馈杠杆调中以及局部反馈杠杆的调中、开限机构及其杠杆调中等,在接力器位于中间位置时进行调整,使所有杠杆基本处于水平即可。

3)静态操作检查

静态操作检查主要有开度指示的红黑针协调动作检查,使开度指示限制指示的红针与接力器实际开度指示的黑针在接力器活塞全行程范围内指示正确。

4)调速器操作检查

调速器操作检查主要包括手自动切换、紧急停机电磁阀动作检查、转速调整机构检查、调速器传递杠杆系统的死行程实测等。

2. 电液调速器

电液调速器在制造厂已做过出厂试验,但长途运输或仓库长期存放及电站安装后,在投入运行前,应重新对其主要电气回路进行检查,检查项目主要有电气回路和机械液压部件的检查调整:

(1)电气回路检查主要有测频回路的检查与调整、微分回路检查、软反馈回路检查、永态转差回路检查、综合放大回路检查。

(2)机械液压部件的检查调整主要有中间接力器反馈及主配中间位置调整、电液转换器的调整、接力器最短关闭时间或两段关闭时间调整等。

3. 微机调速器

微机调速器在现场安装或者机组大修后均要进行必要的调整试验,以了解调速器各个环节(单元)工作是否正常、调节参数整定是否合理。对于不同形式的微机调速器,现场调试方法和具体内容有些差异,但主要方面和基本内容基本一致,因此对于一般的微机调速器,整机静态调整及检查主要有:

(1)电气方面检查:工作电源检查、机械液压系统调试、人机界面检查、调速器工作状态模拟。

(2)机械液压系统的现场组装调试:元器件的组装及检查、零位调整、电机限位开关调整、反馈调整、接力器最短关闭时间调整,以及工作状态检查。

(二)调速器的工作及故障状态模拟

工作状态及故障状态模拟对电液调速器和微机调速器都是非常必要的一种测试,它主要是用来检查各种控制信号是否正确接至调速器,以及调速器的相关回路(对电调)或控制软件(对微机调)是否工作正常,有关部件能否正确动作。故障状态模拟是检验微机调速器在有关故障情况下,容错功能是否能正常发挥作用,主要有开/停机、并网、增减负荷、紧急停机、机频及反馈故障模拟等。

三、调速器静态特性调试

调速器静态特性是指在稳定平衡状态下,调速器输出信号(接力器行程 y)与调速器输入信号(转速 n)之间的关系,即 $y=f(n)$。

调速器静态特性试验是各种调速器在电站安装或检修后必须进行的一项重要试验,通常在机组蜗壳未充水,接力器已与调速环连接的情况下进行。它主要用于实测调速器实际的转速死区、静态特性曲线的线性度误差、接力器不准确度,并校核实际的 b_p 值。

通常在机组无水情况下,用频率信号发生器输出的频率信号代替机组频率,实测在一定 b_p 值下调速器接力器的行程,以得到机组频率与接力器行程的关系特性曲线,借以评价调速器的静态品质指标。

四、调速器动态特性调试

当调速器完成了整机静态调试和状态模拟试验,并对静态调试中出现的问题进行处理后,即可进入与调节对象构成一体的调节系统动态特性调试,也具备了动态试验的条件,就可以对机组进行充水,以便对整个调节系统进行动态特性试验。

动态特性调试包括调速器部分环节的动态特性试验和整个水轮机调节系统的动态特性试验。主要包括 PID 调节器动态特性测试、随动系统动态特性测试(对伺服系统属于这种类型的微机调速器)、单机空载稳定性试验、突变负荷试验、甩负荷试验,有调频任务的机组(中小型微机调速器一般无此任务)还要做调频试验。通过这些动态特性试验,以便评价调速器及调节系统的动态品质。

任务四　水轮机调速器的日常运行维护与故障分析

水电站调速系统的运行监护是至关重要的。一旦水轮机调速器及油压装置发生故障或事故,将严重影响水轮发电机组的正常运行。水轮机调速器性能的优劣,除与设计、制造和安装有关外,还与其运行维护有密不可分的关系。调速器的维护应包括调速器的运行条件的保障、调速器质量的检验、运行状态的检查和故障分析,以及定期维护等。因此,调速系统投入运行以后,必须注意监护,保证规定的用油质量,操作正确,巡检及时,设备清洁,以减少事故和隐患,有利于安全发电运转。

一、保证调速器有良好的工作条件

为了保证调速器正常运行,除按有关标准对其制造、安装质量进行严格检查验收外,还应使其具有良好的工作环境和工作条件。

(1)水轮发电机组运行正常。在手动空载工况时,机组转速摆动的相对值,对配用大型调速器应不大于±0.2%,对配用中型调速器应不大于±0.3%,对配用小型调速器应不大于±0.4%。

(2)水轮机过水系统的水流惯性时间常数 T_w 和机组惯性时间常数 T_a 不超过各类调速器的允许值。

PID 型　$T_w \leq 4$ s,且 $T_w/T_a \leq 0.4$;

PI 型　$T_w \leq 2.5$ s,且 $T_w/T_a \leq 0.4$;

反击式水轮机调速器要求 $T_a \geq 4$ s;

冲击式水轮机调速器要求 $T_a \geq 2$ s。

(3)调速器安置海拔应不超过 2 500 m。调速器周围的气温应不低于 5 ℃,且不高于 40 ℃(如海拔高于 1 000 m,最高允许气温还应相应降低)。调速器周围空气相对湿度月平均不超过 90%,同时该月的月平均温度不低于 25 ℃。

(4)调速器安装前的贮存库房气温为 -5~+40 ℃,相对湿度小于 90%,并且室内无酸、碱、盐及腐蚀性、爆炸性气体,不受灰尘、雨雪的侵害。

(5)调速系统用油的油质必须符合《涡轮机油》(GB 11120—2011)中 46 号汽轮机油或黏度相近的同类型油的规定,使用油温范围为 10~50 ℃。

(6)调速器油压装置正常工作油压变化范围不得超过名义工作油压的±5%。在调节过程中油压变化值不得超过名义工作油压的±10%(通流式调速器不超过±15%)。

二、严格调速器的质量检验

调速器安装后,移交电站使用之前或调速器检修之后,均应进行有关技术及性能指标的检测和试验。

(1)油泵运转应平稳,其输油量应不小于设计值,安全阀应动作可靠、准确,无强烈噪声。当油压装置油压高于工作油压上限 2% 时,安全阀应开始排油;当油压高于工作油压上限的 16% 以前,安全阀应全部开启,并使压力油罐的油压不再升高。当油压低于工作油压下限以前,安全阀应完全关闭。此时,安全阀的泄油量应不大于油泵输油量的 1%。油压装置各压力信号器整定值的动作偏差不应超过整定值的±2%。

(2)调速系统静特性曲线应近似为直线,其最大非线性度(或线性度误差)≤5%。

(3)测至主接力器(冲击式水轮机测至喷针接力器)的转速死区,对大型电调 $i_x \leq 0.04\%$;对中型电调 $i_x \leq 0.08\%$;对小型电调 $i_x \leq 0.12\%$(注:电调包含微机调速器)。

(4)转桨式水轮机调节系统的轮叶随动系统不准确度应不大于 1.0%。

(5)调速器应保证机组在各种工况和运行方式下的稳定性。机组自动空载工况下的频率摆动相对值,对配用大型电调应不大于±0.15%,对配用中型电调应不大于±0.25%,对配用小型电调应不大于±0.35%。

(6)机组甩 100% 额定负荷时,偏离稳态频率 1.5 Hz 以上的波动次数应不超过 2 次,从甩负荷后接力器再次向开启方向移动时起,到机组转速摆动相对值不超过±0.5% 为止,所经历时间 T_P 应不超过 40 s。

(7)机组甩25%额定负荷(或10%～15%额定负荷)时,接力器不动时间T_q的要求,对大型电液调速器$T_q \leq 0.2$ s,对中小型电液调速器$T_q \leq 0.3$ s。

(8)调速器各种可调参数均应能在设计范围内进行调整,并根据机组及电力系统情况,合理整定好有关调节参数。

(9)调速器的电源装置应能同时接入交、直流电源,并互为备用,其中之一故障时可自动切换并发出信号。电源转换时引起导叶接力器开度变化值应不超过其全行程的2%。

(10)对于大型电调(主要是微机调速器),当测频输入信号消失时,应能使机组保持所带负荷,且不影响机组的正常停机和事故停机。

(11)调速器的电气装置应具有良好的电磁兼容性能,保证在电站正常作业条件下,各种干扰信号不至于引起主接力器及仪表异常变动。

(12)机械液压型调速器的离心摆经超速试验后不得出现变形和裂纹等现象,否则应更换并重新试验合格,方可运行。

三、调速器日常运行中的检查与维护

(一)日常运行中的检查

日常运行中的检查主要包括如下内容:

(1)观察调速器运行是否稳定,有无异常摆动或跳动现象。

(2)检查各部件工作位置、各表计或人机界面指示是否正确;油压、油位是否正常,应无漏油现象。

(3)检查反馈装置及传动机构是否完好,杠杆应无弯曲变形,销子应无松脱,反馈钢丝绳应无断股或松脱现象。

(4)检查各调节参数是否在整定位置,功率给定指示是否与负荷相适应,人机界面各显示画面的相关内容是否与机组运行状态相一致。

(5)对电调(微机调)要注意观察电液转换元件工作是否正常,对伺服电机或步进电机的电液转换元件要注意检查其温度。

(6)对微机调要注意人机界面上是否有故障报警信息,巡视人员应特别注意故障报警及应急处理。出现故障时,应特别注意观察机频、网频、导叶开度、微机调节器的输出及平衡表指示等。

(二)运行中的维护

运行中的维护主要是调速器用油及电气部分检查,其主要内容包括:

(1)调速器用油应每年更换或处理一次,新安装或大修后2个月内应更换或处理1～2次。滤油器应每周清扫一次。当滤油器前后压差超过0.25 MPa时,应立即进行切换清扫。

(2)工作油泵与备用油泵应每周倒换一次,若无自动控制倒换装置,倒换应在油泵处于停止状态下进行,倒换后应监视新的工作油泵启、停情况。油泵停止时应无反转现象。

(3)定期检测电气部分有关单元输出数据,与厂内试验数据比较,以便判断其工作是否正常或者是否隐含故障,以便及时处理从而防止故障发生。

（4）每月定期检查一次事故停机电磁阀动作情况，防止因长期不用而动作失灵。

（5）对无油电液转换器每2个月应加一次润滑油（即汽轮机油），加油时应注意不要伸入加油孔太深。

四、调速器运行中的故障分析及处理

水轮机调速器虽然在出厂前进行了厂内调试，到电站安装后又进行了电站现场调试，应该说大多都能安全稳定运行，但是由于水轮机调节系统是由调节控制器、液压随动系统和调节对象组成的闭环控制系统，因而还可能发生这样或那样的故障，下面就运行中可能发生的一些主要故障作进一步的分析。

（一）自动空载时机组转速和接力器发生摆动

1. 机组转速和接力器发生周期性摆动

这种故障产生的原因可以分为两类，一类是调节对象的问题，另一类是调速器本身的问题。

1）调节对象的原因

（1）水轮机过水系统的水压产生较大幅值的周期性波动，其中可能有以下三种情况：

①过水系统中设有调压井，而调压井水位周期性波动较大，导致钢管、蜗壳中水压周期性波动。

②对于长尾水隧洞电站，尾水管中压力受下游水位波动影响，电站泄洪时，可能导致下游水位波动较大，从而导致尾水管压力大幅度波动；或者低水头电站，空载、小开度情况下，尾水管涡带导致压力脉动值较大。

③由于多台机组共用一根压力钢管，当邻旁机组进行大幅度调节时，引起本机蜗壳、支管压力周期性波动。而这些压力钢管、蜗壳或尾水管的周期性压力波动，均会导致机组动力矩周期性波动，从而使机组的频率和导叶接力器也发生周期性的摆动。

（2）具有长引水管道的机组，即使钢管、蜗壳中水压波动（脉动）不大，但若其波动频率接近调速器的自振频率，可能发生共振，使振幅越来越大，导致机组频率与导叶接力器发生周期性摆动。

（3）机组的励磁调节系统或同期装置工作不正常，引起调节系统周期性摆动。

对于这三种故障原因，可以采用下述方法进行判断：

（1）将调速器切至机械手动控制，若摆动继续存在，则说明与调速器无关，也不可能是原因（2）。

（2）恢复自动，分别依次切除励磁调节系统、同期装置，以排除电气影响因素。若摆动依然存在，说明摆动是原因（1），即由水轮机过水系统压力周期性波动引起的；如果切除励磁调节系统，摆动消除，则说明可能是励磁调节系统工作不正常；若切除同期装置，摆动消失，则摆动的原因则可能是同期装置。再分别对励磁或同期装置进行检查处理。

如果不是过水系统压力周期性摆动，也不是励磁、同期等电气因素，而调速器切至机械手动控制时，接力器摆动消失，则可能是原因（2）。此时可先调整软反馈时间常数 T_d（或 K_I）值，以改变调速器的自振频率，若这样调整后摆动消除，则说明可能是原因（2），即长引水管道水压波动（或脉动）引起的共振摆动。

2）调速器本身的原因

属于调速器本身的原因可能有如下几个方面：

（1）接力器反应时间常数 T_y 值过大或过小。这种原因通常导致机组自动时频率摆动与手动时没有差别，甚至自动时比手动时还大。同时若接力器摆动频率较高，则多半是 T_y 值过小；若接力器摆动周期较慢，且有过调，则多半是 T_y 值过大。对此可通过改变伺服系统（对微机调或电调）放大系数来解决，即 T_y 值过小，应减小伺服系统放大系数；而 T_y 值过大，则应加大伺服系统放大系数。

（2）PID调节参数整定不合理。这种情况下，一般调速器自动空载时频率摆动值小于手动空载，但没有达到国家标准要求。对此，可重新通过空载扰动试验，以找到比较合理的调节参数整定值（即 b_t、T_d、T_n 或 K_p、K_I、K_D）。

（3）导叶接力器反馈机构或接力器至导水机构有过大的死区。这种情况下，调速器手动时机组频率摆动 $0.2 \sim 0.3$ Hz，自动时机组频率摆动若大于或等于上述值，但调节PID参数无明显效果。对此，应重新调整处理反馈机构或接力器至导水机构，以减小其死区。

（4）测频信号源周期性波动。这种原因导致机组频率和接力器的摆动周期约为机组转动周期的整倍数。尤其是机械液压型调速器，当永磁机安装不正导致其输出电压频率摆动时，势必引起接力器的摆动。对此，应重新测试永磁机输出电压频率波形，对永磁机重新进行调整。

（5）机调的离心摆单位不均衡度 δ_μ 太小。机调的离心摆单位不均衡度 δ_μ 太小，导致调节中微小的转速变化引起转动套很大的位移，从而使接力器产生过调节，而发生周期性的摆动。

对此，应重新测定离心摆特性曲线，经确认后应适当增大离心摆工作弹簧的刚度，以增大 δ_μ 值。

此外，机调中空气渗入缓冲器活塞下部，引导阀转动套与针塞的正搭叠量太小，接力器止漏装置漏油等，也都会导致接力器周期性摆动。

2. 机组转速和接力器发生非周期性摆动

机组转速和接力器发生非周期性摆动，这种情况可能的原因有：

（1）调速器反馈系统存在非线性，或反馈传感器在某区域接触不良。反馈系统存在的非线性，相当于反馈信号强弱随着接力器行程不是线性变化；而反馈传感器在某区域接触不良，可能导致反馈信号时有时无。这些都将导致产生不正常的调节信号，如果这种情况恰好在空载开度范围内，则将引起空载接力器和机组频率非周期摆动。

处理对策是：重新进行整机静态特性测试，检查非线性和反馈传感器工作情况，找出具体原因，加以解决。

（2）调速器伺服系统油路（尤其是主配至接力器油管路）中存在空气。由于伺服系统油路中存在空气，调节中空气受压缩，而调节结束时，受压缩的空气膨胀，导致压力下降，致使接力器活塞两腔压力不平衡，引起接力器摆动。

对此，可在机组停机和主阀关闭的情况下将调速器切为手动控制，然后手动操作使接力器活塞来回移动几次，以排除油路中残存的空气。

(二)机组自动开机后,转速达不到额定值

机组自动开机后,转速达不到额定转速,对不同调速器,可能有不同的原因:

(1)水头监测值不正确或水头人工设定值不准确(高于实际水头值)。

当水头监测值或水头人工设定值高于实际水头值时,将导致自动按水头整定的空载开度比实际的空载开度小,致使机组开机后转速达不到额定值(对微机调)。

对此,主要是要改进水头监测的准确性;对人工设定水头值的情况,应根据实际水头正确整定。

(2)进水口拦污栅严重堵塞。

进水口拦污栅严重堵塞,造成水轮机实际工作水头下降,导致整定的空载开度比实际空载开度小,造成机组开机后转速达不到额定值(对设有按水头自动整定空载开度的微机调和模拟电调)。

对此,在运行中可适当增大空载开度,以保证机组达到额定转速。但要从根本上解决问题,还要及时清污以防止拦污栅堵塞。同时要随时根据实际水头,重新设定空载开度。

(3)离心摆工作弹簧压缩量不够。

对机械液压型调速器(如 YT 型机调),也可能是离心摆工作弹簧压缩量不够,使整定的转速低于额定转速,致使机组开机后,频率尚未达到 50 Hz 时,引导阀转动套与针塞就达到了平衡。

解决的方法是将离心摆调整螺母再顺时针转 1/4 圈,将工作弹簧多压缩一点。如果这样调整后并不恰好,最好返厂重新调试。

(三)机组并网运行发生自动溜负荷

所谓溜负荷,是指在系统频率稳定,也没有操作减负荷的情况下,机组原先所带的负荷全部或部分自行卸掉。这种情况可能的原因有:

(1)电液转换元件卡阻于偏关侧。

当电液转换元件卡阻于偏关侧时,平衡表通常有开的调节信号,而接力器却一直往关的方向运动,导致机组所带的负荷全部卸掉(对电调和微机调)。

对于这种情况,应当先切至机械手动,再检查并排除电液转换元件卡阻现象(如对电液伺服阀解体清洗,组装调试),同时还应切换并清洗滤油器。

(2)综合放大器开启方向功率放大器损坏。

当微机调或电调的综合放大器开启方向功率放大三极管损坏时,将造成调速器不能开,只能关。这种情况遇到干扰或系统频率稍微升高一点时,调速器则自行关小导叶,使机组卸掉部分负荷。但当系统频率稍低一点时,却不能开大导叶,增加负荷。

对此情况,可以人为增减功率给定,检查接力器开度能否增大或减少,就可判别是否综合放大器功率放大三极管损坏。对损坏的功率放大三极管,应在停机或切为机械手动运行时进行更换。

(3)导叶反馈传感器移位。

运行中导叶反馈传感器锁紧定位螺钉松动导致传感器移位,致使传感器输出的反馈值比实际导叶开度大,此时,并网运行机组将自行卸掉部分负荷。

对此,应检查反馈传感器输出电平与导叶接力器实际行程。若二者不一致,且实际接力器行程小,则先将调速器切为机械手动,再调整反馈传感器,使其输出的反馈电平与接力器相一致,再锁紧定位螺钉(最好在停机时进行调整)。

(四)配压阀和接力器移动过程中有跳动或抖动现象

配压阀和接力器移动过程中有跳动或抖动现象,这种情况可能的原因有:

(1)机组频率信号源受干扰。

当微机调或者电调采用残压测频时,如果频率信号线未采用带屏蔽的双绞线接至调速器柜,或频率信号线屏蔽层未可靠一点接地,或者频率信号线与强动力电源线并行,在机组开机过程中或大修后第一次开机时,因残压太低,易受脉冲电磁干扰(如大功率电气设备启/停、直流继电器或电磁铁吸/断),频率信号中叠加一个突变的干扰信号,造成调节器有一个突变的调节信号输出,导致主配压阀和接力器移动过程中的突然跳动。

对此,主要是要保证频率信号不受干扰,此外调节器壳体和调速器机柜要妥善接地;对电磁干扰源线圈加装反向续流二极管及吸收电容。

(2)导叶接力器反应时间常数 T_y 偏小。

当 T_y 值偏小时,相当于主配压阀与导叶接力器构成的积分环节增益偏大,当较强的调节信号输入时,将进一步放大输出信号,出现主配压阀跳动、油管抖动、接力器运动过头的现象。

对此应减小伺服系统放大系数,对电液随动系统型微机调速器或者电气调速器,可适当减小综合放大器倍数;对数液伺服系统的微机调速器,可适当减小微机调速器输出的放大系数。

(3)离心摆单位不均衡度 δ_μ 太小或者引导阀转动套与针塞的正搭叠量太小。

当机调的离心摆单位不均衡度 δ_μ 太小时,则微小的转速变化都将引起转动套的位移,从而产生很大的脉冲和过调节,导致主配压阀跳动,接力器运动跳跃。同样地,当引导阀转动套与针塞的正搭叠量太小时,压力油从针塞阀盘凸缘挤入过程中产生颤动性的压力变化,导致主配压阀振动,使接力器移动过程中有抖动现象。

若离心摆单位不均衡度 δ_μ 太小,应适当增加离心摆工作弹簧的刚度;而若引导阀转动套与针塞的正搭叠量太小,应更换针塞或转动套。

(五)机组并网运行时出现接力器和出力摆动

机组并网运行时出现接力器和出力摆动,大多数情况下主要是机组、过水系统或电力系统的原因。关于过水系统的原因,如本任务"自动空载时机组转速和接力器发生摆动"所分析的一样。此外还可能是因为:

(1)水轮机发生空化,引起接力器和出力的偶然性摆动。

水轮机发生空化,尤其是发生于转轮出口和尾水管的空腔气蚀,造成尾水管中压力脉动增大,引起机组振动、接力器和出力的摆动。

对于空化引起的接力器与出力的摆动,通常可通过尾水管补气来消除和减弱空化,改善运行稳定性。对于严重空化,一般应停机进行补焊修复。

(2)多机并列运行时,若多台机组的永态转差系数 b_p 整定得都较小,而机组的转速死区又相差较大,当电力系统负荷变动(如负荷增加)时,可能引起这些机组间的负荷拉锯。即 b_p 小,转速死区 i_x 小的机组首先抢得更多的负荷,而后其他机组逐渐增加负荷,原来抢得多的机组又逐渐把负荷让出，从而导致机组间的负荷拉锯。

对此，一般不能把多台机组的永态转差系数 b_p 都整定得很小，转速死区大的机组 b_p 值也整定得大点。

（3）电力系统发生频率和负荷的周期性摆动。

当电力系统发生频率和负荷的周期性摆动时，则并网机组频率、出力、接力器也将发生周期性的摆动。如果波动不很强烈，经过一段时间的调节后会趋于稳定。

但若系统发生电磁振荡，导致系统频率和负荷大范围波动。这种情况，运行值守人员可手动适当减少机组出力，使机组恢复同期。如果无法消除振荡，可将本机先解列。

（六）机组甩负荷过程特性不好

这种情况可能的原因有：

（1）甩负荷过程调节时间过长。

①机组甩 100% 额定负荷过程中，导叶接力器关至最小开度后，开启过快，导致机组频率超过 3% 额定频率的波峰数过多，调节时间过长。

这种情况对于微机调速器来说，主要是 PID 调节程序负限幅值偏大，应当使 PID 调节程序的负限幅值再减小一些。这样可以使导叶关闭得更小一点，使开启不至于太快，从而使机组频率超过 3% 额定频率的波峰数减小，达到减少调节时间的目的。

②机组甩 100% 额定负荷过程中，导叶接力器关至最小开度后，开启过于迟缓，使机组频率低于额定值的负波峰过大，调节时间过长。

这种情况对微机调速器来说，主要是 PID 调节程序负限幅值过小（整定得过负），应适当增大负限幅值。

（2）甩负荷过程导叶关闭速度过慢，机组转速升高超过调保计算标准。

对于电调和机调，为了调节系统的稳定，有时需要将暂态转差系数 b_t 整定为较大值，这可能导致机组甩负荷时，由于 b_t 值较大，软反馈过强，使导叶关闭速度过慢，致使机组转速升高值超过调保计算的标准。

对于这种情况，若原来接力器最短关闭时间是按调保计算整定的，那就应重新考虑采用两段关闭来满足压力和转速上升的要求。因此，要重新进行分段关闭计算并调试。对微机调速器，可在软件中对 b_t 值加以适当限制，或者在导叶关闭过程中改变 b_t 值来解决。

（七）运行中微机调速器调节模式自行切换

并网运行中，当机组承担基荷时，微机调速器一般自动选择按功率调节模式运行，如果此时发生自动切换为按开度调节模式或按频率调节模式，则说明可能功率反馈故障，或系统频率变化过大。

1. 功率反馈故障

当机组并网承担基荷运行时，微机调速器一般首选按功率调节模式运行，即调差反馈信号取自机组功率变送器，若功率变送器故障或功率反馈信号断线，则失去功率反馈信号，微机调速器自诊断软件检测到后，就自动将调节模式切换至开度调节。

出现这种故障时，运行巡视人员首先要检查报警信号。确认后，要检查功率变送器及功率反馈信号线，并告知维护人员进一步进行检查处理。

2.系统频率变化过大

当机组并入小电网或单机带负荷运行时,负荷变化导致系统频率变化过大,这时调速器调节模式自动切换为频率调节模式是正确的,不必强行切回功率调节模式或开度调节模式。

不同调速器运行中出现的故障可能还有很多,分析时应着重根据调速器的结构和原理来进行,本书就不一一列举了。

思考与习题

1. 调节对象由哪些组成?

2. 机组惯性时间常数由哪些机组参数组成? 有何工程意义?

3. 熟悉水轮机特性、引水系统特性和发电机负载特性的组成及工程意义。

4. 何为调节系统的稳定性?

5. 调节系统稳定区域由哪些特征参数组成? 各特征参数对调节过程有何影响?

6. 水轮机调速器日常运行维护中主要注意哪些问题?

项目六 水轮机进水阀

任务一 水轮机进水阀的作用及技术要求

一、进水阀的作用

水轮机的进水阀是指安装在水轮机进口处的阀门,多位于压力引水钢管的末端与蜗壳进口之间。进水阀又称为主阀。进水阀的作用如下:

(1)对于岔管引水的电站,可截断水轮机上游的水流,构成检修机组的安全工作条件。当电站由一根压力输水总管同时向几台机组供水时,每台机组前均装设进水阀。当某一机组需要检修时,只需关闭水轮机前的进水阀,而不会影响其他机组的正常运行。

(2)减少停机时的漏水量和缩短重新启动时间。进水阀的密封性能比导叶要优越很多。水轮发电机组在停机时,如果仅仅关闭水轮机的导叶,则通过导叶而引起的漏水是不可避免的,而漏水的流量还随着机组投产时间的延续会逐渐增大,如果导叶发生空蚀则漏水将更为严重。一般情况下,导叶在全关时的漏水量占机组最大流量的 2%~3%,严重时可达 5%。导叶的漏水直接造成水能资源的浪费,而当漏水量过大时,还可能出现停机状态下机组恢复低速转动和停机过程中长时间低速转动而无法完成停机的情况,低速转动将造成机组轴瓦磨损的加剧甚至烧瓦。装设进水阀后,在机组长时间停机时,关闭进水阀可有效减少漏水量,而对于导叶漏水量过大的机组,停机时关闭进水阀,有利于机组停机过程的顺利完成,并使停机后的机组能保持稳定状态。

(3)提高水轮机运行的灵活性和速动性。对于水头高、引水管道长的电站,如果机组未设置进水阀,则在机组停机后,为减少因导叶漏水而造成的水量损失,需关闭引水管进水口闸门,这样将导致整个引水管道被放空。当机组需要重新开启时,必须先对引水管道进行充水,这将延长机组启动时间。设置进水阀后,机组停机时只需关闭进水阀而无须关闭进水口闸门,引水管道始终保持充水状态,使机组能快速启动并带上给定负荷。

(4)作为机组过速的后备保护。当机组甩负荷又恰逢调速器发生故障不能动作时,进水阀可以迅速在动水情况下关闭,切断水流,防止机组过速的时间超过允许值,避免事故扩大。

二、进水阀的设置条件

基于上述作用,设置进水阀是必要的,但因其设备价格高,安装工作量大,同时还需考虑土建费用,并非所有电站都必须设置进水阀。是否设置进水阀应根据实际情况,并做相关的技术经济比较后,在电站的设计中予以确定。对轴流式低水头机组,因过水流道较短,一般采用单管单机布置,在进水口设置快速闸门和在水轮机上装设防飞逸设备后,不再装设进水阀;对灯泡贯流式水轮发电机组,因水头更低,一般由水轮机进水口或尾水管出口的快进闸门来取代进水阀。对中高水头的大中型水轮机和水泵水轮机,进水阀的设置一般应符合下列条件:

(1)对于由一根压力输水总管分岔供给几台水轮机/水泵水轮机用水时,每台水轮机/水泵水轮机都应装设进水阀。

(2)对于管道较短的单元压力输水管,水轮机不宜设置进水阀。对于多泥沙河流水电厂的单元压力输水管或压力管道较长的单元输水管,水轮机装设的进水阀的型式应经过技术经济论证后确定。

(3)对水头大于150 m的单元引水式机组,应在水轮机前设置进水阀,同时在进水口设置快速闸门;而最大水头小于150 m且压力管道较短的单元式机组,如坝后式电站的机组,一般仅在进水口设置快速闸门。

(4)单元输水系统的水泵水轮机宜在每台机组蜗壳前装设进水阀。

(5)对进水口仅设置了事故闸门并采用移动式启闭机操作的单元引水式电站,若无其他可靠的防飞逸措施,一般需设置进水阀,以保证机组的安全及减少导叶在停机状态下的磨蚀。

三、进水阀的技术要求

进水阀是机组和水电站的重要安全保护设备,对其结构和性能有较高的要求:

(1)工作可靠,操作方便。

(2)全开时,水力损失应尽可能的小,以提高机组对水能的利用率。

(3)尽可能使其结构简单,重量轻,外形尺寸小。

(4)止水性能好,应有严密的止水装置,以减少漏水量。

(5)进水阀及其操作机构的结构和强度应满足运行要求,能够承受各种工况下的水压力和振动,而且不能有过大的形变。

(6)当机组发生事故时,能在动水条件下迅速关闭,使机组的过速时间和压力管道的水击压力都不超过允许值。关闭时间一般为1~3 min。如采用油压操作,进水阀可在30~50 s内紧急关闭。仅用作检修的进水阀启闭时间由运行方案决定,一般在静水中动作的时间为2~5 min。

进水阀通常只有全开或全关两种运行工况,不允许部分开启来调节流量,否则将造成过大的水力损失和影响水流稳定,从而引起过大的振动。进水阀也不允许在动水情况下开启,因为这样需要更大的操作力矩。

任务二　水轮机进水阀的型式及组成部分

大中型水轮机的进水阀,常用的有蝴蝶阀、球阀和筒形阀等,中小型水轮机的进水阀也有采用闸阀和转筒阀的。

一、蝴蝶阀

蝴蝶阀,简称蝶阀,是用圆形蝶板作启闭件并随阀轴转动来开启、关闭流体通道的一种阀门。蝴蝶阀主要由圆筒形的阀体和可在其中绕轴转动的活门,以及阀轴、轴承、密封装置及操作机构等组成,如图6-1所示。阀门关闭时,活门的四周与圆筒形阀体接触,切断和封闭水流的通路;阀门开启时,水流绕活门两侧流过。

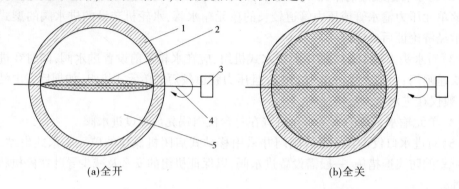

(a)全开　　　　　　　　　　　　　　　　(b)全关

1—阀体;2—活门;3—操作机构;4—阀轴;5—流体通道
图6-1　蝶阀结构示意图

(一)蝶阀的分类

蝶阀按阀轴的布置形式有立式和卧式两种,如图6-2和图6-3所示。

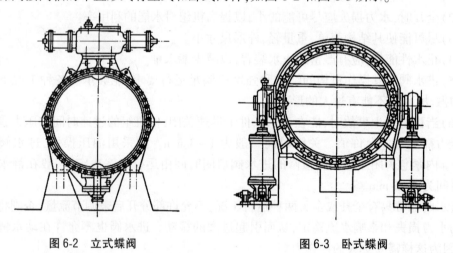

图6-2　立式蝶阀　　　　　　　　　图6-3　卧式蝶阀

立式和卧式蝶阀各有优点,都得到了广泛的应用。

(1)分瓣组合的立式蝶阀,其组合面大多在水平位置上,在电站安装及检修时装拆方便。卧式蝶阀的组合面大多在垂直位置,在电站安装时往往要在安装间装配好后,整体吊到安装位置,因此使蝶阀在电站安装和检修较为复杂。

(2)立式蝶阀结构紧凑,所占厂房面积较小,其操作机构位于阀的顶部,有利于防潮和运行人员的维护检修,但要有一刚度很大的支座把操作机构固定在阀体上,在下端轴承端部需装一个推力轴承,以支持活门重力,结构较为复杂。卧式蝶阀则不需设推力轴承,同时,其操作机构可利用混凝土地基作基础,布置在阀的一侧或两侧,所以结构比较简单。

(3)立式蝶阀的下部轴承容易沉积泥沙,需定期清洗,否则轴承容易磨损,甚至引起阀门下沉,影响其密封性能。卧式蝶阀则无此问题。由于立式蝶阀下部轴承的泥沙沉积问题很难防止且危害很大,因此在一般情况下,特别是在河流泥沙较多的电站,宜优先选用卧式蝶阀。

(4)作用在卧式活门上的水压力的合力在阀轴中心线以下,水压力作用在活门上的力矩为有利于动水关闭的力矩,故当活门离开中间位置时,将受到有利于蝶阀关闭的水力矩。制造厂往往利用这一水力特性,上移阀轴以加大活门在阀轴中心线以下部分所占比例,从而减少操作机构的操作力矩,缩小操作机构的尺寸。

(二)蝶阀的主要部件

1.阀体

阀体是蝶阀的重要部件,由于其本身要承受水压力,支持蝶阀的全部部件,承受操作力和力矩,因此它要有足够的刚度和强度。直径较小、工作水头不高的阀体,可采用铸铁铸造。大中型阀体多采用铸钢或钢板焊接结构,但由于大型蝶阀铸钢件质量不易保证,因此以采用钢板焊接结构为宜。

阀体分瓣与否取决于运输、制造和安装条件。当活门与阀轴为整体结构或不易装拆时,则可采用两瓣组合。直径在4 m以上的阀体,受运输条件限制,也需做成两瓣或四瓣组合。分瓣面布置在与阀轴垂直的平面或偏离一个角度。阀体的宽度要根据阀轴轴承的大小、阀体的刚度和强度、组合面螺钉分布位置等因素综合考虑决定。

阀体下半部的地脚螺钉,承受蝶阀的全部重力和操作活门时传来的力和力矩,但不承受作用在活门上的水推力,此水推力由上游或下游侧的连接钢管传到基础上。因此,在地脚螺钉和孔的配合处,应按水流方向留有30~50 mm的间隙,此间隙是安装和拆卸蝶阀所必需的。

2.活门、阀轴和轴承

活门在全关位置时承受全部水压,在全开位置时处于水流中心,因此它不仅要有足够的刚度和强度,而且要有良好的水力性能。常见的活门形状如图6-4所示。

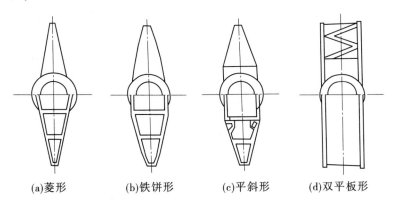

(a)菱形　　(b)铁饼形　　(c)平斜形　　(d)双平板形

图6-4　活门形状

菱形活门与其他形状的活门比较,其水力阻力系数最小,但其强度较弱,适用于工作水头较低的电站;铁饼形活门,其断面外形由圆弧或抛物线构成,其水力阻力系数较菱形和铁饼形大,但强度较好,适用于高水头电站;平斜形活门,其断面中间部分为矩形,两侧为三角形,适用于直径大于 4 m 的分瓣组合蝶阀,其水力阻力系数介于菱形和铁饼形之间;双平板形活门,其封水面与转轴不在同一个平面,活门两侧各有一块圆形平板,密封设在平板的外缘,两平板间有若干沿水流方向的筋板连接,活门全开时两平板之间也能通过水流,其特点是水力阻力系数小,且当活门全关时封水性能好,但由于它不便做成分瓣组合式结构,并受加工、运输等条件的限制,一般用于直径小于 4 m 的蝶阀。

中小型活门为一中空壳体,按照水头高低采用铸铁或铸钢,大型活门则用焊接结构。活门在阀体内绕阀轴转动,其转轴轴线大多与直径重合。卧式蝶阀也有采用不与直径重合的偏心转轴,轴线两侧活门的表面积差为 8%~10%,以利于形成一定的关闭水力距。

阀轴与活门的连接方式常见的有三种:当直径较小、水头较低时,阀轴可以贯穿整个活门;当水头较高时,阀轴可以分别用螺钉固定在活门上;当活门直径大于 4 m,且采用分瓣组合时,如阀轴与活门也是分件组合的,可将活门分成两件,如阀轴与活门中段做成一件,则活门由三件组成。把阀轴与活门做成整体或装配的结构,在制造上各有特点,制造厂应根据设计的具体情况选定。

阀轴由装在阀体上的轴承支持。卧式蝶阀有左、右两个轴承,立式蝶阀除上、下两个轴承外,在阀轴下端还设有支撑活门重力的推力轴承。阀轴轴承的轴瓦一般采用锡青铜制造,轴瓦压装在钢套上,钢套用螺钉固定在阀体上,以便检修铜瓦。

3. 密封装置

活门关闭后有两处易出现漏水,一处是阀体和阀轴连接处的活门端部;另一处是活门外圆的圆周。这些部位都应装设密封装置。

(1)端部密封。端部密封的形式很多,效果较好的有涨圈式和橡胶围带式两种。涨圈式端部密封适用于直径较小的蝶阀,橡胶围带式端部密封适用于直径较大的蝶阀。

(2)周圈密封。周圈密封也有两种主要形式。一种是当活门关闭后依靠密封体本身膨胀,封住间隙。使用这种结构的密封时活门全开至全关转角为 90°,常用的密封体为橡胶围带,此种密封结构如图 6-5 所示。

橡胶围带装在阀体或活门上,当活门关闭后,围带内充入压缩空气而膨胀,封住周圈间隙。如欲开启活门,应先排气,待围带缩回后方可进行。围带内的压缩空气压力应大于最高水头(不包括水锤压力升压值)0.4~0.6 MPa,在不受气压或水压状态下,围带与活门(或阀体)的间隙为 0.5~1.0 mm。

另一种是依靠关闭的操作力将活门压紧在阀体上,这时活门由全开至全关的转角为 80°~85°,适用于小型蝶阀,密封环采用青铜板或硬橡胶板制成,阀体和活门上的密封接触处加不锈钢衬板,如图 6-6 所示。

4. 锁锭装置

由于蝶阀活门在稍偏离全开位置时即作用有自关闭的水力矩,因此在全开位置必须有可靠的锁锭装置。同时,为了防止因漏油或液压系统事故以及水的冲击作用而引起误开或误关,一般在全开和全关位置都应投入锁锭装置。

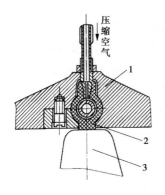

1—阀体；2—橡胶围带；3—活门

图 6-5　围带式周圈密封

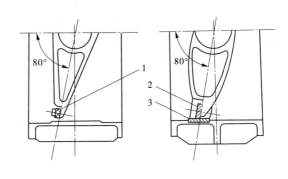

1—橡胶密封环；2—青铜密封环；3—不锈钢衬板

图 6-6　压紧式周圈密封

5. 附属部件

1）旁通管与旁通阀

蝶阀可以在动水下关闭，但在开启时为了减小开启力矩、消除动水开启的振动，一般要求活门两侧的压力相等（平压）后才能开启。为此在阀体上装设旁通管，其上装有旁通阀，如图 6-7 所示。开启蝶阀前，先开启旁通阀对蝶阀后充水，然后在静水中开启蝶阀。旁通管的断面面积，一般取蝶阀过流面积的 1%～2%，但经过旁通管的流量必须大于导叶的漏水量，否则无法实现平压。旁通阀一般用油压操作，有的也用电动操作。

2）空气阀

在蝶阀下游侧的钢管顶部设置空气阀，作用是在蝶阀关闭时，向蝶阀后补给空气，防止钢管因产生内部真空而遭到破坏；也可在开启蝶阀前向阀后充水时排出蝶阀后的空气。图 6-8 为空气阀原理示意图。该阀有一个空心浮筒悬挂在导向活塞之下，浮筒浮在蜗壳或管道中的水面上，空气阀的通气孔与大气相通。当水未充满钢管时，空气阀的空心浮筒在自重作用下开启，使蜗壳内的空气在充入水体的排挤下，经空气阀排出；当管道和蜗壳充满水后，浮筒上浮至极限位置，蜗壳和管道与大气隔断，防止水流外溢。当进水阀和旁通阀关闭后进行蜗壳排水时，随着钢管内的水位下降，空气阀的空心浮筒在自重作用下开启，自由空气经空气阀向蜗壳进气。

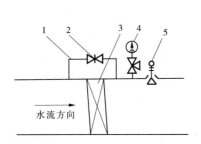

1—旁通管；2—旁通阀；3—进水阀；
4—压力信号器；5—空气阀

图 6-7　进水阀的附属部件

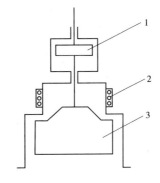

1—导向活塞；2—通气孔；3—浮筒

图 6-8　空气阀原理示意图

3)伸缩节

伸缩节安装在蝶阀的上游侧或下游侧,使蝶阀能沿管道水平方向移动一定距离,以利于蝶阀的安装检修及适应钢管的轴向温度变形。伸缩节与蝶阀用法兰螺栓连接,伸缩缝中装有3~4层油麻盘根或橡胶盘根,用压环压紧,以阻止伸缩缝漏水,如图6-9所示。如数台机组共用一根输水总管,且支管外露部分不太长,伸缩节最好装设在蝶阀的下游侧,这样既容易检修伸缩节止水盘根,又不影响其他机组的正常运行。

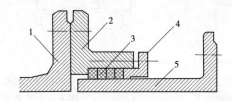

1—阀体;2—伸缩节座;3—盘根;4—压环;5—伸缩管

图 6-9　伸缩节

蝶阀一般适用水头在 250 m 以下、管道直径 1~6 m 的水电站,更高水头时应和球阀作选型比较。目前,世界上已制成的蝶阀最大直径达 8.23 m,最高工作水头达 300 m。

在大中口径、中低压力的使用场合,蝶阀是主要选择的阀门形式之一。蝶阀的优点是比其他型式的阀门结构简单,外形尺寸小,质量轻,造价低,操作方便,驱动力矩小,能在动水下快速关闭。蝶阀的缺点是其活门对水流流态有一定的影响,引起水力损失和空蚀。这在高水头电站尤为明显,因为水头增高时,活门厚度和水流流速也增加。此外,蝶阀密封不如其他型式的阀门严密,有少量漏水,围带在阀门启闭过程中容易擦伤而使漏水量增加。

二、球阀

球阀主要由两个半球组成的可拆卸的球形阀体和转动的圆筒形活门组成,此外还有阀轴、轴承、密封装置及阀的操作机构等。图 6-10 为球阀的结构示意图,球阀通常采用卧式结构。

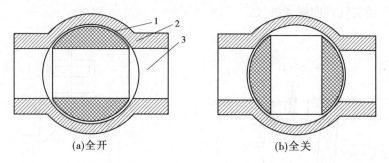

(a)全开　　　　　　　　　　(b)全关

1—阀体;2—活门;3—流体通道

图 6-10　球阀结构示意图

球阀主要用于截断或导通流体,也可用于流体的调节与控制。与其他类型的阀门相比,球阀中流体阻力很小,几乎可以忽略。球阀开关迅速、方便,只要阀轴转动 90°,球阀就可完成全开或全关动作,很容易实现快速启闭,而且密封性能好。

高水头水电站在水轮机前需要设置关闭严密的进水阀。蝶阀用在水头 200 m 以上时,不仅结构笨重,漏水量大,而且水力损失大,所以已不适宜。球阀一般用于管道直径 2~3 m 以下、水头高于 200 m 的机组,国内使用的球阀最高水头已超过 1 000 m,最大直径 4~6 m。目前世界上已制成的球阀最大直径达 4.96 m。

球阀根据其所需操作功的不同,可选择手动操作、电动操作或液压操作方式。操作机构依操作方式的不同而异。手动操作球阀采用手柄或齿轮传动装置,电动或液压操作球阀由电动装置或液压装置驱动,使圆筒形活门旋转 90°开启或关闭阀门。

(一)阀体与活门

阀体通常由两件组成。组合面的位置有两种:一种是偏心分瓣,组合面放在靠近下游侧,阀体的地脚螺栓都布置在靠上游侧的大半个阀体上,其优点是分瓣面螺栓受力均匀。采用这种结构,阀轴和活门必须是装配式的,否则活门无法装入阀体。另一种是对称分布,将分瓣面放在阀轴中心线上,如图 6-11(a)所示。这时阀轴和活门可以采用整体结构,质量可以减轻,制造时可采用铸钢整体铸造或分瓣铸造后焊在一起。

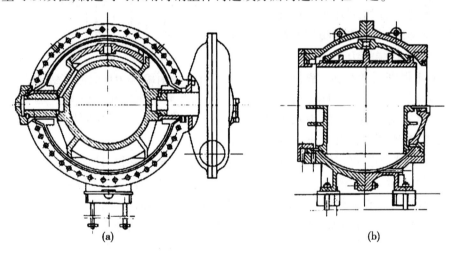

图 6-11 球阀

球阀的活门为圆筒形。球阀处于开启位置时,圆筒形活门的过水断面就与引水钢管直通,所以阀门对水流不产生阻力,也就不会发生振动,这对提高水轮机的工作效率特别有益,如图 6-11(b)所示上半部分。关闭时,活门旋转 90°截断水流,如图 6-11(b)所示下半部分。在活门上设有一块可移动的球面圆板止漏盖,在由其间隙进入的压力水作用下,推动止漏盖封住出口侧的孔口,随着阀后水压力的降低,形成严密的水封。为了防止止漏面锈蚀,止漏盖与阀体的接触面铺焊不锈钢。由于承受水压力的工作面为球面,改善了受力条件,这不仅使球阀能承受较大的水压力,还能节省材料,减轻阀门自重。阀门开启前,应打开卸压阀,排除球面圆板止漏盖内腔的压力水,同时开启旁通阀,使球阀后充水,止漏盖则在弹簧和阀后水压力的作用下脱离与阀体的接触,这样用不大的开启力矩就可使球阀开启。

(二) 密封装置

球阀的密封装置有单侧密封和双侧密封两种结构。单侧密封,是在圆筒形活门的下游侧设有由密封盖和密封环组成的密封装置,也称为球阀的工作密封,如图 6-12 中右侧所示。双侧密封,是在活门上游侧再设一道密封,以便于对阀门的工作密封进行检修。设置在活门上游侧的密封,也称为球阀的检修密封,如图 6-12 中左侧所示。

早期的球阀都采用单侧密封,这样在一些重要的高水头水电站通常需设置两个球阀:一个是工作球阀,另一个是检修球阀。现在多采用双侧密封的球阀,以便于检修。

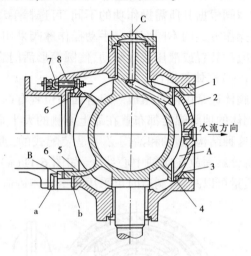

(1)工作密封。工作密封位于球阀下游侧,主要由密封环、密封盖等组成,其动作程序如下:球阀开启前,在用旁通阀向下游充水的同时,将卸压阀打开使密封盖内腔 A 处的压力水由 C 孔排出,由于旁通阀的开启使球阀下游侧水压力逐渐升高,在弹簧力和阀后水压力作用下,逐渐将密封盖压入,密封口脱开,此时即可开启活门。相反,当活门关闭后,此时 C 孔已关闭,压力水由活门和密封盖护圈之间的间隙流入密封

1、6—密封环;2—密封盖;3、5—密封面;
4—护圈;7—螺母;8—螺杆

图 6-12　球阀的密封结构

盖的内腔 A,随着下游水压的下降,密封盖逐渐突出,直至将密封口压严。

(2)检修密封。检修密封有用机械操作的,也有用水压操作的,图 6-12 左侧为机械操作的密封,利用分布在密封环一周的螺杆和螺母调整密封环,压紧密封面。这种结构零件多,操作不方便,而且容易因为螺杆作用力不均,造成偏卡和动作不灵,现已被水压操作代替。水压操作的密封结构如图 6-12 中左下侧所示,它由设在阀体上的环形压水腔 B、压水管 b 和 a、密封环和设在活门上的密封面构成。当需打开密封时,管 b 接通压力水,管 a 接通排水,则密封环向左后退,密封口张开;反之,管 b 接通排水,管 a 接通压力水,则密封环向右前伸出,密封口贴合。

球阀的优点是:承受的水压高,关闭严密,漏水极少;密封装置不易磨损,活门全开时,几乎没有水力损失;启闭时所需操作力矩小,而且由于球阀活门的刚性比蝶阀活门的刚性好,所以在动水关闭时的振动比蝶阀小,这对动水紧急关闭有利。缺点是其体积大、结构复杂、造价高。为了节省投资,球阀可采用较高的流速,以缩小球阀的尺寸。

三、筒形阀

筒形阀作为水轮机的进水阀,可广泛应用于水头在 60~400 m 的水电站,尤其是水头在 150~300 m 的单元引水式水电站。筒形阀由法国的 Neyrpid 公司于 1947 年提出,并于 1962 年在 Monteynard 水电站首次应用,之后经过不断改进与完善而逐步得到认可。筒形

阀在国内于 1993 年在漫湾水电站成功投运,正越来越多地受到水电行业的重视。筒形阀从结构、布置方式和作用等方面来说,均与常规意义上的进水阀有一定的差异。

(一)筒形阀的结构

筒形阀的主体部分可分为筒体、操动机构和同步控制机构三大部分,筒形阀的布置如图 6-13 所示。筒体是一薄而短的大直径圆筒。筒形阀在关闭位置时,筒体位于水轮机固定导叶与活动导叶之间,由顶盖、筒体和底环所构成的密封面起到截流止水的作用。在全开位置时,筒体退回座环与顶盖之间形成的腔体内,筒体底部与顶盖下端齐平,筒体不会干扰水流的正常流动。操动机构用于控制筒体上下运动,以启闭筒形阀。为保证筒体受力均匀,筒形阀一般需设置多套操动机构,而受顶盖上方空间位置的制约,通常对称布置 4 套操动机构,当筒体直径过大时,操动机构的数量

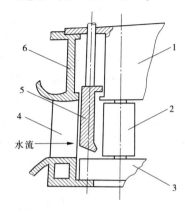

1—顶盖;2—活动导叶;3—底环;
4—固定导叶;5—筒体;6—座环

图 6-13 筒形阀的布置

可适当增加。各操动机构的动作需由同步控制机构进行协调,以实现所有操动机构动作一致,从而保证筒形阀的平稳启闭,并避免在动水关闭时受水流冲击引起筒体晃动。

筒形阀的操作力矩、零部件的结构强度和刚度必须满足动水关闭的要求。动水关闭中阀门的行程达 90% 左右时,筒体的下端面开始脱流,而筒体的上端面仍承受动水压力,上下端面的压力差即为作用于阀门操动机构上的下拉力,该力可达阀门重力的 10 倍左右。试验表明,筒形阀筒体的下端面存在一定的倾斜角时,下拉力的值可有效降低。下拉力随倾斜角的增大而减小,但倾斜角越大,则筒体下端面与顶盖、座环之间过流面的平滑性越差,对水流的影响也就越大。实际应用中对倾斜角一般在 2°~6° 内进行选择,如漫湾水电站筒形阀筒体的下端面倾斜角为 4°。

筒体与顶盖、筒体与底环间都设有密封,以减少阀门的漏水量。筒体与顶盖之间的密封称为筒形阀的上密封,筒体与底环之间的密封称为筒形阀的下密封。筒形阀的密封如图 6-14 所示。上密封由水轮机顶盖底部外缘处的环形橡胶板和压板组成,下密封由设在水轮机底环外缘的环形橡胶条和压板组成。当阀门关闭后,筒形阀上、下缘与密封橡胶压紧,实现止水。实践证明这种密封不但止水性能好,而且使用寿命也较长。

(二)筒形阀的作用

筒形阀研发的最初目的在于减小主厂房的宽度。中、高水头的混流式水轮机,需要设置进水阀,以减少导叶的漏水量和空蚀。无论是装设蝶阀还是球阀,都将导致水电站厂房宽度的增加。筒形阀安装在固定导叶与活动导叶之间,而加装筒形阀后的厂房宽度与不装任何形式的进水阀时的厂房宽度几乎一样。机组停机时通过关闭筒形阀来减少导叶的漏水量和空蚀。筒形阀还可以替代蝶阀和球阀,用于机组正常停机时的截流止水和事故停机时的过速保护,在一定情况下也可替代进口快速闸门。对多泥沙河流电站中承担调峰调频任务的机组,采用筒形阀操作机组的启停可有效降低导叶的磨损与空蚀。筒形阀受其结构特点和安装位置的制约,目前还无法作为机组的检修阀门使用。

(三)筒形阀的优点

与蝶阀和球阀等进水阀相比,筒形阀具有以下优点:

(1)装置简单,布置方便。一些水电站受厂房宽度的限制,布置大直径的蝶阀或球阀非常困难。筒形阀结构简单,筒体安装于固定导叶与活动导叶之间,不占用压力引水管道,不需要安装伸缩节、连接管、旁通阀和空气阀等复杂的附属设备,所需安装空间较小,可有效减小电站主厂房的宽度,对于地下电站则可大大减少土建工程的开挖量。机组配置筒形阀时,需要对水轮机座环和顶盖等部件进行改造,导致水轮机外形尺寸有所增大,但增加十分有限,可以忽略。大尺寸筒形阀的筒体可分瓣制造、运输和现场组装。

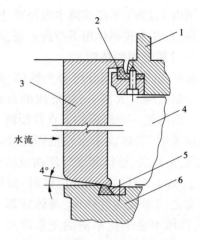

1—顶盖;2—上密封;3—筒体;
4—活动导叶;5—下密封;6—底环
图 6-14 筒形阀的密封

(2)造价较低。筒形阀自身成本较低,价格便宜,能降低电站建设的总投资。筒形阀的成本仅为蝶阀成本的 $1/3 \sim 1/2$,约为球阀成本的 $1/4$。

(3)水力损失小。机组正常运行时,筒形阀的筒体退回座环与顶盖之间的腔体内,筒体底部与顶盖下端齐平,对水流几乎不产生任何阻碍。筒形阀动水关闭时,对水流的扰动程度也没有蝶阀和球阀严重,而且水流沿机组轴心对称分布,水轮机的固定和转动部件所承受的动载荷和不平衡载荷都较小,机组关闭时产生的振动也较小。

(4)可有效减轻导叶的空蚀和泥沙磨损。对于高水头、多泥沙河流上的水电站,活动导叶关闭时漏水量较大、水射流速度高,极易造成导叶的空蚀与泥沙磨损。筒形阀具有启闭时间短、投入快和关闭严密的特点。当机组承担调峰调频任务需频繁启停时,可通过操作筒形阀的启闭来实现,从而减少泥沙对导叶的磨损和空蚀作用。

(5)操作灵活、方便。筒形阀的投入比快速闸门的投入迅速,也比蝶阀、球阀的操作简单。筒形阀可以直接开启,不需要充水平压,因而启闭迅速,一般筒形阀启闭时间均不超过 60 s。对于承担峰荷的机组,采用筒形阀可实现机组的快速启动和并网。当机组事故停机时,筒形阀的快速关闭可对水轮发电机组进行有效的保护。

(四)筒形阀的缺点

(1)筒形阀总体结构较复杂,有些零部件的加工精度要求高、难度大。筒形阀的安装难度大,水轮机的安装时间相应较长。

(2)筒形阀目前只能用作事故防飞逸和截流止水,不能作为检修闸门和防管道爆裂事故阀门使用。从筒形阀的结构可以看出,筒形阀是依靠顶盖、筒体和底环形成的密封面进行止水的,筒形阀关闭时顶盖处于承压状态,不能用作检修阀门,因此筒形阀只适用于单元引水的电站,而由一根输水总管同时向几台水轮机输水的岔管引水的电站则不宜采用。另外,筒形阀安装于活动导叶前,与蝶阀和球阀一样无法用来对压力引水管道进行保护,因此对于高水头、长引水管道的电站,仍需设置快速闸门,以防引水管道的爆裂。

（3）筒形阀的筒体靠近活动导叶,当有较长异物(如钢筋、长形木条等)卡住活动导叶时,筒体下落关闭亦容易被卡住,使之不能完全关闭,从而不能很好地保护机组。

（4）国内目前尚无筒形阀的设计、制造、安装等方面的标准规范,水电站应用的经验较少。

四、闸阀

对输水管直径相对较小而工作水头又较高的小型水电站,通常采用闸阀作为检修闸门和事故闸门。

闸阀是指启闭件(闸板)的运动方向与流体方向相垂直的阀门。闸阀全开时,闸板上移至阀盖的空腔中,整个流道直通,此时流体的压力损失几乎为0。闸阀关闭时,闸板下移阻断流道,同时闸板上的密封面依靠闸板两侧流体的压力差实现密封。闸板处于部分开启时,流体的压力损失较大并会引起闸门振动,可能损伤闸板和阀体的密封面,因此闸阀不适于作为调节或节流使用,一般只有全开和全关两种工作位置,且不需要经常启闭。

（一）闸阀的结构

闸阀由阀体、阀盖、阀杆、闸板和操作机构等部件组成,如图6-15所示。闸板是闸阀的启闭件,闸阀的开启与关闭是通过操作与闸板相连的阀杆来实现的。闸阀操作一般为手动和电动,也有采用液压操作的。手动和电动操作的闸阀,阀杆上通常设有螺纹,而在阀盖或闸板上设有螺母,两者的配合可将操作机构的旋转运动变为闸板的直线运动,从而

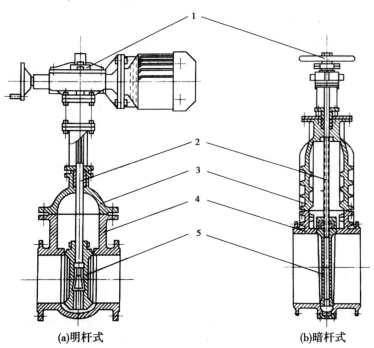

(a)明杆式   (b)暗杆式

1—操作机构;2—阀杆;3—阀盖;4—阀体;5—闸板

图6-15 闸阀的结构

使闸板实现升降。根据螺母所处位置的不同,闸阀分为明杆式和暗杆式两种。为了减少闸板移动时的摩擦,在较大闸阀的闸板上设有滚轮。为了降低闸门开启时闸板两侧的压力差,可增设旁通阀以便开启前充水平压。

明杆式闸阀的螺母设在阀盖外,阀杆与闸板之间为固定连接,闸阀启闭时,操作机构驱动螺母旋转,使阀杆上下移动,并带动与之相连的闸板上下移动,如图 6-15(a)所示。暗杆式闸阀的螺母固定在闸板上,闸阀启闭时,操作机构驱动阀杆旋转,使螺母上下移动,并带动与之相连的闸板上下移动,如图 6-15(b)所示。明杆式闸阀的机械啮合面在阀盖外,工作条件不受流体影响,但阀门全开时,阀杆上移使其工作所需空间高度较大。暗杆式闸阀在启闭过程中阀杆不上下移动,其工作所需的空间高度固定。

(二)闸阀的优点

(1)闸阀结构简单,制造工艺成熟,运行维护方便。

(2)闸阀阀体内部的流道是直通的,水流阻力损失较小。

(3)闸阀结构长度较短,有利于设备布置。

(4)闸阀全开时,闸板提升至过水流道之外,闸板密封面受冲蚀较小;全关时,闸板两侧的水压差有利于减小闸门漏水。

(三)闸阀的缺点

(1)闸阀启闭时闸板密封面与阀体之间的摩擦,易造成密封件的损伤,且维修比较困难,因此多用于不经常进行启闭操作的场合。

(2)闸阀的外形尺寸高、质量大,安装及运行所需空间高度较大。

(3)闸阀启闭时所需操作力大,启闭时间较长。

(4)闸阀动水关闭时振动大,密封面容易磨损和脱落。

(5)阀杆外的止水盘根需经常处理,以减少漏水。闸板下部的门槽被泥沙淤积后阀门关闭不严。

五、转筒阀

转筒阀又称为转动阀,是专为密封性要求较高的流道截流而设计的。转筒阀的活门为圆筒形结构,圆筒的内圆与过水流道平齐,其他结构则类似于球阀,如图 6-16 所示。转筒阀因其结构复杂、外形尺寸和质量大等原因,使用场合和产品研发均受到严重制约。

六、快速闸门

快速闸门具有水轮机进水阀的主要特征,也可起到进水阀的作用,因此可将其作为进水阀的特例予以考虑。

坝后式电站及引水式电站一般均设置事故闸

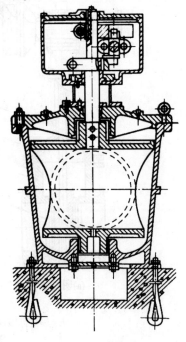

图 6-16　转筒阀

门,用于导水机构失灵需要机组紧急停机或压力钢管承压过高要求闸门紧急关闭时的事故保护,以防止机组飞逸或压力管道事故的扩大。快速闸门因其结构简单、制造方便、造价低、操作方便、运行可靠和水力损失较小等优点,通常作为事故闸门型式的首选。

　　水电站的快速闸门一般布置在压力引水管道的进水口或调压室,通常采用直升式平面闸门。快速闸门一般由闸板、闸室和启闭设备等部分组成。闸室中设有凹槽型轨道,用于约束闸板的上下移动,并在闸门关闭时与闸板之间形成可靠的止水密封。启闭设备为闸板的启闭提供操作动力。

　　快速闸门的启闭设备主要有两种型式:卷扬式启闭机和液压式启闭机。图 6-17 为采用卷扬式启闭机的快速闸门。卷扬式启闭机多用于中小型电站,目前大多数电站的快速闸门采用的是液压启闭机。为保证闸门操作的可靠性,快速闸门的启闭设备通常设有就地操作和远方操作两

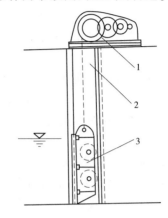

1—卷扬式启闭机;2—闸室;3—闸板
图 6-17　采用卷扬式启闭机的快速闸门

套系统,同时还配置有可靠的电源和准确的闸门开度指示控制器。为保证闸门能快速关闭,机组正常运行时,快速闸门的闸板一般悬挂在进水口闸孔之上,以备事故时快速关闭。当快速闸门位于进水口之上时,需采取相应措施以保证机组正常运行时闸板不因下降而遮堵进水口。

任务三　水轮机进水阀的操作方式及操作系统

一、进水阀的操作方式

　　进水阀的操作系统,按操作动力的不同,一般有手动操作、电动操作、液压操作三种方式。大直径的进水阀及事故用阀门,为保证其关闭速度,均采用液压通过接力器来操作;低水头、小直径以及用作检修的阀门,可采用电动操作,同时设手动操作机构,以保证操作的可靠性;不要求远方操作的小型阀门,因所需操作力矩小,为节省投资也可采用手动操作。

　　采用手动和电动操作的阀门,所需操作力矩小,一般通过简单的机械变换甚至无须变换,即可实现对阀门的启闭操作,其操作机构的构成比较简单。下面仅对液压操作方式进行介绍。

　　液压操作通常又分为油压操作和水压操作两种。当电站水头大于 $120\sim150$ m 时,进水阀的液压操作系统可引用压力钢管中高压水进行操作,以简化能源设备;当水头较低时,通常采用油压操作,以减小接力器的尺寸。采用水压操作时,为了防止配压阀和活塞受到严重磨损和阻塞,所引入的压力水必须是清洁的,同时操作机构中与压力水接触的部分需采用耐磨和防锈材料;采用油压操作时,为提高进水阀操作的可靠性,油压操作的压

力油源除工作油源外,还需设置备用油源。压力油源可由专用的油压装置、油泵或调速器的油压装置取得。若采用调速系统的油压装置作为进水阀的压力油源,还需采取措施防止水分混入压力油中而影响压力油的油质。具体采用哪种操作方式,应根据电站特点慎重选择。

进水阀的液压操作机构主要有导管式接力器、摇摆式接力器、刮板式接力器和环形接力器等。

图 6-18 为装在立轴阀门上的导管式接力器。该接力器布置在一个盆状的控制箱上,而控制箱固定在阀体上。根据操作力矩的大小,导管式接力器的液压操作机构,可以采用单个接力器或一对对称接力器。操作容量较大时,接力器的固定部分一般布置在建筑物的基础上。

图 6-19 为装在卧轴阀门上的摇摆式接力器。接力器下部用铰链和地基连接,工作时随着转臂摆动,这样就不需要导管进行导向,因此在同样的操作力矩下,接力器活塞直径比导管式的要小。摇摆式接力器的输油管必须适应缸体的摆动,常用高压软管接头或铰链式刚性管接头与油压装置进行连接。从制造和运行来看,摇摆式接力器有很多优点,对大中型横轴蝶阀或球阀都很适用。

图 6-20 为刮板式接力器。接力器缸固定在阀体上,缸内用隔板分成三个油腔,活塞体装在阀轴上,其上装有 3 个刮板。压力油驱动刮板,使活塞体相对于接力器缸体转动,以操作活门。刮板式接力器结构紧凑,外形尺寸小,质量轻,在缸体上布置比较方便。刮板式接力器工作时,上部轴颈上没有附加的径向力,但零件较多,加工精度要求高,特别是刮板和缸体之间的密封结构尤为重要,这样给制造带来不少困难,所以没有得到广泛的应用。

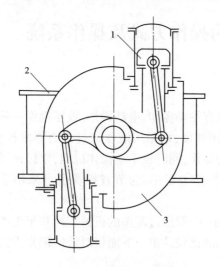

1—接力器;2—阀体;3—控制箱体

图 6-18　导管式接力器

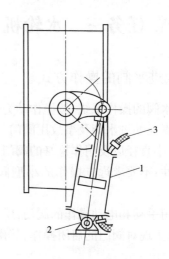

1—接力器;2—铰链;3—软管接头

图 6-19　摇摆式接力器

图 6-21 为蝶阀或球阀上采用的环形接力器。接力器缸体固定在阀体上,接力器的活塞和转臂做成(或装配成)一体。这种接力器在加工环形油缸时,需要特殊的工艺设备。它的零件数量虽少,但加工精度高,工艺复杂,外形尺寸较大,操作时缸体和活塞变形量

大,漏油量也大。

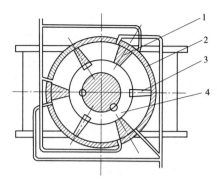

1—隔板;2—缸体;3—刮板;4—活塞体

图 6-20　刮板式接力器

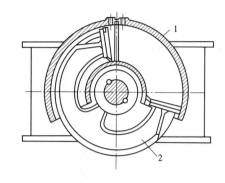

1—缸体;2—活塞(兼转臂)

图 6-21　环形接力器

二、进水阀的操作系统

各水电站所采用的进水阀的形式、结构、功能、操作机构、自动化元件和启闭程序各不相同,因此进水阀的操作系统也不尽相同。

正常运行时进水阀必须满足以下三个基本条件后才能开启:

(1)进水阀上、下游两侧的水压基本相等。

(2)密封装置退出工作位置。

(3)锁锭退出。

进水阀在正常运行时如需关闭,也应满足如下两个基本条件:

(1)水轮机导叶完全关闭。

(2)锁锭退出。

以上所述为进水阀在静水中开启和关闭的情况。

在发生事故时,进水阀可进行动水紧急关闭,即进水阀在接到事故关闭信号后,则只需将锁锭退出后,就可在水轮机导叶没有完全关闭的情况下进行关闭。当进水阀运转到达全开或全关位置后,则锁锭必须重新投入。

以下介绍两种典型的进水阀操作系统。

(一)蝶阀的操作系统

如图 6-22 所示为水电站采用较多的蝶阀机械液压操作系统,其各元件位置相应于蝶阀全关状态。

(1)开启蝶阀。当发出开启蝶阀的信号后,电磁配压阀 1DP 动作,活塞向上移动,使与油阀 YF 相连的管路与回油接通,油阀 YF 上腔回油,使油阀 YF 开启,压力油通至四通滑阀 STHF。同时,由于电磁配压阀 1DP 活塞向上移动,压力油进入液动配压阀 YP,将其活塞压至下部位置,从而使压力油进入旁通阀 PTF 活塞的下腔,而旁通阀 PTF 活塞的上腔接通回油,该活塞上移,旁通阀 PTF 开启。与此同时,锁锭 SD 的活塞右腔接通压力油,左腔接通排油,于是将蝶阀的锁锭 SD 拔出。压力油经锁锭 SD 通至电磁配压阀 2DP,待蜗壳水压上升至压力信号器 5YX 的整定值时,电磁空气阀 DKF 动作,活塞被吸上,空气

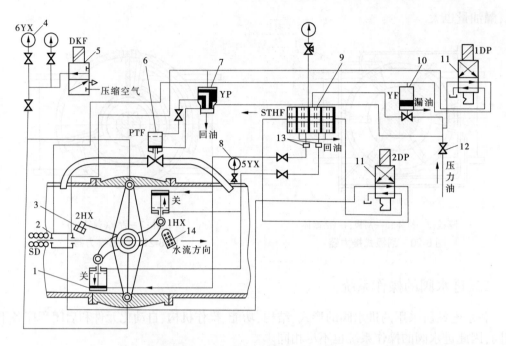

1—接力器；2、3、14—行程开关；4、8—压力信号器；5—电磁空气阀；6—旁通阀；
7—液动配压阀；9—四通滑阀；10—油阀；11—电磁配压阀；12—供油总阀；13—节流阀

图 6-22　蝶阀机械液压操作系统

围带排气。排气完毕后，反映空气围带气压的压力信号器 6YX 动作，使电磁配压阀 2DP 动作，活塞被吸上，压力油进入四通滑阀 STHF 的右端，并使四通滑阀 STHF 的左端接通回油，四通滑阀 STHF 活塞向左移动，从而切换油路方向，压力油经四通滑阀 STHF 到达蝶阀接力器开启侧，将蝶阀开启。当开至全开位置时，行程开关 1HX 动作，将蝶阀开启继电器释放，电磁配压阀 1DP 复归，旁通阀 PTF 关闭，锁锭 SD 落下，同时关闭油阀 YF，切断总油源。开启蝶阀的操作流程如图 6-23 所示。

（2）关闭蝶阀。当机组自动化系统发出关闭蝶阀的信号后，电磁配压阀 1DP 励磁而产生吸上动作，油阀 YF 开启，旁通阀 PTF 开启，锁锭 SD 拔出，随即电磁配压阀 2DP 复归而脱扣，压力油进入四通滑阀 STHF 的左端，推动活塞向右移动切换油路方向，压力油进入蝶阀接力器关闭侧，将蝶阀关闭。当蝶阀关至全关位置后，行程开关 2HX 动作，将蝶阀关闭继电器释放。电磁空气阀 DKF 复归，围带充入压缩空气。同时电磁配压阀 1DP 复归，关闭旁通阀 PTF，投入锁锭 SD，并关闭油阀 YF，切断总油源。关闭蝶阀的操作流程如图 6-24 所示。

蝶阀的开启和关闭速度，可通过节流阀进行调整。

（二）球阀的操作系统

图 6-25 所示为球阀机械液压操作系统，其各元件位置相应于球阀全关状态。该球阀可以在现场手动操作，在现场或机旁盘自动操作，以及在中控室和机组联动操作。

（1）开启球阀。发出球阀开启命令后，电磁配压阀 1DP 动作，活塞上移，压力油进入卸压阀 XYF 的左腔，卸压阀 XYF 右腔排油，卸压阀 XYF 开启，止漏盖内腔开始降压。同

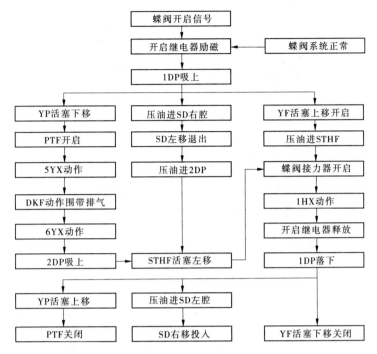

图 6-23　开启蝶阀的操作流程

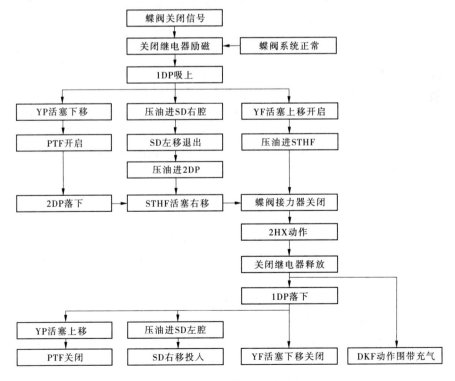

图 6-24　关闭蝶阀的操作流程

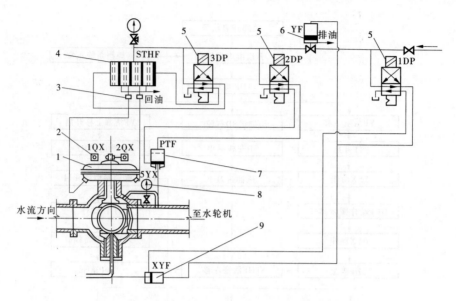

1—环形接力器;2—行程开关;3—节流阀;4—四通滑阀;
5—电磁配压阀;6—油阀;7—旁通阀;8—压力信号器;9—卸压阀

图 6-25　球阀机械液压操作系统

时,总油阀 YF 的上腔经 1DP 与排油管接通,总油阀 YF 在下腔油压的作用下上升而打开,向球阀操作系统供压力油。电磁配压阀 2DP 动作,压力油进入旁通阀 PTF 的下腔,其上腔经 2DP 排油,使旁通阀 PTF 打开,向蜗壳充水。蜗壳充满水后止漏盖外压力大于内压力,止漏盖自动缩回,与阀体上的止水环脱离。当球阀前后压力平衡后,压力信号器动作使电磁配压阀 3DP 动作,压力油进入四通滑阀 STHF 的右侧,同时使四通滑阀 STHF 的左侧经 3DP 与排油管相连,四通滑阀 STHF 活塞左移,压力油通过四通滑阀 STHF 进入接力器开启腔,而接力器的关闭腔则通过四通滑阀 STHF 排油,球阀开启。待球阀全开后,行程开关 1QX 动作,使电磁配压阀 1DP 及 2DP 复归,卸压阀 XYF 与旁通阀 PTF 关闭,同时压力油经 1DP 至总油阀 YF 上腔,关闭总油阀 YF,球阀操作的油源被切断。

(2)关闭球阀。当发出球阀关闭命令后,电磁配压阀 1DP 动作,卸压阀 XYF 打开,总油阀 YF 开启,操作油源接通。复归电磁配压阀 3DP,压力油经 3DP 进入四通滑阀 STHF 活塞的左腔,使四通滑阀 STHF 活塞右移。压力油经四通滑阀 STHF 进入接力器关闭腔,同时使开启腔经四通滑阀 STHF 排油,球阀关闭。待球阀全关后,行程开关 2QX 动作,使电磁配压阀 1DP 复归,卸压阀 XYF 及总油阀 YF 关闭。压力水经止漏盖与活门缝隙进入止漏盖内腔,这时如果蜗壳压力有所下降,止漏盖自动压出与阀体上的止水环紧贴,严密止水。若蜗壳中水压未降低,为使止漏盖压出止水,可将蜗壳排水阀或水轮机导叶略微打开,使止漏盖内外造成压差而压出。

球阀的开启和关闭时间,也可通过节流阀来调整。

思考与习题

1. 主阀的作用与设置条件是什么？在什么条件下主阀要动水关闭？

2. 蝴蝶阀的组成及其各部分的作用是什么？

3. 水轮机进水阀的附属部件有哪些？其作用各是什么？

4. 蝴蝶阀的装置形式及其特点是什么？其活门形式与特点是什么？其轴承密封的类型与特点是什么？

5. 主阀为什么不能用来调节流量？在什么情况下才能开启主阀？

6. 球阀的工作密封和检修密封是怎样正常工作的？

7. 主阀的操作方式有哪几种？

8. 为使球阀关闭后密封，如何进行启闭操作？

9. 闸阀、球阀和蝴蝶阀的特点与适用场合各是什么？

10. 水电站常用阀门的种类与特点是什么？

11. 以蝴蝶阀操作系统图为例，说明蝴蝶阀开启时的动作过程。

项目七　油系统

任务一　水电站用油种类及其作用

一、用油种类

水电站的机电设备在运行中,由于设备的特性、要求和工作条件不同,需要使用各种性能的油品,大致有润滑油和绝缘油两大类。前者包括润滑油(H)和润滑脂(Z)两类。

(一)润滑油的分类

(1)透平油:一般有 HU-22、HU-30、HU-46 和 HU-57 四种,符号后的数值表示油在 50 ℃时的运动黏度(mm^2/s),供机组轴承润滑及液压操作(包括调速系统、进水阀、调压阀、液压操作阀等)用。

(2)机械油:一般有 HJ-10、HJ-20、HJ-30 三种,供电动机、水泵轴承和起重机等润滑用。

(3)压缩机油:有 HS-13 和 HS-19 两种,供空气压缩机润滑用。

(4)润滑脂(黄油):供滚动轴承润滑用。

(二)绝缘油的分类

(1)变压器油:一般有 DB-10、DB-25 两种,符号后的数值表示油的凝固点(℃,负值),供变压器及电流、电压互感器用。

(2)开关油:一般有 DU-45,符号后的数值表示油的凝固点(℃,负值),供油开关用。

(3)电缆油:有 DL-38、DL-66、DL-110 三种,符号后的数值表示以 kV 计的电压,供电缆用。

其中用量最大的为透平油(又称汽轮机油)和变压器油(又称绝缘油)。大型水电站用油量达数百吨乃至数千吨,中小型水电站也有数十吨到百余吨。为了保证如此大量的油经常处于良好状态,以完成其各项任务,需要有油供应维护设备组成的油系统。

二、油的作用

(一)透平油的作用

透平油在设备中的作用主要是润滑、散热和液压操作。

润滑作用:在轴承间或滑动部分间造成油膜,以润滑油内部摩擦代替固体干摩擦,从而减少设备的发热和磨损,延长设备寿命,保证设备的功能和安全。

散热作用:设备转动部件因摩擦所消耗的功转变为热量,使它们的温度升高,这对设备和润滑油本身的寿命、功能有很大的影响,因此必须设法散出其热量。根据油的润滑理论,润滑油在对流作用下将热量传出,再经过油冷却器将其热量传导给冷却水,从而使油和设备的温度不致升高到超过规定值,保证设备的安全运行。

液压操作:在水电站中有许多设备,如调速系统进水阀、调压阀以及管路上的液压阀等,都必须用高压油来操作,透平油可以作为传递能量的工作介质。

(二)绝缘油的作用

绝缘油在设备中的作用是绝缘、散热和消弧。

绝缘作用:由于绝缘油的绝缘强度比空气大得多,用油作绝缘介质可以大大提高电气设备的运行可靠性,缩小设备尺寸,同时绝缘油还对棉纱纤维的绝缘材料起一定保护作用,提高它的绝缘性能,使之不受空气和水分的侵蚀,而不致很快变质。

散热作用:变压器运行时因线圈通过强大电流而产生大量的热,此热量若不及时散发,温升过高将损害线圈绝缘,甚至烧毁变压器。绝缘油吸收了这些热量,在油流温差作用下利用油的对流作用,再通过油冷却器将热量传给水流而往外散发,保证变压器功能和安全。

消弧作用:当油开关切断电力负荷时,在触头之间发生电弧,电弧的温度很高,如果不设法很快将热量传出,使之冷却,弧道分子的离子化运动就会迅速扩展,电弧也就会不断地发生,这样就可能烧坏设备。此外,电弧的继续存在,还可能使电力系统发生振荡,引起过电压,击穿设备。绝缘油在受到电弧作用时,发生分解,产生约含70%的氢,氢是一种活泼的消弧气体,它一方面在油被分解过程中从弧道带走大量的热,同时也直接钻进弧柱地带,将弧道冷却,限制弧道分子的离子化,而且使离子结合成不导电的分子,使电弧熄灭。

为了正确地选择与使用油,首先需要了解油的操作条件,油的性质,以及在设备中工作时可能发生的变化;油劣化后对设备运行的影响;劣化的原因,防止劣化的措施和劣化后的处理。

任务二　油的基本性质和分析化验

一、油的基本性质及其对运行的影响

油的性质分为物理、化学、电气性质和安定性。物理性质包括黏度、闪点、凝固点、透明度、水分、机械杂质和灰分含量等;化学性质包括酸值、水溶性酸或碱、苛性钠抽出物;电气性质包括绝缘强度、介质损失角;安定性包括抗氧化性和抗乳化性。

(一)黏度

当液体质点受外力作用而相对移动时,在液体分子间产生的阻力称为黏度,即液体的内摩擦力。油的黏度表示油分子运动时阻止剪切和压力的能力。油的黏度分为动力黏度、运动黏度和相对黏度。动力黏度和运动黏度也称为绝对黏度。

动力黏度:液体中有面积各为 1 cm²、相距 1 cm 的两层液体,当其以 1 cm/s 的速度作相对移动时液体分子间产生的阻力,即为此液体的动力黏度,以 μ 表示,单位为 Pa·s 或 mPa·s。1 Pa·s = 1 000 mPa·s。在 CGS 制中,动力黏度以泊(P)或厘泊(cP)表示。1 P = 0.1 Pa·s,1 cP = 0.1 mPa·s。

在温度为 20 ℃ 时,水的动力黏度 $\mu_0 = 0.001$ Pa · s。

运动黏度:在相同的试验温度下,液体的动力黏度与它的密度比,称为运动黏度,以 v 表示,$v = \mu/\rho$,单位为 m^2/s 或 mm^2/s。在 CGS 制中以沲(St)或厘沲(cSt)表示。1 cSt = 1 mm^2/s。

相对黏度(或称比黏度):任一液体的动力黏度 μ 与 20 ℃ 水的动力黏度 μ_0 的比($\eta = \mu/\mu_0$),称为该液体的相对黏度。η 是无因次的。

工业上常用恩格拉尔(Engler)黏度计来测定,故也称恩氏黏度,以 $°E$ 表示。即温度 t ℃ 时 200 mL 的油从恩氏黏度计中流出的时间(T_t),与同体积的蒸馏水在 20 ℃ 时从同一黏度计流出的时间(T_{20})之比($°E = T_t/T_{20}$),就是试油在 t ℃ 时的恩氏黏度。时间 T_{20} 称为恩氏黏度计的"水值",以标准仪器校验应不小于 50 s 和不大于 52 s。

将恩氏黏度($°E$)换算为运动黏度时,可按乌别洛德近似公式计算:

$$v = 0.073\ 1°E - °E/0.063\ 1 \quad (mm^2/s)$$

油的黏度并不是一个常数值,它是随着温度变化而变化的,所以表示黏度数值时,总是说在什么温度下的黏度。图 7-1 表示油的黏度与温度的关系。

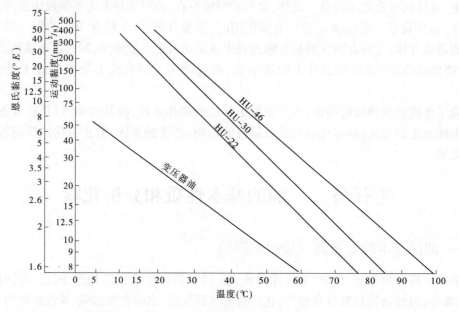

图 7-1　油的黏度与温度的关系

在实际工作中油品的黏度,并不是一般在实验室里所测得的黏度,而是随工作温度和压力变化的一种暂时黏度。

油品的黏度和黏度性质主要取决于它的组成。组成油品的三族烃——烷烃、环烷烃和芳香烃中,在碳原子数相同时,芳香烃的黏度最高,而烷烃的黏度最低,但不论哪族烃,其黏度都随着分子量和沸点的增加而逐渐增大。所以,组成不同的油品,其黏度随压力的变化大小各有不同。但一般油品的黏度,都是随着该油当时的温度上升或所受的压力下降而降低;反之,随着温度下降或压力上升而增高。

油的黏度是油的重要特性之一。对变压器中的绝缘油,黏度宜尽可能小一些,因为变

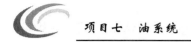

压器的绕组靠油的对流作用进行散热,黏度小则流动性大,冷却效果愈好。开关内的油也有同样的要求,否则在切断电路时,电弧所形成的高温不易散出,并减低消弧能力而损坏开关。但是油的黏度降低到一定限度时,闪点亦随之降低,因此绝缘油需要适中的黏度,规定在 50 ℃时,黏度不大于 $1.8°E$。

对透平油,当黏度大时,易附着金属表面不易挤压出,有利于保持液体摩擦状态,但产生较大阻力,增加磨损,散热能力降低;当黏度小时,则性质相反。一般在压力大和转速低的设备中使用黏度较大的油,反之,用黏度较小的油。规定在 50 ℃时新透平油黏度:轻质的不大于 $3.2°E$,中质的不大于 $4.3°E$。透平油和绝缘油的黏度,一般在正常运行中,随着使用时间的延长而增加。

(二)闪点

油品都是极易着火的物质,因此研究它们与着火、燃烧和爆炸有关的性质——闪点,与油品的生产、贮运和使用有着很重要的意义。

闪点是保证油品在规定的温度范围内贮运和使用上的安全指标,也就是用以控制其中轻馏分含量不许超过某规定的限度,同时这一指标也可以控制它的贮运和使用中的蒸发损失,并且保证在某一温度(闪点)之下,不致发生火灾和爆炸。对于变压器还可预报内部故障。

闪点是在一定条件之下加热油品时,油的蒸气和空气所形成的混合气,在接触火源时即呈现蓝色火焰并瞬间自行熄灭(闪光现象)时的最低温度,如果继续提高油品的温度,则可继续闪光且生成的火焰越来越大,熄灭前所经历的时间也越来越长。并不是任何油气与空气混合气都能闪光,其必要条件是混合气中烃或油气的浓度在一定的范围内,低于这一范围,油气不足,高于这一范围则空气不足,均不能闪光,因此这一浓度范围称为闪光范围。据研究,混合气中油品蒸气的分压达到 $40 \sim 50$ mmHg 时,不会闪光,因此油品的闪光与其沸点或蒸气分压有密切关系,沸点越低,闪点也越低。

对于运行中的绝缘油和透平油,在正常情况下,一般闪点是升高的,但是若有局部过热或电弧作用等潜伏故障存在,油品因高温而分解致使油的闪点显著降低。

油品的闪点,不仅取决于化学组成,如含石蜡烃较多的油品,闪点较高,而且与物理条件有关,如测定的方法,仪器、温度和压力等。油气和空气形成混合气的条件——蒸发速度和蒸发空间,对闪点的测定也有影响。因此,闪点是在特殊的仪器内在一定的条件下测定的,是条件性的数值,所以没有标明测定方法的闪点是毫无意义的。新透平油的闪点用开口式仪器测定,不小于 180 ℃,新绝缘油用闭口式仪器测定,不小于 135 ℃,在测定闪点时,无论是开口或闭口仪器,若油面愈高,蒸发空间愈小,愈容易达到闪点浓度,所以闪点也越低。

(三)凝固点

各种油都可能在低温下使用,例如在冬季或在北方,水轮机启动时或油开关的温度基本上与环境温度相同,因此油品在低温时的流动性就成为评价油品使用性能的重要指标,同时对于油品装卸或输送,也有很大的意义,如果油品失去流动性,对于变压器和开关的工作都是不利的。

油品在低温时,失去流动性或凝固的含义有两种情况:一是对于含蜡很少或不含蜡的油品而言,当温度降低时,其黏度很快上升,待黏度增加到一定程度时,变成无定形的玻璃状物质而失去流动性,此种情况称为黏温凝固。油品刚刚失去流动性时的温度称为凝固点。另一种情况是由于含蜡的影响。当含蜡油受冷,温度逐渐下降,油品中所含的蜡到达它的熔点时,就逐渐结晶出来,起初是少量的极微小的结晶,使原来透明的油品中出现了云雾状的混浊现象。若进一步使油品降温,溶质与溶剂的相互作用,则结晶大量生成,靠分子引力连接成网,形成结晶骨架,由于机械的阻碍作用和溶剂化作用,结晶骨架便把当时尚处于液态的油包在其中,使整个油品失去流动性,此种情况称为构造凝固。此时温度也称为凝固点。

油的凝固点还受到油品中水分和苯等高结晶点的烃类影响,如油品中含有千分之几的水时即可造成凝固点上升。油中若含有胶质、沥青质则能降低凝固点,因为胶质妨碍石蜡结晶的长大,并破坏石蜡结晶的构造,使其不能形成网状骨架,而使凝固点有所降低。

油品作为一种有机化合物的复杂混合物,没有固定的凝固点。它是在一定的仪器中,在一定的试验条件下,油品失去流动性时的温度。所谓丧失流动性,也完全是条件性的,即当油品冷却到某一温度时,将贮油的试管倾斜45°角,经过 1 min 的时间,肉眼看不出试管内液面有所移动,此时油品就被看作凝固了,相当于产生这种现象的最高温度就称为该油品的凝固点。

一般润滑油在凝固点前5~7 ℃时黏度已显著增大,因此一般润滑油的使用温度必须比凝固点高5~7 ℃,否则启动时必然产生干摩擦现象。一般规定,轻质新透平油不大于-15 ℃,中质透平油不大于-10 ℃,绝缘油为-45~-35 ℃。室外开关油,在长江以南可采用凝固点为-10 ℃的 10 号开关油,而东北地区则需要用凝固点为-45 ℃的 45 号开关油。25 号绝缘油用于变压器内时,可不受地区气温限制,能在全国各地使用。

(四)透明度

作透明度测定在于判断新油及运行中的油的清洁和被污染的程度。如油中含有水分和机械杂质等,油的透明度要受影响。若胶质和沥青含量越高,油的颜色也愈深,要求油呈橙黄色透明。

(五)水分

油品中水分的来源:一是外界侵入,二是由于油氧化而生成的。水在油中存在的状态:游离水,当油劣化不严重时,外界侵入的水和油不发生什么变化,能很快分开,即油和水是两相的,这种水很容易除去,危害性不大;溶解水,即水溶于油中,水和油是均匀的单一相,这种水能急剧地降低油的耐压,采用高度真空下的雾化方能除去;结合水是油初期老化的象征,由于油氧化而生成;乳化状态的水以极其细小的颗粒分布于油中,这种水很难从油中除掉,其危害很大。

油中含有水分会助长有机酸的腐蚀能力,加速油的劣化,使油的耐压降低,当油中含水量在 0.003% 以下时对油的绝缘水平影响不大,在 0.005% 以上时才会影响绝缘水平,超过 0.01%~0.02% 时,油的绝缘强度则降低到最小值(0.1 kV),使油的介质损失角增大,水分也会加速绝缘纤维的老化。

油中水分的测定方法分定性和定量两种,而且都是条件性的。定性测定是,将试油注入干燥的试管中,当加热到 150 ℃左右时可以听到响声,而且油中产生泡沫,摇动试管变得混浊,此时即认为试油含有水分,否则认为不含水。定量法测定则是利用低沸点的无水溶剂携带水分的蒸馏方法测定油中的水分含量,结果用百分数表示。规定不论新油或运行油都不允许有水分存在。

(六)油中的机械杂质

油中的机械杂质指在油中以悬浮状态而存在的各种固体,如灰尘、金属屑、纤维物、泥沙和结晶性盐类等。测定方法是将 100 g 油用汽油稀释,再用已干燥的和已称量过的过滤纸过滤,滤纸上的残留物用汽油洗净,然后将滤纸烘干称量,得到的机械杂质质量,以占油质量的百分数表示之。机械杂质有的是在地下油层中固有的,有的是开采时带上来的,有的是加工精制过程中遗留下来的,也有的是在运输、保存和运行中混入的。如果机械杂质超过规定值,润滑油在摩擦表面的流动便会遭受阻碍,破坏油膜,使润滑系统的油管或滤网堵塞和使摩擦部件过热,加大零件的磨损率等。此外,还促使油劣化,降低油的抗乳化性能。

(七)油中的灰分

油中矿物性杂质,如溶解在油中的各种盐类、环烷酸的钙盐和钠盐,当试油在坩锅内灼烧时,剩下的不能燃烧的无机矿物质的氧化物,即油的灰分。用残余物质量占试油质量的百分比来表示灰分的含量。透平油含有过多灰分时,油膜不均匀,润滑作用不好。作灰分测定可以判断新油的炼制质量,对运行中的油可以判断是否受了无机盐等影响,以及油劣化的程度、机械杂质的含量等。

(八)酸值

油中游离的有机酸含量称为油的酸值(酸价)。酸值是用以中和 1 g 油中所含的酸性组分,以氢氧化钾的毫克数来表示。酸值是保证贮运容器和使用设备不受腐蚀的指标之一。

新油中酸性组分是油品在精制过程中由于操作不善或精制不够,而残留在油中的酸性物质如无机酸、环烷酸等,使用中的油品则是由于氧化而产生的酸性物质,如脂肪酸、羟基酸和酚类等。因此,油品在使用过程中一般酸值是逐渐升高的,习惯上常用酸值来衡量或表示油的氧化程度。

在有水存在的情况下,能生成金属的氢氧化物,而后者则易与高分子有机酸作用生成相应的盐类,从下面的化学反应式可以看出:

$$Fe+H_2O+\frac{1}{2}O_2 \rightarrow Fe(OH)_2$$

$$Fe(OH)_2+2RCOOH \rightarrow (RCOO)_2Fe+2H_2O$$

生成有机酸铁又是油品氧化的催化剂,更进一步加速油品的氧化。还有一种低分子酸,如甲酸、乙酸、丙酸等。这些低分子酸的酸性比大分子酸性强。这些化合物是油品深度氧化的产物,因为能与金属直接作用而腐蚀金属,特别是对铝、铜及其合金腐蚀就更严重。由于这些低分子酸本身的特性及其对油品使用性能的影响,所以通常把它们单独提出来叫作强酸或者水溶性酸,亦应及时采取措施予以消除。

酸还会腐蚀纤维,酸和有色金属接触形成一种皂化物,它在润滑油系统中妨碍油在管道中正常流动,并降低油的润滑性能。一般规定:新透平油和新绝缘油的酸值都不能超过 0.05 KOH mg/g;运行中的绝缘油不超过 0.1 KOH mg/g;运行中的透平油不超过 0.2 KOH mg/g。

(九)水溶性酸或碱

油在精制过程中若处理不当,可能有剩余的无机酸或碱存在,它们的存在与否,是根据水抽出液的酸性或碱性反应来确定。酸碱的存在使接触部件的金属表面和油管剧烈腐蚀,酸作用于铁和铁的合金,碱作用于有色金属,并且会加快油的劣化。水或乙醇水溶液的抽出对于酚酞不变色时,认为试油不含水溶性碱;抽出液对于甲基橙不变色时,认为试油不含水溶性酸。按规定无论新油或运行中的油都要求是中性油,无酸碱反应。

(十)苛性钠(氢氧化钠)抽出物酸化测定

苛性钠(氢氧化钠)抽出物酸化测定是测定透平油和变压器油的精制程度。将试油与同体积的氢氧化钠的溶液混合摇动,而将分离出的碱性抽出液进行酸化,观察其混浊程度。

在碱抽出液中,加入 3~5 滴浓盐酸,至恰呈酸性。如酸化的抽出液在 1 min 内保持完全透明,在反射光线中观察时,允许呈现轻微的乳白色,则试油为一级。在反射光线中,用视线垂直试管的轴心线,并在酸化后的最初 1 min 内,通过液层观察紧贴在试管后壁的两种字母。如果能读出 6 号字母,则试油为二级;如果只能读出 5 号字母,则试油为三级;如果不能读出 5 号字母,则试油为四级。

(十一)绝缘强度

绝缘强度是评定绝缘油电气性能的主要指标之一,在绝缘油容器内放一对电极,并施加电压。当电压升到一定数值时,电流突然增大而发生火花,便是绝缘油的击穿。这个开始击穿的电压称为击穿电压。绝缘强度是以在标准电极下的击穿电压表示,即以平均击穿电压(kV)或绝缘强度(kV/cm)表示。质量好的油的击穿电压要比质量差的油击穿电压大得多,也就是说,由击穿电压的大小可大致判断绝缘油的电气性能的好坏。

击穿电压的大小取决于很多因素,电极的形状和大小,电极之间的距离,油中的水分、纤维、酸和其他杂质、压力、温度、所施加电压的特征等。在提及击穿电压时,一定注明其电极形式和极间距离。

绝缘油的电气绝缘强度是保证设备安全运行的重要条件,运行中很多因素皆会降低其绝缘强度,严重时会发生电气设备击穿现象,造成重大事故。故对新油、运行油、再生油皆要作击穿电压试验,并合乎一定的要求。

(十二)油的介质损失角正切 $\tan\delta$

根据高电压技术的试验研究,任何一种绝缘介质,在施加交流电压时,可画出如图 7-2 所示的等值电路和矢量图。图中,I_c 是电容电流,超前电压 90°;I_{rc} 是电阻电容电流,相位超前电压,但滞后电容电流;I_R 是电阻电流,与电压同相位。

当绝缘油受到交流电作用时,就要消耗某些电能而转变为热能,单位时间内这种消耗的电能称为介质损失。造成介质损失的原因有两个,一是因为绝缘油中包含有极性分子和非极性分子。极性分子是由于本身内部电荷的不平衡,或由于电场作用而引起的,它是偶极体,在交流电场中,不断变化电场的方向使极性分子在电场中不断运动,因而产生热量,造成电能的损失。这种原因消耗的电流称为吸收电流 I_{rc}。二是电流穿过介质,即泄漏电流,也造成电流损失,称为传导电流 I_R。如无上述原因造成介质损失,则加于绝缘油的电压和通过绝缘油的电流的相角将准确地等于 90°;但由于绝缘油有介质损失,电流和电压的相角总小于 90°。90°和实际相角之差称为介质损失角,以 δ 表示。介质损失角的

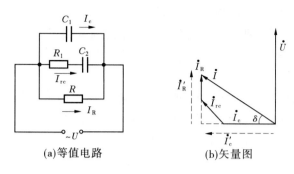

(a)等值电路　　　　(b)矢量图

图 7-2　介质损失等值电路和矢量图

大小,是绝缘油电气性能中的一个重要指标。通常以 $\tan\delta$ 表示,而不用 δ 表示。$\tan\delta$ 的物理意义,由图 7-2(b)可看出 $\tan\delta = \dfrac{I'_R}{I'_c}$,式中 I'_R 是通过绝缘油电流 I 的有功分量,变为热能损耗掉了;I'_c 是通过绝缘油电流的无功分量,无损耗,用于建立电场。绝缘油的介质损失角正切是通过绝缘油电流的有功分量与其无功分量之比。绝缘油之所以能绝缘,是因为虽然上述无功分量不大,但是有功分量相对无功分量来说就更小,小到可忽略不计。所以,优质绝缘油 $\tan\delta$ 是很小的。$\tan\delta$ 越大电能损失也就是介质损失越大。$\tan\delta$ 对判断变压器油的绝缘性质是一个很灵敏的数值,它可以很灵敏地显示出油的污染程度。油质的轻微变化在化学分析试验尚无从辨别时,$\tan\delta$ 试验却能明显地发生变化。这种试验作为油的检查和预防性试验,效果是显著的。它比油的其他指标能较早地发出信号。当然这决不是说明 $\tan\delta$ 可以代替油的其他性质指标。

(十三)抗氧化性

使用中的油在较高温度下,抵抗和氧发生化学反应的性能称为抗氧化性。由于油氧化后,沉淀物增加,酸价提高,使油质劣化,并引起腐蚀和润滑性能变坏,不能保证安全运行,因此要求抗氧化性能高。按规定,变压器油氧化后沉淀物不大于 0.05%,氧化后酸值不大于 0.2 mg KOH/g。为了减缓运行中油的氧化速度、延长使用期,常在油中添加抗氧化剂,常用的有芳香胺、2,6-二叔丁基对甲酚(简称 T501)等。

(十四)抗乳化性

在一定条件下,试油与水蒸气形成乳浊液达到完全分层所需的时间,称为抗乳化性,以分钟表示。透平油的耐用期要求不少于 2 年,一般希望能连续使用 4~8 年或更长。但水轮机使用的透平油都难免与水直接接触,故易形成乳化液。一旦油被乳化,其润滑性能降低,摩擦增大。为了保证设备润滑良好与正常运行,必须要求油品在循环系统中的油箱里,乳化液能很快地自动破坏,使油水完全分离,定期将水排除,以利循环使用,所以要求透平油具有良好的抗乳化能力,一般要求分离时间不超过 8 min。由于黏度小的油抗乳化性好,因而在允许的范围内,采用黏度小的透平油,而且黏度小的油抗氧化性也好,有利于酸值的控制。

油与水形成乳化液的能力,决定于油中是否存在能降低油品表面张力的物质,如易溶于水的酚环烷酸、有机酸及溶于油的胶质、沥青等,统称为表面活性物质,一旦乳化液形成,这些表面活性物质聚积在油和水之间的界面上,包围着水滴,形成牢固的包着每个水滴的薄膜,阻碍着各个水滴的融合,从而使油水分离性能变坏。此外,水和固体颗粒愈破碎,愈容易形成稳定的乳化液。影响表面张力变化的因素很多,其中最重要的是温度、液体本身的性质及与接触相的性质,若接触相也是液体则称为界面张力,通常液体的表面张力指在空气中的情况。

绝缘油在使用上要求安全可靠,连续工作时间长,所以都希望有很高的耐压能力和良好的安定性。透平油在使用上的特点都要求具有良好的抗氧化安定性和抗乳化度。

二、油的质量标准和分析化验

(一)透平油和绝缘油的质量标准

从上述可见油质对运行设备影响甚大,因而对油的性能有严格要求。不论是新油还是运行油都要符合国家标准。常用透平油和绝缘油的质量标准见表7-1,运行中的透平油质量标准见表7-2,运行中的变压器油质量标准见表7-3。

表 7-1　常用透平油和绝缘油质量标准

L-TSA 和 L-TSE 透平油技术要求(摘自《涡轮机油》GB 11120—2011)							
项目	质量指标						试验方法
黏度等级(GB/T 3141)	A 级			B 级			
	32	46	68	32	46	68	100	
外观	透明			透明				目测
色度/号	报告			报告				GB/T 6540
运动黏度(40 ℃)/(mm²/s)	28.8~35.2	41.4~50.6	61.2~74.8	28.8~35.2	41.4~50.6	61.2~74.8	90.0~110.0	GB/T 265
黏度指数　　　不小于	90			85				GB/T 1995[a]
倾点[b]/℃　　　不高于	−6			−6				GB/T 3535
密度(20 ℃)/(kg/m³)	报告			报告				GB/T 1884 GB/T 1885[c]
闪点(开口)/℃　　不低于	186		195	186		195		GB/T 3536
酸值(以 KOH 计)/(mg/g)　　　　　　　不大于	0.2			0.2				GB/T 4945[d]
水分(质量分数)/%　不大于	0.02			0.02				GB/T 11133[e]
泡沫性(泡沫倾向/泡沫稳定性)[f]/(mL/mL)　　　　　　　　　不大于 程序Ⅰ(24 ℃) 程序Ⅱ(93.5 ℃) 程序Ⅲ(后 24 ℃)	450/0 50/0 450/0			450/0 100/0 450/0				GB/T 12579

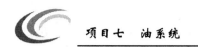

续表 7-1

项目	质量指标							试验方法
黏度等级（GB/T 3141）	A 级			B 级				
	32	46	68	32	46	68	100	
空气释放值（50 ℃）/min　不大于	5	6		5	6	8	—	SH/T 0308
铜片腐蚀（100 ℃,3 h）/级　不大于	1			1				GB/T 5096
液相锈蚀（24 h）	无锈			无锈				GB/T 11143（B 法）
抗乳化性（乳化液达到 3 mL 的时间）/min　不大于								GB/T 7305
54 ℃	15		30	15		30	—	
82 ℃	—		—	—		—	30	
旋转氧弹[g]/min	报告			报告				SH/T 0193
氧化安定性								
1 000 h 后总酸值（以 KOH 计）/（mg/g）　不大于	0.3	0.3	0.3	报告	报告	报告	—	GB/T 12581
总酸值达 2.0（以 KOH 计）/（mg/g）的时间/h　不小于	3 500	3 000	2 000	2 000	2 000	1 500	1 000	GB/T 12581
1 000 h 后油泥/mg　不大于	200	200	报告	报告	报告	报告	—	SH/T 0565
承载能力[h]　齿轮机试验/失效级　不小于	8	9	10	—				GB/T 19936.1
过滤性								SH/T 0805
干法/%　不小于	85			报告				
湿法	通过			报告				
清洁度[i]/级　不大于	-/18/15			报告				GB/T 14039

注:L-TSA 类分 A 级和 B 级,B 级不适用于 L-TSE 类。

　[a] 测定方法也包括 GB/T 2541,结果有争议时,以 GB/T 1995 为仲裁方法。

　[b] 可与供应商协商较低的温度。

　[c] 测定方法也包括 SH/T 0604。

　[d] 测定方法也包括 GB/T 7304 和 SH/T 0163,结果有争议时,以 GB/T 4945 为仲裁方法。

　[e] 测定方法也包括 GB/T 7600 和 SH/T 0207,结果有争议时,以 GB/T 11133 为仲裁方法。

　[f] 对于程序Ⅰ和程序Ⅲ,泡沫稳定性在 300 s 时的记录,对于程序Ⅱ,在 60 s 时的记录。

　[g] 该数值对使用中油品监控是有用的。低于 250 min 属不正常。

　[h] 仅适用于 TSE。测定方法也包括 SH/T 0306,结果有争议时,以 GB/T 19936.1 为仲裁方法。

　[i] 按 GB/T 18854 校正自动粒子计数器。（推荐采用 DL/T 432 方法计算和测量粒子）

表 7-2　运行中的透平油质量标准(摘自 GB/T 7596—2017)

序号	项目		设备规范	质量指标	检验方法
1	外状			透明	DL/T 429.1
2	运动黏度 (40 ℃)/(m²/s)	32①		28.8~35.2	GB/T 265
		46①		41.4~50.6	
3	闪点(开口杯)/(℃)			≥180,且比前次 测定值不低于 10 ℃	GB/T 267 GB/T 3536
4	机械杂质		200 MW 以下	无	GB/T 511
5	洁净度②(NAS1638),级		200 MW 及以上	≤8	DL/T 432
6	酸值 mgKOH/g	未加防锈剂		≤0.2	GB/T 264
		加防锈剂		≤0.3	
7	液相锈蚀			无锈	GB/T 11143
8	破乳化度(54 ℃)/(min)			≤30	GB/T 7605
9	水分/(mg/L)			≤100	GB/T 7600 或 GB/T 7601
10	起泡沫试验/mL	24 ℃		500/10	GB/T 12579
		93.5 ℃		50/10	
		后 24 ℃		500/10	
11	空气释放值(50 ℃)/(min)			≤10	SH/T 0308

注:①32、46 为汽轮机油的黏度等级。
　　②对于润滑系统和调运系统共用一个油箱,也用矿物汽轮机油的设备,此时油中洁净度指标应参考设备制造厂
　　提出的控制指标执行。

表 7-3　运行中的变压器油质量标准(摘自 GB/T 7595—2017)

序号	项目	设备电压等级	质量指标		检验方法
			投入运行 前的油	运行油	
1	外状		透明、无杂质或悬浮物		外观目视加标准号
2	水溶性酸(pH 值)		>5.4	≥4.2	GB/T 7598
3	酸值(mgKOH/g)		≤0.03	≤0.1	GB/T 264
4	闪点(闭口)(℃)		≥135		GB/T 261

续表 7-3

序号	项目	设备电压等级	质量指标		检验方法
			投入运行前的油	运行油	
5	水分[①]	330~1 000 kV 220 kV ≤110 kV 及以下	≤10 ≤15 ≤20	≤15 ≤25 ≤35	GB/T 7600 或 GB/T 7601
6	界面张力 (25 ℃)(mN/m)		≥35	≥19	GB/T 6541
7	介质损耗因数 (90 ℃)	500~1 000 kV ≤330 kV	≤0.005 ≤0.010	≤0.020 ≤0.040	GB/T 5654
8	击穿电压[②](kV)	750~1 000 kV 500 kV 330 kV 66~220 kV 35 kV 及以下	≥70 ≥60 ≥50 ≥40 ≥35	≥60 ≥50 ≥45 ≥35 ≥30	DL/T 429.9[③]
9	体积电阻率 (90 ℃)(Ω·m)	500~1 000 kV ≤330 kV	≥6×10^{10}	≥1×10^{10} ≥5×10^{9}	GB/T 5654 或 DL/T 421
10	油中含气量(%) (体积分数)	750~1 000 kV 330~500 kV (电抗器)	<1	≤2 ≤3 ≤5	DL/T 423 或 DL/T 450、 DL/T 703

注:①取样油温为 40~60 ℃。
　　②750~1 000 kV 设备运行经验不足,本标准参考西北电网 750 kV 设备运行规程提出此值,供参考,以积累经验。
　　③DL/T 429.9 方法是采用平板电极;GB/T 507 是采用圆球、球盖形两种形状电极。其质量指标为平板电极测定值。

(二) 油的分析化验

　　为了经常及时了解油的质量,防止因油的劣化发生设备事故所造成的损失,应按规定进行取样试验。在新油或运行油装入设备后,运行一个月内,每 10 天应采样试验一次;运行一个月后,每 15 天采样试验一次。

　　运行中油的劣化速度加快时,如油的酸价迅速增加,颜色明显发暗,或油样中有油泥沉淀物,应适当增加取样试验次数,找出原因,采取措施。当设备发生事故后,应对油进行全分析项目试验或简化试验,以便找出事故的原因及判断油是否可以继续使用。

　　油的任何一种性质,甚至次要的性质,如颜色、气味、透明度突然改变,决不能轻视它,必须研究这种现象,它可能表示油规律性老化的结果,也可能预示用油设备内某种危险征兆,如过热裂解等。

三、油的劣化和净化处理

(一)油劣化的原因和后果

油在运行或贮存过程中,经一段时间之后,油会因潮气侵入面产生水分,或因运行过程中的各种原因而出现杂质,酸价增高,沉淀物增加,使油的性质发生变化,改变了油的物理、化学性质,以致不能保证设备的安全、经济运行,这种变化称为油的劣化,油劣化的根本原因是油和空气中的氧起了作用,油被氧化了。油被氧化的后果是酸价增高,闪点降低,颜色加深,黏度增大,并有胶质状和油泥沉淀物析出,将影响正常润滑和散热作用,腐蚀金属和纤维,使操作系统失灵等危害。促使油加速氧化作用的因素有以下几个。

1. 水分

水使油乳化,促进油的氧化,增加油的酸价和腐蚀性。水分是从下面几个方面进入油中的方式:油放置在空气中能吸收大气中的水分;随着空气温度和油温的变化(这两个温度都是随设备运行情况变化的),空气在低温油表面冷却而凝结出水分;设备安装检修不好,设备联结处不严密漏水,或因油冷却器破裂漏水,如某电站下导轴承油冷却器有砂眼,水漏入油中;变压器和贮油罐的呼吸器中干燥剂失效或效率低会带入空气中的水气;从油系统或操作系统混进水分。

2. 温度

油温升高吸氧速度加快,也就是加速氧化,因此油劣化得快。实践证明,在正常压力下,30 ℃时氧化很慢;一般 50~60 ℃开始加速氧化。所以,规定透平油不得高于 45 ℃,绝缘油不得高于 65 ℃。油温升高的原因是设备运行不良,如过负荷,冷却水中断或设备中油膜被破坏产生干摩擦等故障或局部产生高温。

3. 空气

空气中含有氧和水汽,油与空气接触会引起油的氧化,增加油中水分,空气中沙粒和灰尘会增加油中机械杂质。油和空气除直接接触外,还有泡沫接触。泡沫使油与空气接触面增大,氧化速度加快。产生泡沫的原因是运行人员补油时速度太快,因油的冲击带入空气;油泵的吸油管没有完全插入油中或油位过低,油泵中混入空气;油罐中排油管设计不正确,或因速度太快造成泡沫;油在轴承中被搅动也会产生泡沫。

4. 天然光线

因为天然光线含有紫外线对油的氧化起触媒作用,促使油质劣化。经天然光线照射后的油,再转到无照射之处,劣化还会继续进行。

5. 电流

穿过油内部的电流会使油分解劣化。如发电机转子铁芯的涡流通过轴颈然后穿过轴承的油膜时,可较快地使油颜色变深,并生成油泥沉淀物。

6. 其他因素

如金属的氧化作用;检修后清洗不良;贮油容器用的油漆不当;不同品种油的不良作用。

根据上述因素采取相应的措施:消除水分侵入,如将设备密封防止漏水,保护呼吸器的性能良好;保持设备正常工况,如不过负荷,冷却水正常供应,保持正常油膜等,主要是使油和设备不过热;减少油与空气接触,防止泡沫形成,如在贮油槽中设呼吸器及油槽上部设抽气管,用真空泵抽出油槽内湿空气;设计安装油系统时,供排油管伸入油内避免冲击或设网来冲击泡沫,供排油的速度不能过快,防止泡沫产生;避免阳光直接照射,如将贮油槽布置在厂房阴凉处;防止电流的作用,如在轴承中采用绝缘垫防止轴电流;用油设备检修后采用正确的清洗方法;选用合适的油漆如亚麻仁油、红铅油、白漆即氧化铝;选用不同种类的油混合比,但若要混合必须通过试验确定。

尽管采取了许多有效措施,在长期运行中油仍然会不同程度地劣化。因此,要根据油品的劣化程度采用不同的措施加以净化处理,以恢复原来的使用性能。

(二)油的净化处理

根据油被污染程度的不同,可分污油和废油。污油:轻度劣化或被水和机械杂质污染了的油,经过简单的机械净化方法处理后仍可使用。废油:深度劣化变质的油,不能用简单的机械净化方法恢复其原有性质,只有用化学法或物理化学方法,才能使油恢复原有的物理、化学性质,此法称为油的再生。下面介绍常用的机械净化方法。

1.沉清

油长期处于静止状态,油中的机械杂质和水分会随时间而逐渐沉降下来,沉降的速度与悬浮颗粒的密度和形状有关,与润滑油的黏度也有关,颗粒的密度和形状愈大,润滑油的黏度与密度愈小,则杂质的沉降速度愈快。沉清的优点是设备极其简单、便宜,对油没有伤害;其缺点是所需时间很长,净化并不完全,有些酸质和可溶性杂质等不能除去。

2.压力过滤

1)工作原理

压力过滤是对油加压使之通过具有吸附及过滤作用的滤纸,利用滤纸的毛细管吸附水分、隔除机械杂质,达到油和水分及机械杂质分离的目的。

2)设备

压力过滤的设备是压力滤油机,它采用特制的滤纸作为过滤材料,不仅能除去机械杂质,而且吸水性强,能除去油中少量水分,若采用碱性滤纸,还能中和油中微量酸性物质。

(1)压力滤油机。

压力滤油机由齿轮油泵、初滤器、滤床、油盘、阀门等部件组成,其工作原理及滤床结构如图7-3所示。

污油从进油口吸入,经初滤器除去较大杂质后进入齿轮油泵,齿轮油泵对油加压,在压力作用下油流经滤床。滤床由滤板、滤纸和滤框顺序交替叠压,组成各个独立的过滤室,如图7-3(b)所示。当油渗透过滤纸时,因滤纸的毛细管作用,不仅阻止杂质通过,而且还能吸收油中的水分。过滤后除去机械杂质和水分的净油,从净油出口流出。

压力滤油机的正常工作压力为0.1~0.4 MPa。过滤过程中压力可能会逐渐升高,当压力超过0.5~0.6 MPa时,表示油内的杂质过多,已填满了滤纸孔隙,此时必须更换清洁、干燥的滤纸。为防止压力过高压破滤纸,在滤床进口管道上设有安全阀,用来控制滤床的进油压力。当油压超过最高使用压力时,安全阀立即动作,使油在初滤器中自行循环,油压不再上升,以确保设备的安全运转。

滤床由压紧螺杆压紧,滤床不严密间隙的漏油由承油盘承接,当达到一定油位后,打

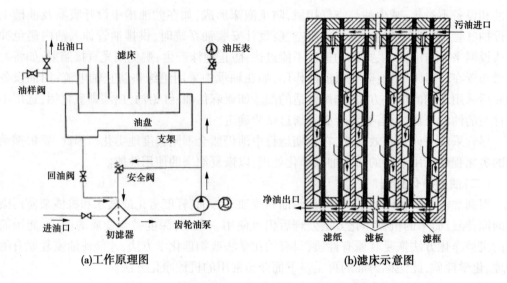

(a)工作原理图　　　　　　　　　　　(b)滤床示意图

图7-3　压力滤油机工作原理和滤床结构示意图

开回油阀,借助于齿轮泵进油口的真空作用,将承油盘内的积油吸入初滤器。

滤油时每隔一定时间,从油样阀处用试油杯取适量的油作性能试验。若滤纸已完全饱和,需及时更换滤纸。为了充分利用滤纸,更换时不需同时更换全部滤纸,而是只更换污油进入侧的第一张,新的滤纸则铺放在净油出口侧。更换下来的滤纸用净油将黏附在表面上的杂质洗干净,烘干后可再次使用。

压力滤油机能滤除油中的杂质和微量水分。油中水分较少而杂质较多时,过滤效果较好。若水分较多,必须先由真空滤油机把油中水分进行分离,再用压力滤油机过滤。

（2）齿轮油泵。

水电站在接收新油、设备充油和排油及油的净化时,常使用油泵输油。由于齿轮泵结构简单、价格便宜、工作可靠、维护方便,在水电站中得到了广泛应用。

齿轮油泵有内啮合和外啮合两种。内啮合齿轮泵齿形复杂,不易加工。因此,水电站多应用外啮合齿轮泵。图7-4为外啮合齿轮泵的工作原理图。

外啮合齿轮油泵由泵壳、盖板和一对外啮合的齿轮组成,泵中由两个内轮与泵的壳体及上下盖板形成两个封闭空间。当齿轮按图7-4所示方向旋转时,齿轮脱开啮合处的体积从小变大,吸油侧形成一定的真空度把泵外的油吸入,并分别被两齿轮的齿槽带到压油侧;在压油侧,由于两齿轮的轮齿相互啮合,进入啮合处的体积从大变小,齿槽中被带来的油受挤压而压力升高,从压油侧排出。

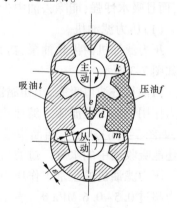

**图7-4　外啮合齿轮泵的
工作原理图**

3. 真空过滤

真空过滤的工作原理是:根据油、水的汽化温度不同,将油送到加热器,提高油温到50～

70 ℃,压向真空罐内,再通过喷嘴扩散成雾状。此时,油中的水分和气体在一定温度和真空下汽化,减压蒸发,油和水分、气体得到分离,再用真空泵将蒸汽和气体吸出来,达到油中除水脱气的目的,如图7-5所示。

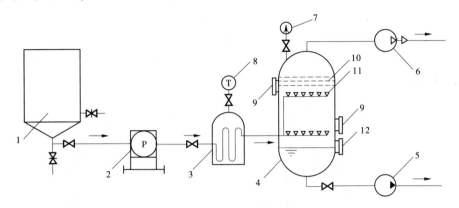

1—储油罐;2—压力滤油机;3—加热器;4—真空罐;5—油泵;6—真空泵;
7—真空表;8—温度计;9—观察孔;10—油气隔板;11—喷嘴;12—油位计

图7-5 真空滤油机的工作原理图

真空滤油机用于绝缘油处理,能在短时间内达到除水脱气,提高电气绝缘强度,增加绝缘油的电阻率等作用。实践证明,真空滤油机对透平油有同样的使用效果。这种过滤法的优点:速度快、质量好、效率高。这对于油量较大的用油设备的注油、换油,以及按时完成检修任务,有很大意义。其缺点是不能清除机械杂质。

(三)油的再生

通常将吸附剂放于变压器外的吸附器中,这种方法叫作热虹吸法。经过运行实践认为这是比较好的方法。吸附器可装在变压器上部或下部原有的放油阀门上,也可在不影响散热的情况下,去掉变压器一个散热器,将吸附器装在散热器的上下管口上。吸附器与变压器的连接如图7-6所示。

1.热虹吸油再生工作原理

变压器带负荷时,油因受热而密度变小,油自变压器的上部流入吸附器,油在流动中,逐渐冷却密度变大,而从吸附器底部流回变压器。吸附器内装有吸附剂,油在运行中因氧化所生成的氧化物通过吸附剂时被吸附,从而使运行中的油处于合格状态,不仅增加了油的有效使用期限,同时也延长了变压器的使用寿命。若变压器较小,可将布袋盛吸附剂悬挂在变压器油箱的上部;若变压器较大,则放在坚固的金属桶中,安装在变压器的顶盖上。要注意,金属桶与变压器带电部分的距离要符合规定,且安装严密,防止空气和水分进入变压器。

此外,还有非连续性再生方法。油从变压器下部排油阀门放出,经过吸附器和压力滤油机最后进入油枕。这种方法的再生效率较高。一般用于再生劣化程度较轻的油或在变压器检修时与油净化设备一起串联使用。大型变压器尚有薄膜保护法,即在顶部加丁氰橡胶袋使油与空气隔开。

2.透平油的再生

考虑到运行设备的安全和吸附器的布置,除强迫油循环系统可采用连续性再生外,一般采用非连续性再生。即机组检修时,既进行油的机械净化处理,同时又进行油的再生。其装置系统如图7-7所示。

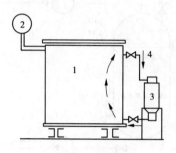

1—变压器;2—油枕;3—吸附器;4—油的循环

图7-6　热虹吸油再生原理图

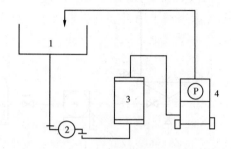

1—油箱;2—油泵;3—吸附器;4—压滤机

图7-7　透平油非连续性再生装置系统

3.运行油再生应注意的几个问题

(1)进行运行油的再生,能充分发挥运行中油的维护作用,使运行油长期保持良好的质量。当油已劣化后进行运行中油再生工作时,要在酸价较低的情况下才允许进行。若油的酸价较高,不但得不到良好的结果,反而会使油系统中产生大量的油泥沉淀物。所以,运行中油的酸价愈小,进行油的再生就愈安全。

(2)吸附剂的粒子不可过小,应采用 3~8 mm 的粗孔粒子。吸附剂的用量为油量的 0.5%~1.5%。另外,要将吸附剂中的气体清除后方可使用。

(3)透平油在再生前,要将油中水分清除掉,否则影响再生的效果和经济性。

(4)吸附器的安装应尽量减少管道的弯曲,油系统应保证正常循环。

(四)添加防锈剂

为了延长油的使用期,保证设备的安全、经济运行,除对污油进行净化和再生外,还可在油中加入添加剂。除抗氧化剂外,还可在透平油中加入防锈剂。效果最好的防锈剂是十二烯基丁二酸(T746),它是一种极性化合物,溶在透平油中对金属表面有很强的附着力,能形成一层保护膜,阻止水分和氧气接触金属表面,从而起到防锈作用。油中添加防锈剂能有效地解决油系统的锈蚀问题,尤其是调节系统中用以防止调节元件被锈蚀有重要意义,它不仅能保证机组的安全、经济运行,还能延长油系统的检修期,减少检修的工作量。

任务三　油系统的任务、组成和系统图

一、油系统的任务和组成

(一)油系统的任务

油在设备中使用较长时间后油质将逐渐劣化,不能保证设备的安全经济运行。为了

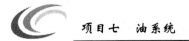

避免油类很快劣化和因劣化发生设备事故所造成的损失,必须设法使运行中的油类在合格的情况下延长使用时间,并及时发现运行的油类将发生的问题,加以研究解决。油库中应经常备有一定数量和质量合格的各种备用油,这样才能保证设备的安全经济运行。为此,必须做好油的监督与维护工作,油务系统设置的任务如下列各项:

(1)接收新油:接收新油包括:接收新油和取样试验。水电站用油可用油槽车或油桶运来,接收新油采用自流或压力输送的方式,视该电站贮油槽的位置高程而定。每次新到的油,一律要按透平油和绝缘油的标准进行全部试验。

(2)贮备净油:在油库随时贮存有合格的、足够的备用油,以防万一发生事故需要全部换用净油或设备正常运行的损耗补充。

(3)给设备充油:对新装机组、设备大修后或设备中排出劣化油后,需要充油。

(4)向运行设备添油:油系统在运行中由于下列原因油量不断地损耗而需要添油;油的蒸发和飞溅;油槽和管件不严密处的漏油;定期从设备中清除沉淀物和水分;从设备中取油样。

(5)从设备中排出污油:设备检修时,应将设备中的污油通过排油管用油泵或自流排到油库的运行油槽中。

(6)污油的净化处理:贮存在运行油槽中的污油通过压滤机或真空滤油机除去油中的水分和机械杂质。

(7)油的监督与维护:对新油进行分析,鉴定其是否符合国家规定标准;对运行油进行定期取样化验,观察其变化情况,判断运行设备是否安全;新油、再生油、污油进入油库时,都要有试验记录,所有进入油库的油在注入油槽以前均需通过压滤机或真空滤油机,以保证输油管和贮油槽的清洁;对油系统进行技术管理,提高运行水平。

(8)废油的收集及保存:废油需按牌号分别收集,贮存于专用的油槽中,不允许废油与润滑脂相混,以免再生时带来困难,废油应尽快送到油务管理部门进行再生处理。

(二)油系统的组成

水电站油系统对安全、经济运行有着重要的意义。油系统是用管网将用油设备与贮油设备、油处理设备连接成一个油务系统。设计正确的油系统,不仅能提高电站运行的可靠性、经济性和缩短检修期,而且对运行的灵活性,以及管理方便等提供良好条件。油系统由以下部分组成:

(1)油库:放置各种油槽及油池。

(2)油处理室:设有净油及输送设备如油泵、压滤机、烘箱、真空滤油机等。

(3)油化验室:设有化验仪器、设备、药物等。

(4)油再生设备:水电站通常只设置吸附器。

(5)管网:将用油设备与油处理室等各部分连接起来组成油务系统。

(6)测量及控制元件:用以监视和控制用油设备的运行情况,如示流信号器、温度信号器、油位信号器、油水混合信号器等。

二、油系统图

(一)油系统图的设计原则

油系统图的一般要求：将用油设备与油库、油处理室连接起来的管网系统，在油务管理中是十分重要的。它直接影响到设备的安全运行和操作维护的方便与否。应根据机组和变压器等设备的技术条件，满足其各项操作流程的要求。

油系统图的具体要求：系统的连接明了，操作程序清楚，管道和阀门少，全部操作简便，不容易出差错。油处理时油泵、真空滤油机、压滤机和吸附器均可单独运行或串联、并联运行。污油和净油应各自有独立的管道和设备(如油泵、油槽)，以减少不必要的冲洗工作。所有设备布置在比较固定的范围，尽量减少搬动。

油系统通常均采用手动操作。机组轴承、油压装置及漏油箱的自动监视和操作，均由厂家配套。在管网系统的主要供排油管上，可根据具体情况装设示流器或示流信号器(如强迫油循环系统用作监视)。若设有重力油箱，应有油位监视。

(二)透平油系统图

透平油系统与电站规模及机组形式有非常密切的关系。大型电站的油系统通常采用干管与储油槽、油处理设备固定连接的方式，使净、污油管路分开，运行操作方便，但操作阀门较多，管路较复杂，投资较大。中型电站往往采取设置干管、用活接头和软管连接相结合的方式对油系统进行简化，运行灵活方便。小型电站和机组用油量很少，可以取消干管，采用软管和活接头连接，简化系统。

混流式机组透平油系统如图 7-8 所示。油库内设有两个净油槽和两个运行油槽，油槽之间以及油处理室和机组用油设备之间用干管连接，使净油与污油管道分开。各净油设备均用活接头和软管连接，管路较短，操作阀门较少，设备可以移动，运行灵活。机组检修或较长时间停机时，可利用设在机旁供、排油管道上的活接头进行机旁滤油。混流式机组透平油系统的操作程序见表 7-4。

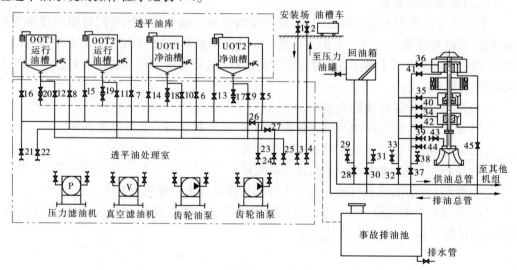

图 7-8　混流式机组透平油系统

表 7-4　混流式机组透平油系统的操作程序

序号	操作项目	使用设备及开启阀门编号
1	运行油槽接收新油	油槽车、1、3、油泵（压力滤油机）、24、27、8、OOT1（7、OOT2）
2	运行油槽自循环过滤	OOT1、12（OOT2、11）、25、压力滤油机（真空滤油机）、22、8、OOT1（7、OOT2）
3	运行油槽互循环过滤	OOT1、12（OOT2、11）、25、压力滤油机（真空滤油机）、22、7、OOT2（8、OOT1）
4	运行油槽新油存入净油槽	OOT1、12（OOT2、11）、25、压力滤油机（真空滤油机）、22、6、UOT1（5、UOT2）
5	净油槽向设备充油或添油	UOT1、14（UOT2、13）、21、油泵、23、28、调速器回油箱（32、机组轴承油盆）
6	机组（调速器）检修排油	机组轴承油盆、40（41、42）37、（调速器回油箱、30）、24、油泵、22、8、OOT1（7、OOT2）
7	机组机旁滤油	机组轴承油盆、40（41、42）、38、压力滤油机、33、34（35、36）机组轴承油盆
8	调速器机旁滤油	调速器回油箱、31、压力滤油机、29、调速器回油箱
9	机组排除污油	机组轴承油盆、39（40、41、42）、37、24、油泵、4、2、油槽车
10	调速设备排除污油	调速器回油箱、30、24、油泵、4、2、油槽车
11	油槽事故排油	OOT1（OOT2、UOT1、UOT2）、20（19、18、17）、事故排油池
12	油槽内污油排除	OOT1（OOT2、UOT1、UOT2）、12（11、10、9）、25、油泵、4、2、油槽车

　　轴流式机组透平油系统如图 7-9 所示。该系统设有净油槽和运行油槽各两个,油处理室内的净油设备亦采用活接头和软管连接,运行和操作方便灵活。机组用油量较大,添

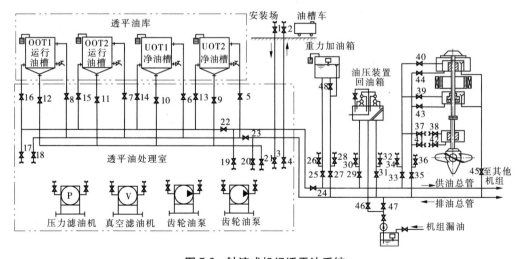

图 7-9　轴流式机组透平油系统

油较频繁,设有重力加油箱补充机组的漏油。

图 7-10 为一卧式机组透平油系统图。机组用油量较少,各油槽与油处理设备之间用活接头和软管连接,机组供、排油干管与油处理室也用活接头连接。该系统切换阀门少,连接管路短,系统简单、经济,但油系统操作时管路与活接头连接工作量较大。

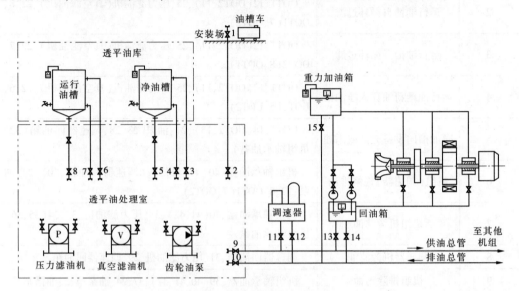

图 7-10　卧式机组透平油系统

图 7-11 为绝缘油系统图。变压器与油处理室之间采用固定管路连接,油处理室内各油槽与油处理设备之间用活接头和软管连接,可实现变压器供油和排油,污油和运行油过滤,向变压器添油等操作。变压器设有吸附器,可实现连续吸附处理。

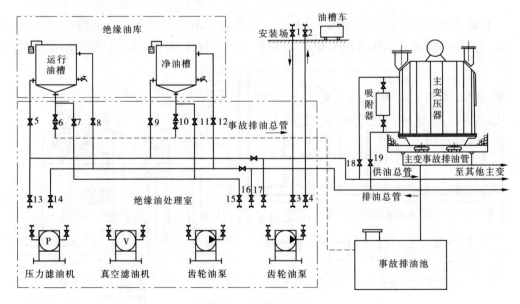

图 7-11　绝缘油系统

任务四　油系统的计算和设备选择

一、用油量估算

油系统的规模与设备容量,根据用油量的多少确定。油系统设计时,应分别计算出透平油和绝缘油的总用油量,编制设备用油量明细表。所有设备的用油量应根据制造厂提供的资料进行计算。在初步设计阶段未能获得厂家资料时,可参照容量和尺寸相近的同类型机组或经验公式进行估算。变压器和油开关等电气设备的用油量可在有关产品目录中查取。

图 7-12 是根据不同水轮机类型现有机组数据编制的机组充油量(包括调速系统)与机组出力的关系曲线。

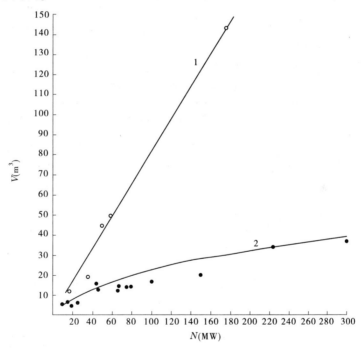

1—混流式水轮机;2—轴流转桨式水轮机

图 7-12　机组充油量与机组出力的关系曲线

(一)机组润滑油系统用油量计算

机组润滑油系统的用油量是指水轮发电机组推力轴承和导轴承的充油量。其用油量按推力轴承和导轴承单位千瓦损耗来计算,计算公式为

$$V_h = q(P_t + P_d) \tag{7-1}$$

$$P_t = AF^{3/2}n_e^{3/2} \times 10^{-6} \tag{7-2}$$

$$P_\text{d} = 11.78 \frac{S\lambda V_u^2}{\delta} \times 10^{-3} \qquad\qquad (7\text{-}3)$$

式中　　V_h——一台机组润滑系统用油量，m^3；

　　　　q——轴承单位千瓦损耗所需的油量，m^3/kW，按表 7-5 选取；

　　　　P_t——推力轴承损耗，kW；

　　　　A——系数，取决于推力轴瓦上的单位压力 p（和发电机结构形式有关，p 通常采用 3.5~4.5 MPa），在图 7-13 上查取；

　　　　F——推力轴承负荷，包括机组转动部分的轴向负荷加上水推力（$\times10^{-4}\text{N}$）；

　　　　n_e——机组额定转速，r/min；

　　　　P_d——导轴承损耗，kW；

　　　　S——轴与轴瓦接触的全部面积，$S=\pi D_\text{p}h$，m^2，其中 D_p 为主轴轴颈直径，与机组扭矩有关，h 为轴瓦高度，一般 $h/D=0.5~0.8$；

　　　　λ——油的动力黏度系数，对 HU-32 透平油，$\lambda=0.0288\ \text{Pa}\cdot\text{s}$；

　　　　V_u——轴的圆周速度，m/s；

　　　　δ——轴瓦间隙，一般为 0.000 2 m。

表 7-5　轴承结构与单位千瓦损耗所需的油量

轴承结构	轴承单位千瓦损耗所需的油量 q（m^3/kW）
一般结构的推力轴承和导轴承	0.04~0.05
组合结构（推力轴承与导轴承同一油盆）	0.03~0.04
外加泵或镜板泵外循环推力轴承	0.018~0.026

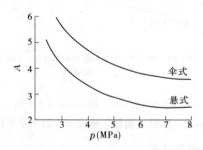

图 7-13　推力轴瓦上的单位压力 p 与系数 A 之间的关系

（二）水轮机调节系统用油量计算

　　水轮机调节系统的用油量包括油压装置、导水机构接力器、转桨式水轮机转轮接力器及其管道的用油量。

　　（1）油量装置的用油量。油压装置的用油量可按表 7-6 查取。

表 7-6　油压装置的用油量

型号	用油量（m³）		型号	用油量（m³）	
	压力油箱	回油箱		压力油箱	回油箱
YZ-1.0	0.35	1.3	YZ-20-2	7.0	8.0
YZ-1.6	0.56	1.3	YZ-25-2	10.0	
YZ-2.5	0.9	2.0	YZ-30-2	12.0	
YZ-4.0	1.4	2.0	HYZ-0.3	0.105	0.3
YZ-6	2.1	4.0	HYZ-0.6	0.21	0.60
YZ-8	2.8	4.0	HYZ-1.0	0.35	1.00
YZ-10	3.5	5.0	HYZ-1.6	0.56	1.6
YZ-12.5	5.0	6.2	HYZ-2.5	0.875	2.5
YZ-16-2	5.4		HYZ-4.0	1.4	4.2

（2）导水机构接力器的用油量，可按式（7-4）计算（按两个接力器的总容量），或根据接力器直径从表 7-7 中查取。

$$V_d = \frac{\pi d_d^2 S_d}{2} \tag{7-4}$$

式中　V_d——接力器的用油量，m³；

d_d——接力器直径，m；

S_d——接力器最大行程，m，$S_d = (1.4 \sim 1.8)a_0$，a_0 为导水叶的最大开度，m。

表 7-7　导水机构接力器的用油量

接力器直径（mm）	300	350	375	400	450	500	550	600	650	700	750	800
两个接力器的用油量（m³）	0.04	0.07	0.09	0.11	0.15	0.20	0.25	0.35	0.45	0.55	0.65	0.80

（3）转桨式水轮机转轮接力器的用油量。可按式（7-5）计算或按转轮直径 D_1 从表 7-8 中查取。

$$V_z = \frac{\pi d_p^2 S_p}{4} \tag{7-5}$$

式中　V_z——转轮接力器用油量，m³；

d_p——转轮接力器直径，m，$d_p = (0.3 \sim 0.45)D_1$，D_1 为水轮机转轮直径，m；

S_p——转轮接力器活塞行程，m，$S_p = (0.12 \sim 0.16)d_p$，小系数适用于转轮直径大于 5 m 以上的水轮机。

表 7-8　转轮接力器、受油器的用油量（操作油压为 2.5 MPa）

转轮直径 D_1（m）	2.5	3.0	3.3	4.1	5.5	6.5	8.0	9.0	11.3
接力器、受油器的用油量（m³）	1.15	1.95	2.45	3.30	5.30	6.53	15.00	20.00	66.75

（4）冲击式水轮机喷针接力器的用油量。可按式(7-6)计算：

$$V_{\mathrm{j}} = \frac{Z_0\left(d_0 + \dfrac{d_0^3 H_{\max}}{6\,000}\right)}{10^{-5} P_{\min}} \tag{7-6}$$

式中　V_{j}——喷针接力器的用油量，m^3；

　　　　Z_0——喷嘴数；

　　　　d_0——射流直径，m；

　　　　$H_{\max}$——电站最大工作水头，m；

　　　　$P_{\min}$——油压装置最小油压，Pa。

（三）进水阀接力器用油量计算

进水阀接力器用油量与其装置方式、工作水头和接力器的形式有关，可参考表7-9选取，或查阅有关产品目录或设计手册。

表 7-9　进水阀接力器用油量的选取

进水阀形式	蝴蝶阀								球阀	
阀的直径(m)	1.75	2.00	2.60	2.80	3.40	4.00	4.60	5.30	1.00	1.60
接力器用油器的用油量(m³)	0.11	0.49	0.49	0.34	0.31	0.94	0.89	1.61	0.50	0.83

用以上公式计算用油量时，必须加上总油量的 5% 作为充满管道的油量。

（四）系统用油量计算

（1）透平油系统用油量计算。透平油系统用油量与机组出力、转速、机型和台数等有关。

①运行用油量（即设备用油量）$V_1(\mathrm{m}^3)$。一台机组调速系统的用油量，以 V_{p} 表示；一台机组润滑系统的用油量，以 V_{h} 表示，则设备充油量为

$$V_1 = 1.05(V_{\mathrm{p}} + V_{\mathrm{h}}) \tag{7-7}$$

②事故备用油量 $V_2(\mathrm{m}^3)$。它为最大机组用油量的 110%（10% 是考虑蒸发、漏损和取样等裕量系数），即

$$V_2 = 1.1(V_{\mathrm{p}} + V_{\mathrm{h}}) \tag{7-8}$$

③补充备用油量 $V_3(\mathrm{m}^3)$。由于蒸发、漏损、取样等损失需要补充油，它为机组 45 天的添油量，即

$$V_3 = (V_{\mathrm{p}} + V_{\mathrm{h}}) \times \alpha \times 45/365 \tag{7-9}$$

式中　α——一年中需补充油量的百分数，对 HL、ZD 型水轮机 $\alpha = 5\% \sim 10\%$；对 ZZ 型水轮机 $\alpha = 25\%$。

④系统总油量 $V(\mathrm{m}^3)$ 为

$$V = ZV_1 + V_2 + ZV_3 \tag{7-10}$$

式中　Z——机组台数。

（2）绝缘油系统用油量计算。绝缘油系统用油量与变压器、油开关的型号、容量及台数有关。

①最大一台主变压器充油量 W_1。根据已选定主变型式从有关产品目录中查得。

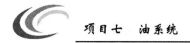

②事故备用油量 $W_2(m^3)$。为最大一台主变压器充油量的 1.1 倍,对大型变压器系数可取 1.05,即

$$W_2 = (1.05 \sim 1.1)W_1 \tag{7-11}$$

③补充备用油量 $W_3(m^3)$。为变压器 45 天的添油量,即

$$W_3 = W_1 \times \sigma \times 45/365 \tag{7-12}$$

式中 σ——一年中变压器需补充油量的百分数,$\sigma = 5\%$。

④系统总用油量 $W(m^3)$,即

$$W = nW_1 + W_2 + nW_3 \tag{7-13}$$

式中 n——变压器台数。

二、油系统设备选择

(一)油槽数目和容量的确定

(1)净油槽。储备净油以便机组或电气设备换油时使用。容积为最大一台机组(或变压器)充油量的 110%,加上全部运行设备 45 天的补充用油量。即

$$V_净 = 1.1V_{1max} + ZV_3 \quad (m^3) \tag{7-14}$$

通常透平油和绝缘油各设置一个。但容量大于 60 m^3 时,应考虑设置两个或两个以上,并考虑厂房布置的要求。

(2)运行油槽。机组(或变压器)检修时排油和净油用。容积为最大机组(或变压器)油量的 100%。考虑兼作接收新油并与净油槽互用,其容积宜与净油槽相同。为了提高污油净化效果,通常设置两个,每个为其总容积的 1/2,则

$$V_运 = V_净 \tag{7-15}$$

(3)中间油槽。油库位置较高,检修机组充油部件时排油用。其容积为机组最大充油设备的充油量,数量为一个。当油库布置在厂内水轮机层以下高程时不需设置。

(4)重力加油箱。设在电站厂房内起重机轨道旁高处,储存一定数量的净油,靠油的自重向机组添油。

①对转桨式机组,漏油量较大,添油频繁,可设置重力加油箱。重力加油箱的容积视设备的添油量而定,一般为 0.5~1.0 m^3。当容积过大、机组台数又超过 4 台时,可设置两个。

②对混流式机组,漏油量少,加油的机会少,可不设置,而用移动小车添油。

③对灯泡贯流式机组,重力油箱容积应按油泵故障时供给机组连续运行 5~10 min 的轴承润滑油用油量确定。重力油箱形成的油压宜不小于 0.2 MPa。

(5)事故排油池。接收事故排油用。一般设置在油库底层或其他合适的位置上,容积为油槽容积之和。

油系统设计时不一定所有的油槽都要设置,应根据油的储存、净化和输送要求,对运行情况进行分析,确定需要设置的油槽数量和容积,尽量做到经济合理。

(二)油处理设备的选择计算

1. 油泵的选择

油泵是输油设备,在接收新油、设备充油和排油以及油净化时使用。齿轮油泵结构简

单,工作可靠,维护方便,价格便宜,水电站多采用 ZCY 型和 KCB 型齿轮油泵。

油泵生产率应能在 4 h 内充满一台机组或 6~8 h 内充满一台变压器的用油量。作为接收新油的油泵,其容量应保证在铁路货车停车时间内将油从油车卸下。一般 20 t 以下的油车停 2 h;20~40 t 的油车停 4 h。即

$$Q = \frac{V_1}{t} \tag{7-16}$$

式中　Q——油泵生产率,m³/h;

　　　V_1——一台机组或变压器充油量,m³;

　　　t——充油时间,《水力发电厂辅助设备系统设计技术规定》(DL/T 5066—2010)规定为 4~6 h。

油泵的扬程 H 应能克服设备之间高程差和管路损失,根据 Q、H 从产品目录中选取。一般设置两台,一台用以接收新油和排出污油;另一台用于设备充油、排油。对小型水电站可考虑设置一台油泵。

2. 压力滤油机和真空滤油机的选择

透平油和绝缘油的净化处理设备应按两个独立系统分别设置。

压力滤油机和真空滤油机的生产率 Q'_L(m³/h),按 8 h 内净化最大一台机组的用油量或在 24 h 内滤清最大一台变压器的用油量来确定,即

$$Q'_L = \frac{V_1}{t} \tag{7-17}$$

式中　V_1——最大一台机组(或变压器)充油量,m³;

　　　t——滤清时间,《水力发电厂辅助设备系统设计技术规定》(DL/T 5066—2010)规定为 8~24 h。

此外,考虑到压力滤油机更换滤纸所需的时间,计算时应将其额定生产率减少30%,即

$$Q_L = \frac{Q'_L}{1 - 0.3} \tag{7-18}$$

根据 Q_L 从有关产品目录中选取。

净油设备数量,一般应分别选用一台压力滤油机和一台真空滤油机,一台滤纸烘箱。

(三)油管选择

1. 管径选择

1) 干管的直径选择

(1)经验选择法。压力油管通常采用 $d = 32~65$ mm,排油管取 $d = 50~100$ mm。

(2)经济流速法。可按下式计算:

$$d = 1.13\sqrt{\frac{Q}{v}} \tag{7-19}$$

式中　d——油管直径,m;

　　　Q——管道内油的流量,m³/s;

　　　v——油管允许流速,m/s,一般为 1~2.5 m/s,v 与油的黏度有关,可根据不同黏度

在表 7-10 中选取。

表 7-10　油管允许流速与黏度的关系

油的黏度(°E)	1~2	2~4	4~10	10~20	20~60	60~120
自流及吸油管道(m/s)	1.3	1.3	1.2	1.1	1.0	0.8
压力油管道(m/s)	2.5	2.0	1.5	1.2	1.1	1.0

计算后选取接近的标准管径,标准的管径系列为 15 mm、20 mm、25 mm、32 mm、40 mm、50 mm、65 mm、80 mm、100 mm、125 mm、150 mm、200 mm、225 mm、250 mm、300 mm、350 mm、400 mm、450 mm、500 mm、600 mm 等。

2)支管的直径选择

一般根据供油设备、净油设备和用油设备的接头尺寸确定。

2. 油管壁厚计算

一般按经验选择,也可按下式计算:

$$\delta_{\mathrm{d}} = \frac{P_{\mathrm{g}} d}{2[\sigma]} \tag{7-20}$$

式中　δ_{d}——壁厚,mm;

　　　d——管道内径,mm;

　　　P_{g}——管道内油的压力,MPa;

　　　$[\sigma]$——许用压力,MPa。

对于钢管:

$$[\sigma] = \frac{\sigma_{\mathrm{b}}}{K_{\mathrm{e}}}$$

式中　σ_{b}——抗拉强度,MPa;

　　　K_{e}——安全系数,当 $P_{\mathrm{g}} < 7$ MPa 时,$K_{\mathrm{e}} = 8$;当 $P_{\mathrm{g}} < 17.5$ MPa 时,$K_{\mathrm{e}} = 6$;当 $P_{\mathrm{g}} > 17.5$ MPa 时,$K_{\mathrm{e}} = 4$。

对于铜管:

$$[\sigma] \leqslant 25 \text{ MPa}$$

3. 管材选择

油系统管道可选用普通有缝钢管、无缝钢管或紫铜管,不宜采用镀锌管或硬塑管,因为镀锌管与油中酸碱作用,会促使油劣化;硬塑管容易发生变形和老化,也不利于防火。与净化设备连接的管道通常采用软管,如软铜管、耐油胶管和软胶管,连接灵活方便。

在油处理室和其他需要临时连接油净化设备和油泵的地方,应装设连接软管用的管接头。考虑管网和阀门等安装检修的需要,在适当位置也应设有活接头。

三、油系统管网计算

(一)管路阻力损失计算

1. 管路系统阻力损失的估算

在初步设计阶段,设备及管路布置尚未确定,管路系统的阻力损失 ΔP 可用下式估算：

$$\Delta P = 8v \frac{Ql}{d^4} K \times 10^5 \qquad (7-21)$$

式中　ΔP——管路系统阻力损失，Pa；

　　　　v——油的运动黏度，mm^2/s；

　　　　Q——管道内油的流量，L/min；

　　　　l——管路长度，m；

　　　　d——管道内径，mm；

　　　　K——修正系数，当 $Re \leqslant 2\ 000$ 时，$K=1$；$Re>2\ 000$ 时，$K=6.8\sqrt[4]{\left(\dfrac{Q}{vd}\right)^3}$。（雷诺数 $Re=vd/v$，v 为平均流速，cm/s；d 为管道内径，cm；v 为油的运动黏度，mm^2/s，与油的温度有关。）

2. 管路系统阻力损失计算

当设备及管路布置已经确定后，可按实际管路系统来计算压力损失 ΔP，它由沿程阻力损失 ΔP_1 和管件局部损失 ΔP_2 组成，即

$$\Delta P = \Delta P_1 + \Delta P_2 \qquad (7-22)$$

（1）沿程阻力损失 ΔP_1 计算。用经验公式近似计算：

$$\Delta P_1 = 72 \frac{v}{d} L \times 10^5 \qquad (7-23)$$

式中　v——管道中油的流速，m/s；

　　　　d——油管内径，mm；

　　　　L——直管段长度，m。

或用有关设计手册图表计算。

（2）局部阻力损失 ΔP 计算。液流的方向和断面发生变化所引起的局部压力损失，可由下式计算：

$$\Delta P_2 = \sum \xi \frac{v^2}{2g} \gamma \qquad (7-24)$$

式中　ξ——局部阻力系数；

　　　　v——油流速度，m/s；

　　　　g——重力加速度，m/s；

　　　　γ——油的容重，N/m^3。

油管路的局部损失也可将管件转换为当量长度后再按式（7-23）计算。管件当量长度的计算见有关设计手册。

（二）油泵扬程（排出压力）的校核

油泵扬程按下式计算：

$$P_{ch} \geqslant \gamma h + \Delta P \qquad (7-25)$$

式中　P_{ch}——油泵扬程，Pa；

　　　　h——充油设备的油面至油泵中心最大高差，m；

γ——油的容重,N/m^3;

ΔP——管路总的压力损失,Pa。

油系统管网的阻力损失,应考虑经过一段时间使用后,油中污物沉积在管壁上,会使压力损失有所增加,因此油泵扬程应有一定余量。同时,除按正常室温进行计算外,还要按照可能遇到的低温进行压力损失校核,特别是对寒冷地区。若油泵扬程不能满足要求,可以改选扬程较大的油泵或加大管径。

(三)油泵吸程校核

用油泵排油必须校核其吸程是否满足要求。油泵吸程按下式计算:

$$[H_s] \geqslant H_g + h_w \tag{7-26}$$

式中　$[H_s]$——油泵实际允许吸程,m;

H_g——油泵中心至最低吸油面的高差,m;

h_w——吸油管路上的总损失,m。

从产品样本查得的最大允许吸程是在吸入液面处大气压力为 1 atm,若油泵工作条件与产品样本的要求不同,按下式进行修正:

$$[H_s] = H_s + \left(\frac{P_f - P_g}{\gamma} - \frac{P_0 - P_{f0}}{\gamma_0} \right) \tag{7-27}$$

式中　$[H_s]$——产品样本上的允许吸程,m;

P_f——吸油面实际的绝对压力,Pa,应按吸油面的海拔进行修正(见表7-11);

P_g——油泵实际工作油温下的空气分离压力,Pa,而油温 t 与空气分离压力 P_g 的关系见图7-14:

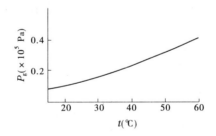

图7-14　油温 t 与空气分离压力 P_g 关系曲线图

P_0——产品样本上所要求的吸油面的绝对压力,一般 $P_0 = \times 10^5\,Pa$;

P_{f0}——产品样本所要求油温下的空气分离压力,Pa;

γ_0、γ——产品样本上所要求的油温和油泵实际工作油温下的油容重,N/m^3。

表7-11　不同海拔的大气压力 P_f 值

海拔(m)	-600	0	100	200	300	400	500	600	700	800	900	1 000	1 500	2 000
P_f 值 ($\times 10^5\,Pa$)	1.10	1.03	1.02	1.01	1.00	0.98	0.97	0.96	0.95	0.94	0.93	0.92	0.86	0.84

任务五　油系统的布置及防火要求

一、油系统设备的合理布置

(一)油系统布置设计

(1)油库布置应符合如下要求:

①油库可布置在厂房内或厂房外。油罐室的面积宜留有适当裕度,在进人门处应设置挡油槛,挡油槛内的有效容积应不小于最大油罐的容积与灭火水量之和。

②厂内透平油油库宜布置在水轮机层,且在安装场设供、排油管的接头。

③厂外绝缘油油库宜布置在变电站附近、交通方便和安全处,油罐可布置在室内或露天场地。布置在露天场地时,其周围应设有不低于1.8 m的围墙,并有良好的排水措施。露天油罐不应布置在高压输电线路下方。

④油罐宜成列布置,应使油位易于观察,进人孔出入方便,阀门便于操作。

(2)油处理室布置应符合如下要求:

①油处理室应靠近油罐室布置,其面积视油处理设备的数量和尺寸而定。

②油处理室内应有足够的维护和运行通道,两台设备之间净距应不小于1.5 m,设备与墙之间的净距应不小于1.0 m。

③油处理室宜设计成固定式设备和固定管路系统或移动式设备及用软管连接的管路系统。

④滤纸烘箱应布置在专用房间内,烘箱的电源开关不应放在室内,否则应采用防爆电器。

⑤油处理室地面应易清洗,并设有排污沟。

(3)管路敷设应符合如下要求:

①主厂房内油管路应与水、气管路的布置统一考虑,应便于操作维护且整齐美观。

②油管宜尽量明敷,如布置在管沟内,管沟应有排水设施。当管路穿墙柱或穿楼板时,应留有孔洞或埋设套管。

③管路敷设应有一定的坡度,在最低部位应装设排油接头。

④在油处理室和其他临时需连接油净化处理设备和油泵处,应装设连接软管用的接头。

⑤露天油管路应敷设在专门管沟内。

⑥油管路宜采用法兰连接。

⑦变压器和油开关的固定供、排油管宜分别设置。

⑧油管路应避开长期积水处。布置集油箱处应有排水措施。

(二)中心油务所的设置

(1)梯级水电厂的总厂可设置中心油务所。

(2)中心油务所内应设置储油和油净化处理设备。应按梯级水电厂或总厂中最大一台机组(或变压器)的用油量配置设备。

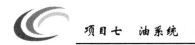

（3）中心油务所的油化验仪器设备宜按全分析项目配置。

（4）中心油务所应配置油罐车等运输设备。

二、油系统防火要求

油系统应有防火防爆措施，墙壁为防火防爆墙。与油有关的室内工作场所，都应考虑消防措施。具体要求如下：

（1）油库与厂区建筑物的防火安全距离，绝缘油及透平油露天油罐与厂区建筑物的防火间距不应小于 10～12 m；与开关站的防火间距不应小于 15 m；与厂外铁路中心线的距离不应小于 30 m；与厂外公路路边的距离不应小于 15 m；与电力牵引机车的厂外铁路中心线的防火间距不应小于 20 m；绝缘油和透平油露天油罐与电力架空线的最近水平距离不应小于电杆高度的 1.2 倍；绝缘油和透平油露天油罐以及厂房外地面油罐室与厂区内铁路装卸线中心线的距离不应小于 10 m，与厂区内主要道路路边的距离不应小于 5 m。

（2）绝缘油和透平油系统的设备布置，应符合如下防火要求：

①露天立式油罐之间的防火间距不应小于相邻立式油罐中较大罐直径的 40%，其最大防火间距可不大于 2 m。卧式油罐之间的防火间距不应小于 0.8 m。

②油罐室内部油罐之间的防火间距不宜小于 1 m。

③当露天油罐设有防止液体流散的设施时，可不设置防火堤。油罐周围的下水道应是封闭式的，入口处应设水封设施。

④当厂房外地面油罐室不设专用的事故排油、储油设施时，应设置挡油槛；挡油槛内的有效容积不应小于最大一个油罐的容积。当设有固定式水喷雾灭火系统时，挡油槛内的有效容积还应加上灭火水量的容积。

⑤露天油罐或厂房外地面油罐室应设置消火栓和移动式泡沫灭火设备，并配置砂箱等消防器材。当其充油油罐总容积超过 200 m³，同时单个充油油罐的容积超过 80 m³ 时，宜设置固定式水喷雾灭火系统。

⑥厂房内不宜设置油罐室，如必须设置，应满足以下防火要求：

a）油罐室、油处理室应采用防火墙与其他房间分隔。

b）油罐室的安全疏散出口不宜少于两个，但其面积不超过 100 m² 时可设一个。出口的门应为向外开的甲级防火门。

c）单个油罐室的油罐总容积不应超过 200 m³。

d）设置挡油槛或专用的事故集油池，其容积不应小于最大一个油罐的容积，当设有固定式水喷雾灭火系统时，还应加上灭火水量的容积。

e）油罐的事故排油阀应能在安全地带操作。

f）油罐室出入口处应设置移动式泡沫灭火设备及砂箱等灭火器材。当其充油油罐总容积超过 100 m³，同时单个充油油罐的容积超过 50 m³ 时，宜设置固定式水喷雾灭火系统。

⑦油处理系统使用的烘箱、滤纸应设在专用的小间内，烘箱的电源开关和插座不应设在该小间内。灯具应采用防爆型。油处理室内应采用防爆电器。

⑧钢质油罐必须装设防感应雷接地，其接地点不应少于两处，接地电阻不宜大于 30 Ω。

⑨绝缘油和透平油管路不应和电缆敷设在同一管沟内。

油库及油处理室的布置如图 7-15 所示。

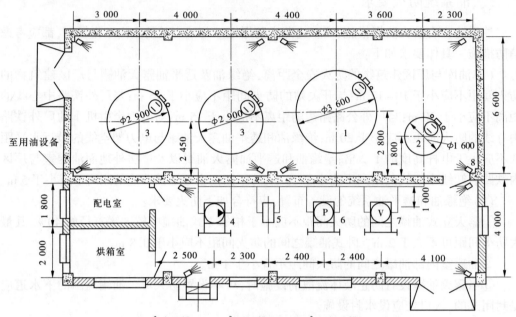

1—40 m³ 净油槽；2—4 m³ 添油槽；3—20 m³ 运行油槽；4—油泵；
5—吸附过滤器；6—压力滤油机；7—真空滤油机；8—消防喷雾头

图 7-15　油库及油处理室的布置　（单位：mm）

思考与习题

1. 水电站的用油种类与作用是什么？润滑油牌号的数字表示什么含义？

2. 油主要特性指标的含意及其对运行的影响是什么？

3. 什么是油的黏度？黏度与温度有什么关系？黏度对油的运行有什么影响？

4. 何为酸值？测定酸值有何意义？

5. 什么是绝缘油的介质损失角和绝缘强度？

6. 什么是油的劣化？影响油劣化的因素有哪些？对运行有何影响？

7. 油劣化后会有哪些危害？应采取哪些措施减缓油的劣化？

8. 油劣化的根本原因是什么？可采取哪些防护措施防止油的氧化？

9. 加速油氧化的因素有哪些？

10. 常用污油处理方法及工作原理是什么？各有何特点？

11. 运行中油的再生常用什么方法？

12. 油系统的任务是什么？油系统由哪些部分组成？

13. 油系统的主要设备有哪些？

14. 储油设备有哪些？其作用各是什么？

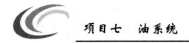

15.水电站润滑油系统中,常在哪些设备中用哪些自动化元件实现哪些自动化操作与监视?

16.简述油系统设备选择的内容与方法。油系统布置的内容与方法是什么?

17.简述油系统图的组成、作用、特点、设备、供油对象及自动化要求。

项目八　压缩空气系统

任务一　压缩空气的用途

一、压缩空气的用途

空气具有极好的弹性(压缩比大),是储存压能的良好介质。压缩空气使用方便,易于储存和输送,在水电站中得到了广泛的应用,在机组的安装、检修和运行过程中,都要使用压缩空气。

水电站中使用压缩空气的设备有下列几方面用途:

(1)油压装置的压力油槽充气,为水轮机调节系统和机组控制系统的油压操作设备提供操作能源,额定工作压力一般为2.5 MPa,目前多采用4.0 MPa的压力,并有进一步提高的趋势。

(2)机组停机时制动装置用气,额定压力为0.7 MPa。

(3)机组作调相运行时转轮室内压水用气,额定压力为0.7 MPa。

(4)检修维护时风动工具及吹污清扫用气,额定压力为0.7 MPa。

(5)水轮机导轴承检修密封围带充气,额定压力为0.7 MPa。

(6)蝴蝶阀止水围带充气,额定压力视作用水头而定,一般比作用水头大0.1~0.3 MPa。

(7)寒冷地区的水工建筑物闸门、拦污栅及调压井等处的防冻吹冰用气,工作压力一般为0.3~0.4 MPa,为了达到干燥的目的,压缩空气额定压力提高到工作压力的2~4倍。

目前,也有机组采用压缩空气密封循环冷却,代替一般的空气冷却器对发电机进行冷却,其效果较好。对于高水头电站,用压缩空气强制向水轮机转轮室补气比用自由空气补气方式的效果较好。

有的小型水电站,利用压缩空气充灌横跨河流的橡胶囊袋(有的是充水),作为橡胶坝拦截河道水流,形成一定作用水头供发电之用。这种电站投资省、见效快,但橡胶袋容易破裂,修补困难,妨碍其推广应用。

水电厂按压力将压缩空气系统分为高压和低压两大系统。根据上述压缩空气用户的性质和要求,水轮机调节系统和机组控制系统的油压装置均设在水电站主厂房内,要求气压较高,压力范围为2.5~4.0 MPa,故其组成的压缩空气系统称为厂内高压压缩空气系统;机组制动、调相压水、风动工具与吹扫和空气围带用气等都在厂内,要求气压均为0.7 MPa,故可根据电站具体情况组成联合气系统,称为厂内低压压缩空气系统。水工闸门、拦污栅、调压井等都在厂外,要求气压为0.7 MPa,故称厂外低压压缩空气系统。原先的厂外配电装置灭弧及操作用高压气系统已很少见,水电站新型六氟化硫配电装置由设备制造厂家配套供应,其气动操作机构工作压力一般为2.5 MPa,水电站只对其压缩空气设备进行维护。

二、压缩空气系统的任务与组成

水电站压缩空气系统的任务,就是随时满足用气设备对压缩空气的气量要求,并且保证压缩空气的质量,即满足用户对压缩空气压力、清洁和干燥度的要求。为此,必须正确地选择压缩空气设备,设计合理的压缩空气系统,并且实行自动控制。

压缩空气系统由以下四部分组成:

(1)空气压缩装置。包括空气压缩机、电动机、储气罐、空气冷却器及油水分离器等。

(2)供气管网。由干管、支管和管件组成。管网将气源与用气设备联系起来,向设备输送和分配压缩空气。

(3)测量和控制组件。包括各种类型的自动化组件,如温度信号器、压力信号器、电磁空气阀等,其主要作用是保证压缩空气系统的正常运行。

(4)用气设备。如油压装置压力油槽、制动闸、风动工具等。

任务二　压缩空气装置

一、空气压缩机的分类

空气压缩机(简称空压机)的种类很多,按照工作原理可分为两大类:容积型压缩机与速度型压缩机。容积型压缩机靠在汽缸内作往复运动的活塞,使气体容积缩小而提高压力。速度型压缩机靠气体在高速旋转叶轮的作用下,获得巨大的动能,随后在扩压器中急剧降速,使气体的动能转变为势能(压力能)。按照结构形式的不同,压缩机可作如下分类:

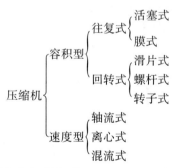

常用空压机为往复式、回转式和离心式。

往复式空压机是变容式压缩机,这种压缩机将封闭在一个密闭空间内的空气逐次压缩其体积,从而提高其压力。往复式空压机通过汽缸内活塞的往复运动改变压缩腔的内部容积来完成压缩过程。

回转式空压机也是变容式压缩机,通过一个或几个部件的旋转运动来完成压缩腔内部容积的变化对气体进行压缩,包括滑片式、螺杆式和转子式等类型。

离心式空压机是一动力型空压机,它通过旋转的涡轮完成能量的转换。气体进入离心式压缩机的叶轮后,在叶轮叶片的作用下,一边跟着叶轮作高速旋转,另一边在旋转离心力的作用下向叶轮出口流动,其压能和动能均得到提高;气体进入扩压器后,动能又进一步转化为压能,转子通过改变空气的动能和压能来提高其压力。

二、活塞式空气压缩机

活塞式空气压缩机又称为往复活塞式压缩机,具有工作压力范围广、效率高、工作可靠、适应性强等特点,因此在水电厂得到了广泛的应用。

(一)活塞式空气压缩机的工作原理

气体在某状态下的压力、温度和比容之间关系的数学表达式,称为气体的状态方程。理想气体是指气体分子间没有吸引力,分子本身不占有空间的气体。实际上,理想气体是没有的,但对于多数气体,在压力不太高和温度不太低的情况下,按理想气体状态方程进行热力计算已足够精确。

理想气体的状态方程为

$$\frac{PV}{T} = R \tag{8-1}$$

式中　　P——压力,Pa;

　　　　V——比容,m^3/N;

　　　　T——温度,K;

　　　　R——气体常数,$J/(N \cdot K)$。

空气压缩机对气体进行压缩时,气体的状态是不断变化的。为了研究问题方便,符合以下三个条件的工作过程称为理论工作过程:

(1)汽缸没有余隙容积,并且密封良好,气阀开关及时。

(2)气体在吸气和排气过程中状态不变。

(3)气体被压缩时是按不变的指数进行的。

图 8-1 为单作用式空压机的工作原理图。

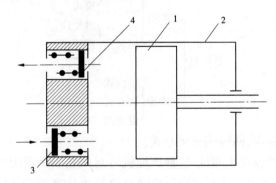

1—活塞;2—汽缸;3—进气阀;4—排气阀

图 8-1　单作用式空压机的工作原理图

在理论工作过程中,活塞从左止点向右移动时,汽缸内左腔容积增大,压力降低,外部气体在汽缸内外压差作用下,克服进气阀的弹簧力进入汽缸左侧,这个过程称为吸气过程,直到活塞到达右止点;当活塞从右止点向左返行时,汽缸左侧的气体压力增大,进气阀自动关闭,已被吸入的空气在汽缸内被活塞压缩压力不断升高,这个过程称为压缩过程;当活塞继续左移直至汽缸内的气压增高到超过排气压力时,排气阀被顶开,压缩空气排出,这时汽缸内的压力保持不变,直至活塞运动到左止点为止,这个过程称为排气过程。至此,空气压缩机完成了吸气、压缩和排气一个工作循环。活塞继续运动,则上述工作循环将周而复始地进行。活塞从一个止点到另一个止点所移动的距离称为行程。上述循环中,活塞在往返两个行程中只有一次吸气和缩、排气过程,这种压缩机称为单作用式压缩机。

图 8-2 所示为双作用式空压机的工作原理图,工作时活塞两侧交替担负吸气、压缩、排气的工作任务,因此活塞往返的两个行程共进行两次吸气、压缩和排气过程,故称为双作用式压缩机。

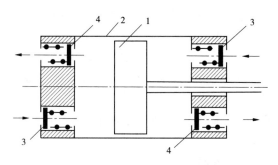

1—活塞;2—汽缸;3—进气阀;4—排气阀
图 8-2　双作用式空压机的工作原理图

为了获得较高压力的压缩空气,可以将几级汽缸串联起来,连续对空气进行多次压缩,即空气经前一级汽缸压缩之后排出又进入下一级汽缸进一步压缩,这种空压机有二级汽缸、三级汽缸直至多级汽缸,其相应的空压机称为二级、三级或多级空气压缩机。图 8-3 所示为两级单作用式空气压缩机的工作原理图。

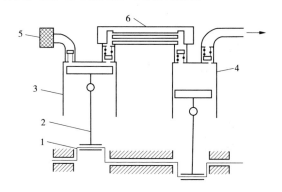

1—曲轴;2—连杆;3——级汽缸;4—二级汽缸;5—空气过滤器;6—冷却器
图 8-3　两级作用式空压机的工作原理图

空气经一级压缩后,外功转化为气体分子内能,排气温度很高。因此,在多级空压机中,一级排气必须经过中间冷却器冷却之后才进入下一级汽缸,以使气体内能减少,从而减少下级压缩所需的外功。根据冷却器的冷却介质不同,空压机分为风冷式空气压缩机和水冷式空气压缩机。风冷式空压机冷却效果较差,一般只用于小型空气压缩机。

空气压缩机的实际工作过程与理论过程是有差别的,这是因为:

(1)存在余隙容积。

(2)吸气时汽缸内压力小于汽缸外压力。

(3)排气时汽缸内压力大于汽缸外压力。

(4)温度的影响。

(5)湿度的影响。

(6)不严密的影响。

汽缸中的余隙容积是不可避免的,因此排气时必定有剩余压缩空气未被排出,在吸气开始阶段它会重新膨胀,使实际吸入的气体量减少。吸气时,外界气体要克服吸气阀的弹簧力才能进入汽缸,排气时也要克服排气阀的弹簧力才能把压缩空气排出,这就使得实际吸气量与排气量均较理论过程小。压缩空气时,汽缸吸收热量而发热,直接影响吸入空气的温度;空气中含有水分,吸气时水蒸气也进入汽缸,经压缩并冷却后,大部分凝结成水排除掉;在吸气和排气过程中,空气会经过活塞环、吸气阀和排气阀等不严密处漏气;所有这些因素都使实际排气量比理论计算值小。

实际空气压缩机对这些影响因素,用排气系数来表示,它是判定空气压缩机质量的参数之一,其值在 0.60~0.85。

(二)活塞式空气压缩机的结构形式

活塞式压缩机按汽缸中心线的布置有如图 8-4 所示的几种典型形式。图 8-4(a)为立式;图 8-4(b)、(c)、(d)为角式,分别为 V 型、W 型及 L 型;图 8-4(e)为卧式 H 型。当图 8-4(a)为卧式安置时,则为 π 型。

活塞式压缩机由曲轴、连杆通过十字头带动活塞、活塞杆在汽缸内作往复运动(小型空气压缩机由连杆直接带动活塞),使气体在汽缸内完成吸气、压缩和排气过程。吸、排气阀控制气体进入与排出汽缸。在曲轴侧的汽缸底部设置填料函,以阻止气体外漏。图 8-5 为两级压缩的 L 型空气压缩机。

(三)活塞式空气压缩机的主要部件

1.汽缸

活塞式空气压缩机的汽缸多用铸铁制造,中压汽缸用球墨铸铁制造,高压汽缸用锻钢制造(内装铸铁缸套)。按照作用方式,汽缸有三种不同的结构形式:单作用式、双作用式与级差式。依照冷却方式,汽缸有风冷与水冷之分。图 8-6 为微型或小型移动式单作用风冷式铸铁汽缸。图 8-5 中 L 型空气压缩机的 Ⅰ 级汽缸及 Ⅱ 级汽缸,为双作用水冷式开式铸铁汽缸,由缸体及两侧缸盖组成,并带有水夹套。气阀配置在两侧缸盖上。

2.进气阀与排气阀

活塞式空气压缩机的进气阀与排气阀均为自动阀,随气体压力变化而自行启闭。常见的类型有环状阀、网状阀、舌簧阀、碟形阀和直流阀。

环状进气阀如图 8-7 所示。环的数目视阀的大小由一片到多片不等,阀片上的压紧弹簧有两种:一种是每一环片用一只与阀片直径相同的弹簧,即大弹簧;另一种是用许多

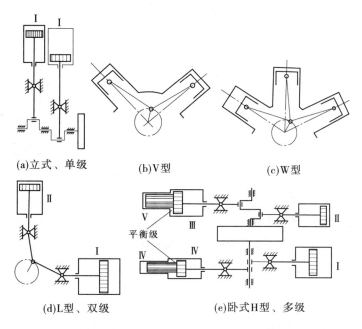

(a)立式、单级 (b)V型 (c)W型

(d)L型、双级 (e)卧式H型、多级

图 8-4 不同结构形式活塞式空气压缩机简图

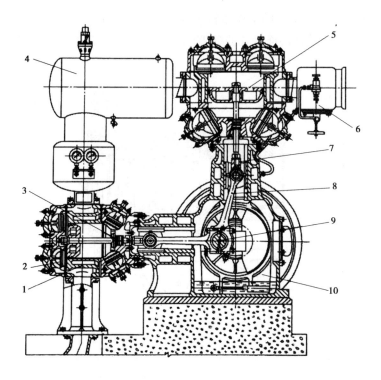

1—汽缸;2—气阀;3—填料函;4—中间冷却器;5—活塞;
6—减荷阀;7—十字头;8—连杆;9—曲轴;10—机身

图 8-5 两级压缩的 L 型空气压缩机

个与环片的宽度相同的小圆柱形弹簧,即小弹簧。排气阀的结构与吸气阀基本相同,两者仅是阀座与升程限制器的位置互换而已。

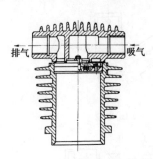

图 8-6　风冷式铸铁汽缸

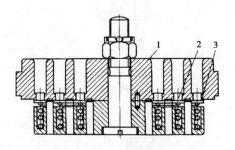

1—阀座;2—升程限制器;3—阀片

图 8-7　环状进气阀

网状阀的作用原理与环状阀完全相同,而阀片不同。阀片多为整块的工程塑料,在阀片不同半径的圆周上开许多长圆孔的气体通道。阀片之上加缓冲片,其用途是减轻阀片与升程限制器的冲击。

3. 填料函

在双作用的活塞式压缩机中,活塞的密封依靠填料密封组件。现代压缩机的填料多用自紧式密封。

图 8-8 为中压压缩机常见的平面填料函的结构。填料的径向压紧力来自弹簧及泄漏气体的压力。在内径磨损后,连接处的缝隙能自动补偿。铸铁密封圈需用油进行冷却与润滑。

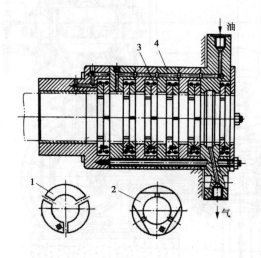

1—三瓣密封圈;2—六瓣密封圈;3—弹簧;4—填料盒

图 8-8　中压压缩机常见的平面填料函的结构

在无油润滑压缩机中,用填充聚四氟乙烯工程塑料作密封圈,常用如图 8-9 所示的结构。在填充聚四氟乙烯密封圈的两侧加装金属环,分别起导热作用及防止塑料的冷流变形。

(四) 空气压缩机的排气量及其调节

空气压缩机在单位时间内排出的气体容积，换算到吸气状态(压力、温度)下的数值，称为排气量，单位为 m³/min。排气量是空压机每分钟压缩空气的数量，表明了生产率的高低。

空压机的排气压力通常是指最终排出空压机的气体压力，即空压机的额定压力。

空气压缩机的排气量与压缩空气的消耗量不相应时，会引起排气网中压力的波动。当排气量超过消耗量时，压力升高；反之，则压力降低。为了保证某些用户设备(如风动工具)的正常工作，排气管网应保持接近恒定的压力，因此必须对空气压缩机的排气量进行调节。调节的方法有：

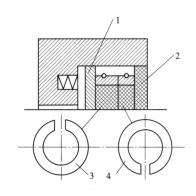

1—阻流环；2—导热环；
3、4—填充聚四氟乙烯密封环

图 8-9　塑料填料函

(1)打开排气阀将多余的气体排至大气中。

(2)改变原动机的转速。

(3)停止原动机运转。

(4)打开吸气阀。

(5)关闭吸气阀。

(6)连通辅助容器增大余隙容积。

上述第(1)种方法因为不经济，最好不采用。第(2)种方法常用于蒸汽机或内燃机带动的压缩机中，因为这些原动机改变转速较容易。第(3)种方法用于由电动机带动的小型压缩机中。

水电站大多数用气设备，都是要求瞬时或短时间使用大量的压缩空气(如操作电气设备、调相压水等)，通常用足够大的储气罐来供给，只当储气罐的气压降低到整定值的下限时，才启动空气压缩机，而所采用的压缩机通常为由电动机带动的小型空气压缩机。因此，停止原动机运行的调节方法在水电站中广泛采用，也是经济的。

第(4)种方法在水电站中也常采用，可通过调整器和卸荷阀来实现。其他方法很少采用。

第(5)种方法通过关闭空气压缩机的吸气阀，使空气压缩机停止进气。停止吸气阀的结构见图 8-10。当供气量过多时，储气罐的压力升高，通过压力调节器输送来的气压将阀关闭，吸气口被截断；当压力降低时，靠阀的重力及弹簧力使阀开启。

第(6)种方法是在大型压缩机中用余隙阀来调节压缩机的进气量。图 8-11 所示为变容积的余隙阀，它与第 I 级汽缸余隙容积联通，余隙活塞移动使汽缸余隙容积变动，吸气量因此而增减，从而调节排气量。

(五) 压缩机的冷却装置

压缩机的冷却包括汽缸壁的冷却及级间气体的冷却。这些冷却可以改善润滑工况、降低气体温度，以及减小压缩功耗。图 8-12 所示为两级空气压缩机的串联冷却系统。图中冷却水先进入中间冷却器而后进入汽缸的水套，以保持汽缸壁面上不致析出冷凝水而破坏润滑。冷却系统的配置可以串联、并联,也可混联。

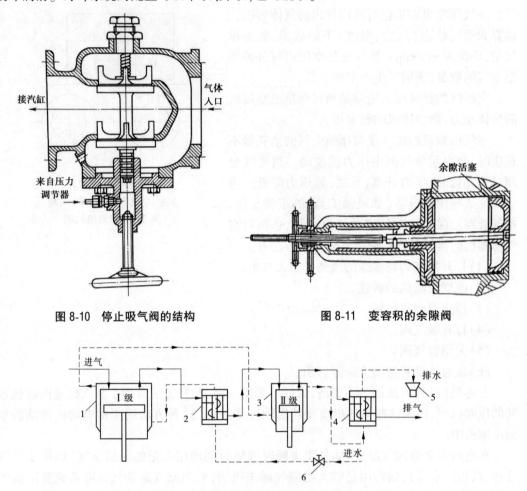

图 8-10　停止吸气阀的结构　　　　　　图 8-11　变容积的余隙阀

1—Ⅰ级汽缸;2—中间冷却器;3—Ⅱ级汽缸;4—后冷却器;5—溢水槽;6—供水调节阀
图 8-12　两级空气压缩机的串联冷却系统

　　压缩机级间冷却器经常放置在压缩机机体上。大型压缩机的级间冷却器,气体压力小于 3~5 MPa 时采用管壳式换热器,利用轴流式风扇吹风冷却;压力再高时一般采用套管式换热器,采用水冷却,冷却后的气体与进口冷却水的温差一般在 5~10 ℃,为避免水垢的产生,冷却后的水温应不超过 40 ℃。冷却后的气体进入油水分离器,将气体中的油与水分离掉。

三、螺杆式空气压缩机

　　螺杆式空气压缩机属容积式压缩机,是通过工作容积的逐渐减少对气体进行压缩的。

(一)螺杆式空气压缩机的结构

　　螺杆式空气压缩机的结构如图 8-13 所示,其结构组成包括同步齿轮、汽缸、阳转子、阴转子、轴密封、轴承等部件。图中空气压缩机机壳内置有两个转子:阳螺杆和阴螺杆。

两者的齿数不等,因而以一定的传动比相互啮合运行。小型的螺杆式压缩机缸体做成整体式,较大型的则制成水平剖分面结构。螺杆式空气压缩机的吸气口通常开在机体的左下方,排气口开在右上方。

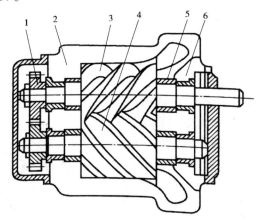

1—同步齿轮;2—汽缸;3—阳转子;4—阴转子;5—轴密封;6—轴承
图 8-13　螺杆式空气压缩机的结构

螺杆式空气压缩机有喷油式和干式两种。前者一般是由阳转子直接驱动阴转子,结构简单,油道有利于密封和冷却气体。后者要保证啮合过程中不接触,因而在转子的一端设置同步齿轮,主动转子通过同步齿轮带动从动转子。

(二) 螺杆空气压缩机的工作原理

(1)吸气过程。螺杆式空气压缩机并无进气与排气阀组,进气只靠一调节阀的开启、关闭调节。当转子转动时,主副转子的齿沟空间在转至进气端壁开口时,其空间最大,此时转子的齿沟空间与进气口的自由空气相通。因在排气时齿沟的空气被全数排出,排气结束时,齿沟仍处于真空状态,当转到进气口时,外界空气即被吸入,沿轴向流入主副转子的齿沟内。当空气充满整个齿沟时,转子的进气侧端面转离了机壳的进气口,在齿沟间的空气即被封闭。

(2)封闭及输送过程。主副两转子在吸气结束时,其主副转子齿峰会与机壳封闭,此时空气在齿沟内封闭不再外流,即封闭过程。两转子继续转动,其齿峰与齿沟在吸气端吻合,吻合面逐渐向排气端移动。

(3)压缩及喷油过程。在输送过程中,啮合面逐渐向排气端移动,亦即啮合面与排气口间的齿沟间逐渐减小,齿沟内的气体逐渐被压缩,压力提高,此即压缩过程。而压缩同时润滑油亦因压力差的作用而喷入压缩室内与空气混合。

(4)排气过程。当转子的啮合端面转到与机壳排气相通时,此时压缩气体的压力最高,被压缩气体开始排出,直至齿峰与齿沟的啮合面移至排气端面,此时两转子啮合面与机壳排气口的齿沟空间为零,即完成排气过程。与此同时,转子啮合面与机壳进气口之间的齿沟长度又达到最长,其吸气过程又开始进行。

(三) 螺杆式空气压缩机的特点

螺杆式空气压缩机结构较简单,易损件少、可靠性高、体积小、质量轻。螺杆式空气压缩机具有强制输气的特点,排气量不受排气压力的影响,其内压力比也不受转速和气体密度的影响,效率高。压缩机在运转中能产生很强的高频噪声,此外对转子加工精度要求高,需采用复杂的加工设备。近年来,由于转子型线的不断改进,性能不断提高,工作压力最高可达 4.3 MPa,因而应用日益广泛。

四、滑片式空气压缩机

(一)滑片式空气压缩机的结构

滑片式空气压缩机的结构如图 8-14 所示。

滑片式空气压缩机主要由汽缸、转子及滑片三部分组成。转子偏心配置在汽缸内,在转子上开有若干径向槽,槽内放置用金属(铸铁、钢)或非金属(酚醛树脂夹布压板、石墨、聚乙醛亚胺等)制作的可沿径向滑动的滑片。由于偏心,转子与缸壁之间形成一个月牙形空间。当转子旋转时滑片受离心力的作用甩出,紧贴在缸壁上,把月牙形空间分隔成若干扇形单元容积。转子旋转一周,其单元容积从吸入口转向排气口,将由最小逐渐变大,再由最大逐渐

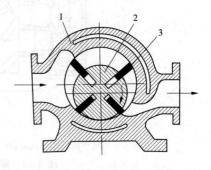

1—机体;2—转子;3—滑片

图 8-14　滑片式空气压缩机的结构

变小。当单元容积与吸入口相通时,气体经过滤器由吸气口进入单元容积,单元容积由最小值变为最大值;转子继续旋转,单元容积再由最大值逐渐变小,气体被压缩。当单元容积转至排气口时,压缩过程结束,排气开始。排气终止后,单元容积达到最小值,随着转子旋转,单元容积又开始剩气膨胀、吸气、压缩、排气过程,周而复始,不断循环。

滑片式空气压缩机有喷油型与无油型两类。喷油型可减少摩擦,降低温度,增大压力比,但需增加一套油循环系统。无油型的滑片采用自润滑材料,可使气体不含油,但压力比不能过高。

(二)滑片式空气压缩机的特点

滑片式空气压缩机结构简单,体积小,质量轻,噪声小,操作和维修保养方便,可靠性高,可长时间连续运转,容积效率高。滑片式空气压缩机的主要缺点是滑片机械磨损较大,滑片的寿命取决于材质、加工精度及运行条件。滑片式空气压缩机目前在小气量或移动式压缩机中仍有应用,一般用于 0.68 MPa 以下的压力,排气量通常不超过 0.5 m³/s。

五、空气压缩装置的其他设备

空气压缩装置除空气压缩机外,还要有空气过滤器、气水分离器、储气罐、冷却器、止回阀和减压阀等附属装置,以满足用气设备的要求。

(一)空气过滤器

空气过滤器简称滤清器,其作用是过滤空气,防止空气中的灰尘和杂质进入空气压缩机。如果大量的灰尘和杂质进入汽缸,就会与高温气体和润滑油混合而逐渐碳化,黏附在活塞、汽缸壁和进排气阀上形成积碳,使气阀关闭不严,减少排气量,降低压缩机效率,增

加活塞和汽缸的磨损,缩短部件寿命。因此,要在压缩机进气管路前装设空气过滤器。

滤清器一般有干式和油浴式两种形式。干式滤清器有纤维织物和金属滤网两种。图 8-15 所示为较常用的金属筒滤清器。

滤清器由筒体 1 和封头 2、5 组成,筒内滤芯由多层波纹状铁丝做成筒形过滤网,表面涂一层黏性油。当含尘空气通过时,灰尘和杂质黏附于过滤网上。当过滤网附着物过多时,拧开螺母 4 卸下封头 5,取出过滤网 3,清洗后重新上油,即可继续使用。

油浴式滤清器由滤芯和油池两部分组成,进入滤清器中的气体经气流折返,较大颗粒的灰尘落入油池,较小颗粒的灰尘由滤芯阻隔。

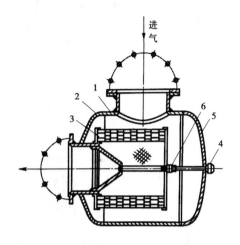

1—筒体;2、5—封头;3—过滤网;4、6—螺母

图 8-15　金属筒滤清器

(二) 气水分离器(又称油水分离器)

空气压缩机汽缸中排出的压缩气体,由于温度较高,含有一定数量的水蒸气和油分子。气水分离器的功能是分离压缩空气中的水分和油分,使压缩空气得到初步净化,以减少污染和腐蚀管道。

气水分离器的结构各不相同,它们的作用原理都是使进入气水分离器中的压缩空气流产生方向和大小的改变,并依靠气流的惯性,分离出密度较大的水滴和油滴。

图 8-16 所示是隔板式和旋转式气水分离器的剖面图。分离器底部装设的截止阀或电磁阀是用于排污兼作空压机启动卸荷阀。其中,截止阀是手动操作,电磁阀是电气自动操作的。

(三) 储气罐

储气罐的作用:作为气能的储存器,当用气设备耗气量小于空压机的供气量时积蓄压缩空气,而当耗气量大于供气量时放出压缩空气,以协调空压机生产率与用户的用气量;作为压力调节器,缓和活塞式压缩机由于断续压缩而产生的压力波动;作为气水分离器,当压缩空气进入储气罐后温度逐渐降低,运动方向改变,从而将空气中的水分和油分加以分离和汇集,并由罐底的排污阀定期排除;作为压力控制器,储气罐上装设的压力信号器根据管网中的空气消耗量不同而引起的压力变化,操作空压机的开启与关闭。

一般中小型活塞式空压机均随机附有储气罐,但其容积较小,水电站一般需另设储气罐。储气罐是压力容器,用钢板焊接而成,其结构如图 8-17 所示。储气罐还需要设置压力表(或压力信号器)、安全阀和排污阀等。

(四) 冷却器

多级压缩的空压机除对汽缸冷却外,还设有冷却器,用作多级压缩空压机的级间冷却和机后冷却,即经过一级压缩的空气,必须经过冷却器冷却后再进入下一级压缩,以减少压缩功耗;或是经空压机压缩排出的高温空气经冷却器冷却后再进入用气设备或储气罐,以降低空压机排气的最终温度。

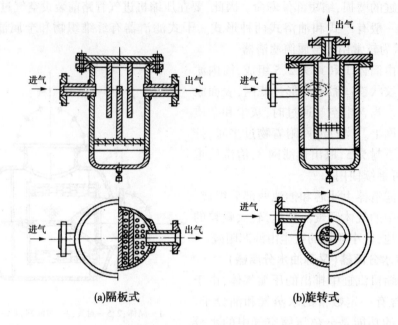

(a)隔板式　　　　　　　(b)旋转式

图 8-16　气水分离器的剖面图

排气量小于 $10\ m^3/min$ 的小容量空压机大多采用风冷式冷却器,即把冷却器做成蛇管式或散热器式,用风扇垂直于管子的方向吹风;排气量较大的空压机多采用水冷式冷却器,有套管式、蛇管式、管壳式等。

(五)止回阀

止回阀控制气体只能向一个方向流动、反向截止或有控制的反向流动,因此又称为单向阀或逆止阀。按流体流动方向的不同,止回阀可分为直通式和直角式两种结构。图 8-18 为止回阀的结构图。止回阀由阀芯、阀体、弹簧等组

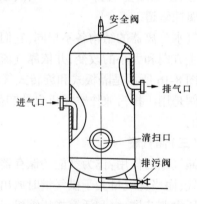

图 8-17　储气罐的结构示意图

成。气体从 p_1 流入时,克服弹簧力推动阀芯,使通道接通,气体从 p_2 流出;当气体从反向流入时,流体的压力和弹簧力将阀芯压紧在阀座上,气体不能通过。

止回阀应用于不允许气流反向流动的场合。如在空气压缩机与储气罐之间应设置止回阀,当空气压缩机停止向储气罐充气时,止回阀可防止储气罐中的压缩空气倒流向空气压缩机,并可保证空气压缩机实现卸载启动。此外,止回阀还常与节流阀、顺序阀等组合成单向节流阀、单向顺序阀使用。

(六)减压阀

减压阀的作用是将具有较高压力的压缩空气减压调整到规定的较低压力输出,并保证输出压力稳定,不受气体流量变化及气源压力波动的影响。通常在高压储气罐和用气设备之间装设减压阀。图 8-19 所示为机械式减压阀的结构。

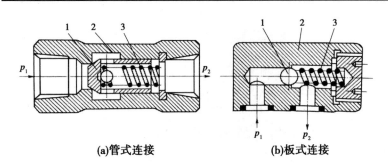

(a)管式连接   (b)板式连接

1—阀芯(锥阀或球阀);2—阀体;3—弹簧

图 8-18 止回阀的结构图

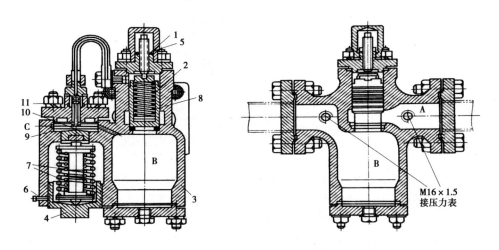

1—调整螺钉;2—套形阀;3—阀体;4—调整螺塞;

5—锁定螺母;6—顶丝;7、8—弹簧;9—薄膜;10—上顶座;11—顶塞

图 8-19 机械式减压阀结构图

图 8-19 中 A 腔为高压侧,B 腔为减压后的低压侧,B 腔与薄膜 9 上部 C 腔相通,薄膜 9 与上顶座 10 及顶塞 11 相顶。当 B 腔压力低于所需工作压力时,薄膜上部压力小于下部弹簧压力,顶塞 11 向上移动,使套形阀 2 上部与 B 腔连通,阀上压力下降,使阀套上移,阀门打开。当 B 腔压力上升至工作压力时,薄膜恢复原来位置,顶塞 11 下移,截断阀套上腔与 B 腔的通路,使阀套上压力升高,阀套下移与阀座接触后立即关闭,用调整螺塞 4 和调整螺钉 1 可进行工作压力的调整。弹簧 7 和 8 可调节减压阀的灵敏度。

(七)电磁排污阀

电磁排污阀用于压缩空气装置自动排污,以保证油水分离器中不积存油水污物,有利于防锈和保持空气清洁。空气压缩机启动时,延时关闭电磁阀可以减小启动载荷。图 8-20 所示为电磁排污阀的工作原理图。

空气压缩机停机时,其 I 级排气管停止向膜片室 11 供给压缩空气,膜片室上部的压缩空气由十字接头 6 上的常开小孔排出,油水分离器中的压缩空气将针阀 10 顶开,进行放气排污,并为空气压缩机空载启动做好准备。

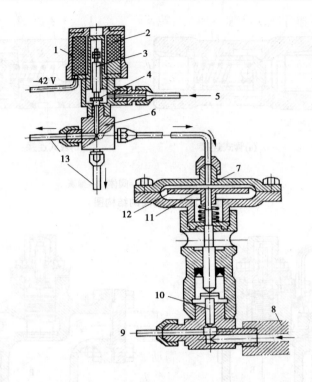

1—电磁阀;2—线包;3—铁芯;4—阀体;5—引自Ⅰ级排气管;6—十字接头;7—排污阀;
8—接油水分离器;9—接排污管;10—针阀;11—膜片室;12—膜片;13—接其他排污阀

图 8-20　电磁排污阀的工作原理图

当储气罐压力下降到空气压缩机的启动压力时,空气压缩机启动,通过时间继电器控制电磁阀1延时励磁,由Ⅰ级排气管引向电磁阀1的压缩空气使其阀体4关闭,压缩空气不能进入膜片室11,针阀10仍保持在上升位置,排污阀口仍然开启,空气压缩机卸载启动。经时间继电器延时后,在电磁力作用下将阀体4打开,压缩空气进膜片室11,推动针阀10下移,关闭排污阀口,油水分离器不再排污,空气压缩机向储气罐供气。当储气罐达到上限时,空气压缩机停机。

任务三　低压压缩空气系统

低压压缩空气系统包括机组制动供气、调相压水供气、检修维护、空气围带和防冻吹冰供气等。

一、机组制动供气

(一)机组制动的必要性

水轮发电机组的转动惯量相当大,当机组停机时,在与电力系统解列并关闭导叶之后,在惯性的作用下仍会长时间旋转。若机组采用自由制动,机组的动能仅仅消耗在克服摩擦阻力矩上,且摩擦阻力矩随着机组转速的下降而减小,当机组转速高时,摩擦阻力矩大，转速下降快；转速低时，摩擦阻力矩小，转速下降慢，这样在停机过程中必然经过一个漫长的低速过程。长期的低速运转会使轴承润滑条件恶化，尤其是推力轴承可能会发生干摩擦或半干摩擦而烧毁。为保护轴承，须缩短机组的停机过程。通常在转速降至额定转速的35%左右投入制动闸，让机组很快停止运转。

水轮发电机组的制动大致可分为机械制动、电气制动和混合制动三种方式。

（二）机械制动装置

机械制动装置通常采用压缩空气作为强迫制动的能源来推动制动闸。为了避免制动闸摩擦面上的过度发热和磨损，以及减小制动装置的功率，通常规定待机组转速降低到额定转速的30%~40%时才进行强迫制动。这时机组转动部分的剩余能量大部分已经消耗掉，制动系统仅需抵偿其很小的一部分能量。制动闸的数目、尺寸和工作压力就是根据这种条件来考虑的。

立式水轮发电机组的制动闸装设在发电机下机架上，一般4~36个制动闸并联工作；卧式机组制动闸装设在飞轮两侧，通常2个制动闸并联工作。制动闸压缩空气的工作压力为0.5~0.7 MPa。制动闸的结构如图8-21所示，由汽缸、活塞、闸板、回复弹簧等组成。活塞在压缩空气和回复弹簧的作用下在汽缸内上下滑移，其顶部固接带有石棉橡胶板的制动闸板。立式机组制动时，制动闸板在压缩空气的作用下向上顶起，顶压在发电机转子下方的制动环上产生摩擦力矩，形成摩擦制动。卧式机组制动时，两个制动闸板在压缩空气的作用下从两侧紧紧夹持飞轮而形成制动力矩。制动装置在转子静止后排出压缩空气，活塞和制动闸板在回复弹簧的作用下回复到原来位置。

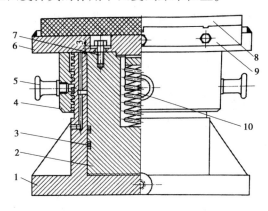

1—底座；2—活塞；3—O形密封圈；4—螺母；5—手柄；
6—制动板；7—螺钉；8—制动块；9—夹板；10—弹簧

图8-21　制动闸结构示意图

立式机组的制动装置除用于制动外，通常还用作油压千斤顶来顶起发电机转子。当机组长时间停机后，推力轴承的油膜可能被静压力破坏，故在开机前要将转子顶起，使润滑油进入镜板与推力瓦之间形成油膜。因此，立式机组的制动闸有通入压缩空气制动和通入压力油顶转子两种工作状态，用三通阀进行切换。正常运行时，制动闸与压缩空气控制单元输出管道相连通。顶转子时，切换三通阀通向高压油泵，向制动闸注入压力油，使转子抬高 8~12 mm，停留 1~2 min，再排油使转子降低到工作位置。顶转子的油压视转子质量和制动闸结构而定，一般为 8~12 MPa。按规程规定，第一次停机超过 24 h，第二次停机超过 36 h，第三次停机超过 48 h，以后每次停机超过 72 h 及以上都需要顶起转子。

　　制动用气的气源，我国各水电站都是从厂内低压气系统中通过专门的储气罐和供气干管供给。机组的制动供气管路及控制测量组件，一般都集中布置在一个制动柜内，以便于运行管理。图 8-22 所示为国内较典型的立式机组制动装置系统原理图。

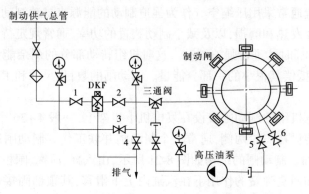

图 8-22　立式机组制动装置系统原理图

1. 制动操作

机组制动分自动操作和手动操作。

1）自动操作

机组在停机过程中，当转速降低至规定值（通常为额定转速的 35%）时，由转速信号器控制的电磁空气阀 DKF 自动打开，压缩空气从供气总管经常开阀门 1、电磁空气阀 DKF、常开阀门 2、三通阀、制动供气环管后进入制动闸，对机组进行制动。制动延续时间由时间继电器整定，经过一定的时限后，使电磁空气阀 DKF 复归（关闭），制动闸中压缩空气经三通阀、常开阀门 2、电磁空气阀 DKF 与大气相通，压缩空气排出，制动闸落下，制动完毕。排气管最好引到厂外或地下室，以免排气时在主机室内产生噪声和排出油污，吹起灰尘。

2）手动操作

制动装置同时又配有手动操作阀门，在机组自动操作系统故障时，可以手动操作使风闸顶起。当电磁空气阀失灵或检修时，可以关闭阀门 1 和 2，将自动操作回路切除；手动将常闭阀门 3 打开，压缩空气从供气干管经常闭阀门 3、三通阀进入制动闸对机组进行制动；制动完成后，将常闭阀门 3 关闭、常闭阀门 4 打开，压缩空气经三通阀和常闭阀门 4 接通排气管排气。

　　制动闸未落下时，机组不允许启动。制动装置中的压力信号器 YX 是用来监视制动闸状态的，其常闭接点串联在自动开机回路中，当制动闸处于无压状态即落下时，才具备开机条件。

2. 顶起转子

　　顶转子操作时，先关闭常开阀门 2 和常闭阀门 4 切换三通阀接通高压油架，用手动或电动油泵送油到制动闸，使发电机转子抬起 8~12 mm。开机前放出制动闸中的油，打开阀门 5,制动闸下部的油沿排油管经阀门 5 排至回油箱。风闸活塞壁间的漏油经阀门 6 排出,制动闸和环管中的残油可用压缩空气来吹扫。

3. 冲击式机组副喷嘴制动

冲击式机组的制动是利用专设的喷嘴使反向射流喷射到转轮的水斗背面,在机组转轴上产生制动力矩。图 8-23 所示为冲击式机组制动喷嘴控制系统图。控制系统的针阀由弹簧式差动接力器 3 控制,而接力器 3 由配压阀 4 控制。在停机过程开始前,配压阀 4 的活塞位于下面位置,接力器 3 的工作腔与回油相通。针阀 1 在弹簧 5 的作用下使喷嘴关闭。

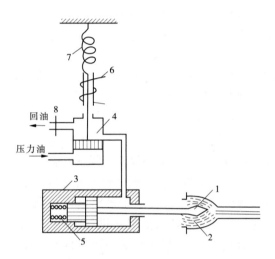

1—针阀;2—喷嘴;3—接力器;4—配压阀;5、7—弹簧;6—电磁线圈;8—节流片

图 8-23　冲击式机组制动喷嘴控制系统图

当冲击式水轮机主要工作于喷嘴关闭和发电机解列之后,电磁线圈 6 接通,使配压阀 4 的活塞上移,压力油进入接力器 3 的工作腔,使其活塞左移,针阀 1 将喷嘴 2 打开,射流作用在水斗背面,使转轮制动。当机组停止时,电磁线圈 6 断开,弹簧 7 使配压阀移向下端,接力器 3 的工作腔重新接通回油,针阀 1 在弹簧 5 的作用下使喷嘴关闭。接力器 3 的活塞移动速度可利用节流片 8 来调节。配压阀电磁线圈断开时的机组转速和针阀关闭的全行程时间的选择,应使转轮完全停止时射流刚好停止。这是因为制动射流时间过长可能使转轮倒转。

国外某些公司制造的冲击式机组,同时采用两种制动方式:反向射流和制动闸(机械制动)。在这种机组上,制动喷嘴关闭时可用压缩空气来制动。也有的除反向射流外,还采用反向电流的制动方式。应该指出,设置两套制动装置会使设备和机组控制系统复杂化。

(三) 机组电气制动装置

机械制动装置采用制动闸和制动环直接接触产生摩擦阻力而起到制动作用,这种制动方式存在以下缺点:

(1)制动功率与机组转速成正比,为了减少制动瞬间的冲击和制动环、制动块的磨损,投入机械制动的转速有限制,一般为额定转速的 30% 左右,因此延长了机组停机时间。

（2）随着水轮发电机组单机容量的不断增大，其转动惯量随之增大，制动时大量转子动能要消耗在制动块的磨损上，使制动块磨损迅速，更换频繁。

（3）制动摩擦产生的大量粉尘随发电机内部循环空气进入转子磁轭及定子铁芯的通风槽，并随油雾黏附在绕组端部和铁芯风道的表面。粉尘聚集会减小通风槽的过风断面面积，影响发电机的散热，导致定子温升增高，并污染定子绕组，降低其绝缘水平，增加了检修维护工作量。

（4）在制动过程中，制动环表面温度急剧升高，因而产生热变形，以致出现龟裂现象。

为了克服机械制动的缺点，提出了机组采用电气制动停机的方法。电气制动是种非接触式制动方法，它是基于同步电机电磁感应的原理，将机组的剩余动能转变为热能而实现制动停机的。

电气制动装置目前主要分为发电机定子三相短路电气制动、发电机-变压器单元高压侧短路电气制动、反接制动停机三种方式。

1. 发电机定子三相短路电气制动

该制动方法基于同步电机的电枢反应原理。在发电机出线端设置三相制动开关ZDK，当水轮发电机组与电网解列并将发电机转灭磁后，合上三相制动开关ZDK将发电机定子绕组短路，采用厂用电源整流后供给转子绕组励磁电流，这样在定子绕组中就会通过三相对称的短路电流。调节励磁电流使定子短路电流达到额定值，该电流在定子绕组中产生铜损耗，使转子的剩余动能以热量的形式进行消耗，并对转子感生制动力矩，其方向与机组的惯性力矩方向相反。电磁制动力矩与机组的其他阻力矩一起作用，使机组快速停机，从而保证机组推力轴承的安全。发电机定子三相短路电气制动接线原理如图 8-24 所示。

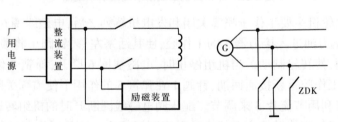

图 8-24　发电机定子三相短路电气制动接线原理

机组本身的制动力矩（包括风摩擦损耗、轴承摩擦损耗和水摩擦损耗）随转速降低而迅速下降，而定子短路电流产生的制动力矩则随转速的降低初始时增加，当转速进一步降低后又随之下降。由于电气制动的最大制动力矩相当可观，因此它比机械制动停机迅速。

电气制动采用定子绕组直接短路的方式接线简单，制动电流值视发电机的温升和要求的制动时间而定，一般为定子额定电流的 1.0~1.1 倍，电气制动的投入转速也较机械制动高，一般为额定转速的 50%。

2. 发电机-变压器单元高压侧短路电气制动

水电厂如无近区负荷，发电机端往往不设母线而采用发电机-变压器单元接线，具有接线简单、操作方便、短路电流小等特点。对于这种接线，可以在变压器的高压侧实施短路,对发电机进行电气制动,其接线原理如图 8-25 所示。

图 8-25 发电机-变压器单元短路制动接线原理

这种电气制动方式相当于在发电机定子三相绕组外接了一个附加电阻。制动装置投入后,由于变压器的感应电势与频率成正比,变压器的电抗也与频率成正比,故变压器的短路电流和损耗基本上不随频率而变化,而这时电气制动的短路损耗不但包括了发电机定子绕组的铜损耗,还包括了变压器的铜损耗。发电机-变压器单元接线中发电机和变压器的容量是匹配的,有关数据表明,相同容能的发电机和变压器的等效电阻大致相同,因而在相同的短路电流下可以使发电机的制动力矩成倍增加,制动时间缩短。

发电机定子短路制动要在室内装设大电流的短路开关,安装过程复杂,占地面积大,国产大电流电动操作隔离开关的可靠性还有待提高。采用变压器高压侧短路电气制动,由于高压断路器两侧的隔离开关一般都配备有接地短路开关,由远方自动操作,可以兼作发电机短路制动之用,这样既简化了接线,也节省了投资。

3. 反接制动停机

反接制动接线原理如图 8-26 所示。发电机与系统解列灭磁后,将励磁绕组通过灭磁电阻或直接短接,在定子绕组中通以逆序低电压的三相交流电,负序电流在定子侧形成了一个与发电机转子旋转方向相反的旋转磁场,这一磁场与转子有 n_0+n 的相对运动(n_0 为外加电源的同步转速,n 为发电机转子转速),就会在励磁绕组、阻尼绕组、转子本体和磁极铁芯上感生相应频率的感应电势。由于励磁绕组和阻尼绕组是闭合的,感应电势在绕组内形成电流并产生制动损耗,同时在转子铁芯上产生磁滞涡流损耗。转子损耗形成与转动方向相反的力矩,对发电机起制动作用。

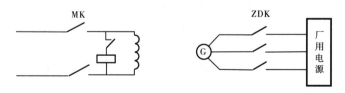

图 8-26 反接制动接线原理

反接制动力矩随转速的降低迅速升高,这对发电机低速下的制动十分有利。在定子电流相同的条件下,反接制动力矩要比定子短路制动大得多。

以上 3 种电气制动方式适用于不同的场合。对于有发电机母线或采用发电机-三绕组变压器单元接线的大容量发电机,适合采用发电机端定子短路的制动方法;当电气主接线采用发电机-双绕组变压器单元接线时,可以在升压变压器高压侧进行短路制动,它比定子短路制动产生的制动力矩大,且可以利用接地隔离开关兼作短路开关之用,对中小型机组可用厂用电源直接接入发电机进行反接制动,制动效果好于定子短路制动,且接线简单、经济、实用。

(四) 混合制动

混合制动是指机械制动和电气制动两种方式的联合使用。由于机械制动和电气制动在制动特性上存在差异,在采用一种制动方式不能满足要求时,采用由两种制动方式组合的制动方式。例如,在高转速(50%的额定转速)下先投入电气制动,将转子大部分转动能量消耗掉后,再在较低转速(5%~10%的额定转速)下投入机械制动。混合制动方式大大缩短了停机时间,但增加了停机操作回路的复杂性。

电气制动是一项新技术,有许多问题有待深入研究探讨,如用计算机仿真描述停机的全过程,以确定最佳投入转速和选择合适的电流;电气制动与机组监控系统的配合;采用最先进的自动控制技术和策略提高电气制动的可靠性;电气制动和励磁系统的结合等。

(五) 制动供气设备选择计算

1. 机组制动耗气量计算

单台机组的制动耗气量取决于发电机所需的制动力矩,由电机制造厂提供。设计制动供气系统时按下面方法计算。

(1)根据制动耗气流量计算总耗气量:

$$Q_z = \frac{q_z t_z P_z \times 60}{1\ 000\ P_a} \tag{8-2}$$

式中　Q_z——一台机组一次制动所需的自由空气总量,m^3;

q_z——制动过程耗气流量,L/s,由电机厂提供;

t_z——制动时间,min,由电机厂提供,一般为 2 min;

P_z——制动气压(绝对压力),一般可取 0.7 MPa;

P_a——大气压力,对海拔 900 m 以下可取 0.1 MPa。

(2)按充气容积计算总耗气量:

$$Q_z = (V_z + V_d) P_z K_1 / P_a \tag{8-3}$$

式中　V_z——制动闸活塞行程容积,m^3;

V_d——制动控制柜至制动闸之间的管道容积,m^3;

K_1——漏气系数,可取 $K_1 = 1.6 \sim 1.8$;

其他符号意义同前。

这种计算方法较合理,因为制动过程是持续耗气的过程,制动耗气量主要取决于制动闸及所连接管道的容积。

(3)在初步设计时,可按下式估算:

$$Q_z = \frac{KN}{1\ 000} \tag{8-4}$$

式中　N——发电机额定出力,kW;

K——经验系数,m^3/kW;取 $K = 0.03 \sim 0.05$。

2. 储气罐容积计算

机组制动用气引自储气罐,储气罐容积必须保证在同时制动的机组制动用气后罐内气压保持在最低制动气压以上。储气罐容积按下式计算:

$$V_g = \frac{Q_z Z P_a}{\Delta P_z} \qquad (8\text{-}5)$$

式中　　V_g——储气罐容积，m³；

　　　　Z——同时制动的机组台数，与电站电气主接线方式有关；

　　　　ΔP_z——制动前后储气罐允许压力降，一般取 0.1～0.2 MPa；

　　　　其他符号意义同前。

3. 空气压缩机生产率计算

空压机生产率（容量）按在一定时间内恢复储气罐压力的要求来确定，按下式计算：

$$Q_k = \frac{Q_z Z}{\Delta T} \qquad (8\text{-}6)$$

式中　　Q_k——空压机生产率，m³/min；

　　　　ΔT——储气罐恢复压力时间，一般取 10～15 min。

如果专为机组制动用气设置一个单独的供气系统，应设两台空气压缩机，一台工作，另一台备用。

4. 供气管道选择

制动供气管道采用水煤气钢管或镀锌钢管，管径通常按经验选取。供气管直径 20～100 mm，环管直径 15～32 mm，支管直径 15 m。自三通阀以后的制动供气管，须采用耐高压的无缝钢管，这是因为用油泵顶转子时这段管路将承受高油压。

二、机组调相压水供气

(一)调相运行中压水的必要性

电力系统的无功功率不足时，常需要一部分水轮发电机组转为调相运行。作调相运行的机组导叶全关闭，发电机处于同步电动机运行状态，从系统吸收有功功率，输出无功功率。此时，必须使水轮机与水脱离，否则会消耗过多有功功率。试验证明，转轮在水中转动，其功率消耗比在空气中转动大 5～10 倍。由于反击式水轮机转轮常低于下游水面，作调相运行时就必须向转轮室及尾水管充入压缩空气，压低尾水管内的水面。一般要求尾水管内水面与转轮下沿距离不小于 0.5～1.0 倍转轮直径 D_1，而充气的压力应抵消下游与尾水管内水面之间的压力差，保证转轮在空气中旋转。调相压水供气压力为 0.7 MPa。

(二)调相压水充气系统

调相压水充气系统如图 8-27 所示。当机组转为调相运行时，导叶自动关闭，机组与电网不解列，同时调相运行信号作用于电磁阀 DCF 开启向转轮室充气压水。充入的压缩空气首先在顶盖以下形成气垫，再逐步压低水面，到规定的下限水位 A 时，水位信号器动作，通过相应的中间继电器关闭电磁阀 DCF，停止充气压水。随着充入的压缩空气在运行中的不断漏损，尾水管内水面将再次上升，当水位达到上限水位 B 时，水位信号器发讯开启电磁阀 DCF，补入所漏损的压缩空气，将尾水管水位再次压低到下限水位 A，电磁阀 DCF 关闭。如此循环往复，通过水位信号器自动控制电磁阀 DCF 的开、关，将尾水管内水位控制在下限水位 A 和上限水位 B 之间，保证调相运行正常进行。

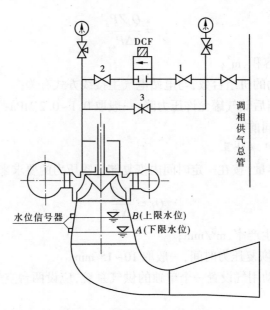

图 8-27　调相压水充气系统

(三) 压水充气的影响因素

　　压水充气的效果受到机组型式、结构，充气位置及充气压力、流量等多种因素的影响。导叶关闭后转轮的转动会在尾水管内造成定向的水流运动，如图 8-28 所示，水的这种流动会挟带空气排向下游。在转轮室已出现气水分界面，特别是水面离开转轮之后，水的回流运动会大大减弱，被它带走的空气也相应减少。因此，压水充气的关键是最初能否形成气垫，造成气水分界面。由于水的回流运动在不同位置挟带空气的能力不同，而且存在极限值，充气的位置和充气的流量就直接影响压水效果。混流式水轮机，从导叶与转轮之间的顶盖边沿充气损失量最少，但结构复杂，制造、安装困难。由顶盖中部经转轮减压孔充气，损失量稍多，但结构简单、便于操作，是最常用的方式。如果从尾水管上段充气，空气正好与由上而下的水流相遇，损失量最大。无论哪种位置充气，都必须保证有足够的充气流量，否则充入的压缩空气会被水流带走，就不能形成气水分界面。但是，需要的最小充气流量受各种因素影响，目前尚不能精确计算。设计时只能参照已建成电站的经验，从充气压力、管径、管长、流动阻力等方面考虑，保证有较大的充气流量。

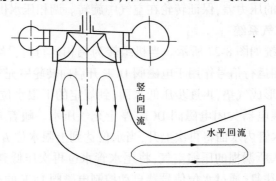

图 8-28　调相运行 (压水前) 尾水管内的水流运动

(四)调相压水供气设备选择

1. 充气压力计算

1)压水深度

充气压水的基本要求,是把水面压低到转轮以下,使转轮在空气中旋转。

对混流式水轮机,压水深度应在转轮下环底面以下$(0.4 \sim 0.6)D_1$,但不小于 1.2 m,转轮直径小、转速高的机组取大值。

对转桨式水轮机,压水深度应在叶片中心线以下$(0.3 \sim 0.5)D_1$,但不小于 1 m,转轮直径小、转速高的机组取大值。

2)充气容积

充气容积包括转轮室空间、尾水管的部分容积,以及可能与这两部分空间连通的管道、腔体。

如图 8-29 所示,混流式机组的充气容积可计算如下:

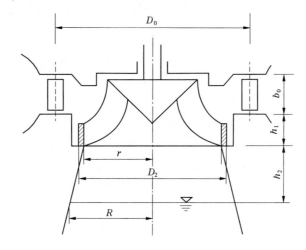

图 8-29　混流式机组转轮室充气容积示意图

$$\left. \begin{aligned} V &= V_1 + V_2 + V_3 - V_4 + V_5 \\ V_1 &= \frac{\pi}{4}D_0^2 b_0 \\ V_2 &= \frac{\pi}{4}D_2^2 h_1 \\ V_3 &= \frac{\pi}{3}h_2(R^2 + r^2 + Rr) \\ V_4 &= G/\gamma \end{aligned} \right\} \tag{8-7}$$

式中　V——总充气容积,m^3;

　　　V_1——导叶部分充气容积,m^3;

　　　V_2——底环部分充气容积,m^3;

　　　V_3——尾水管锥管部分充气容积,m^3;

　　　V_4——转轮所占容积,m^3;

V_5——其他和转轮室连通的容积，m^3；

D_0——导叶分布圆直径，m；

b_0——导叶高度，m；

D_2——转轮下环外径，m；

h_1——导叶下端面至尾水管进口高度，m；

h_2——尾水管进口至压水下限水位高度，m；

R——下压水面处的尾水管锥管半径，m；

r——尾水管锥管进口半径，m；

G——转轮质量，t；

γ——转轮的比重，t/ m^3。

轴流式机组的充气容积计算，可参考有关手册。

2. 转轮室充气压力计算

转轮室的充气压力必须平衡尾水管内外的水压差值，按照下式计算：

$$P = P_a + \gamma \Delta H \qquad (8-8)$$

式中　P——压水至下限水位时的转轮室充气压力（绝对压力），MPa；

P_a——当地大气压，MPa，随海拔高度而异；

γ——水的重度，$\times 10^4\ N/m^3$；

ΔH——尾水位与转轮室压下水位之差，m。

水电站所在地的大气压力 P_a 随海拔高度而变化，且与季节有关，可按下式计算：

$$P_a = P_0 \left(1 - \frac{H}{44\ 300}\right)^{5.256} \qquad (8-9)$$

式中　P_0——温度为 0 ℃和海拔高度为 0 m 时的大气压力，等于 0.101 2 MPa；

H——海拔高程，m。

3. 设备选择计算

给气压水时，需短时间内由储气罐供给大量的压缩空气，使水迅速脱离转轮。储气罐的容积必须满足首次压水过程总耗气量的要求，并补偿压水过程中不可避免的漏气量，而由空气压缩机在一定时间内恢复储气罐压力。

1）储气罐容积计算

调相压水储气罐的容积，应按一台机组首次压水过程的耗气量和压水后储气罐内的剩余压力值确定，可按下式计算：

$$V_g = \frac{K_t P V}{\eta (P_1 - P_2)} \quad (m^3) \qquad (8-10)$$

式中　V——储气罐容积，m；

K_t——储气罐内压缩空气的热力学温度与转轮室水的热力学温度的比值；

P_1——储气罐初始压力，可取额定压力，MPa；

P_2——储气罐放气后的压力下限，考虑到转轮旋转对进气的影响及管道阻力，取
$P_2 = P + (0.5 \sim 1) \times 10^5$；

η——压水过程的空气有效利用系数，根据已运行机组的实测值，对混流式水轮机

可取 0.6~0.9,对轴流式水轮机可取 0.7~0.9,水头高、导叶漏水量大、转轮室内气压高时,利用系数取小值。

2)空压机生产率计算

空气压缩机的生产率应满足在一定时间内恢复储气罐压力,并同时补给已作调相运行机组的漏气量。空压机生产率可按下各计算:

$$Q_k = K_h \left(\frac{K_t PV}{\eta \Delta T P_a} + q_1 Z \right) \tag{8-11}$$

式中 Q_k——空压机生产率,m^3/min;

K_h——考虑海拔高度对空压机生产率影响的修正系数,见表 8-1;

表 8-1   海拔对空气压缩机生产率影响的修正系数

海拔(m)	0	305	610	914	1 219	1 524	1 829	2 134	2 438	2 743	3 048	3 658	4 572
修正系数 K_h	1.0	1.03	1.07	1.10	1.14	1.17	1.20	1.23	1.26	1.9	1.32	1.37	1.43

ΔT——给气压水后使储气罐恢复压力的时间,min,按机组依次投入调相运行的时间间隔而定,一般取 30~60 min,对于承担调相任务的机组台数较多、调相较频繁的电站,ΔT 取小值;

Z——需要同时补气的调相机组台数;

q_1——每台调相运行机组压水后的转轮室漏气量,m^3/min。

每台调相运行机组压水后的转轮室漏气量,即

$$q_1 = (0.1 \sim 0.3) D_1^2 \sqrt{P_a + \gamma \Delta H} \quad (m^3/min) \tag{8-12}$$

式中 D_1——转轮直径,m;

其他符号意义同前。

3)调相压水给气流量计算

调相压水必要的给水流量,可参考中国水利水电科学研究院提供的公式进行计算:

$$q_{1b} = K_b D_2^2 V_2 \frac{P_r}{P_a} \quad (m^3/min) \tag{8-13}$$

$$q_{min} = K_{min} D_2^2 V_2 \frac{P_r}{P_a} \tag{8-14}$$

式中 q_{1b}、q_{min}——调相压水最优起始给气流量和最小起始给气流量,m^3/min;

P_a、P_r——大气压力和尾水管进口处压力,MPa;

D_2——转轮出口直径,m;

V_2——转轮外缘线速度,m/s;

K_b、K_{min}——无量纲系数,$K_b = 3.25 \times 10^{-5} n_s$,$K_{min} = 1.2 \times 10^{-5} n_s$,$n_s$ 为水轮机综合特性曲线中最优单位转速下的最大出力点的比转速。

4)管道计算选择

调相压水给气管道中的气流是不稳定流,与储气罐的工作压力及下游尾水位有关,可按经验选取或按经验公式计算。

按经验公式通常干管直径在 80~1 500 mm 选取。所有管道均采用钢管。

按中国水利水电科学研究院的经验公式,管道直径按下式计算:

$$d = 30\sqrt{\frac{V_g}{t}} \qquad\qquad (8-15)$$

式中　d——管道直径,mm;

　　　t——充气过程经历时间,其快慢对充气效果影响很大,根据国内水电站的运行情况,$t = 0.5 \sim 2$ min。

三、检修维护、空气围带和防冻吹冰供气

(一)检修维护供气

1.供气对象和供气要求

水电站机组及其他设备检修时,经常使用各种风动工具,如风铲、风钻、风砂轮、风动扳手等。例如,水轮机转轮空蚀检修时,要使用风铲铲掉被空蚀破坏的海绵状的金属表面,然后用电焊补焊,补焊后还须用风砂轮磨光;金属钢管检修时要用风锤打掉钢管壁上的锈垢,用风砂轮清除管壁上的附着物(某种苔、菌类);机组设备拆装时,有时使用风动扳手。风动工具具有体积小、质量轻、使用方便等优点,尤其是比电动工具安全。

此外,检修机组及金属结构时,常用压缩空气除尘、吹污;集水井检修或清理时,常用压缩空气将泥水搅混,然后用污水泵排除。在机组运行期间,亦经常使用压缩空气来吹扫电气设备上的尘埃,吹扫水系统的过滤网和取水口拦污栅,以及供排水管道和量测管道等。

检修维护用气的工作压力均为 0.5 ~ 0.7 MPa。用气地点是主机室、安装场、水轮机室、机修间、尾水管进人廊道、水泵室、闸门室和尾水平台等处。供气干管沿水电站厂房敷设,在空气管网邻近上述地点处,应引出支管,支管末端装有截止阀和软管接头,以便软管连接风动工具或引至用气地点。

为了加快机组检修进度、缩短工期,应尽可能采用多台风动工具同时工作。一般按转轮室工作面的大小,确定同时使用风动工具的数量。表8-2 给出了水电站常用风动工具的规格。

表 8-2　水电站常用风动工具的规格

名称	型号	工作尺寸(mm)	工作压力(MPa)	耗气量(m³/min)	风管直径(mm)
风砂轮	S-40	最大砂轮直径40	0.5	0.4	6.35
风砂轮	S-60	最大砂轮直径60	0.5	0.7	13
风铲	C-5	冲击行程72	0.5	0.5~0.6	
风铲	C-6A	冲击行程100	0.5	0.6	13
风钻	ZQ-6	最大钻孔直径6	0.5	0.35	8
风钻	ZL-8	最大钻孔直径8	0.5	0.35	10
除锈机	XH-6	300×220×200	0.6	1.3	19
打锈机	17-2		0.5	0.2	13

2.设备选择计算

1)空压机选择计算

空压机容量主要根据风动工具用气量来确定。风动工具的用气是持续的,因此必须由空压机连续工作来满足。空压机的生产率应满足同时工作的风动工具的耗气量,即

$$Q_k = K_1 \sum q_i z_i P_0 / P_a \tag{8-16}$$

式中　　Q_k——空压机生产率,m^3/min;

K_1——漏气系数,根据管网具体情况选取,一般取 $K_1 = 1.2 \sim 1.4$;

q_i——某种风动工具的耗气量,m^3/min;

z_i——同时工作的风动工具台数;

其他符号意义同前。

对于机组容量较小、台数不多的水电站,只须设置一台小型移动式空压机(带有储气罐),就可满足风动工具和吹扫用气。

2)储气罐容积计算

风动工具和吹扫用气储气罐的作用,主要是缓和活塞式空压机由于往复运动而产生的压力波动,以使供气压力较稳定。当电站有调相压水供气系统时,一般可以利用调相储气罐兼用。如专设储气罐,其容积可用下述经验公式计算:

$$V_g = \frac{Q_k}{P_k + 0.1} \tag{8-17}$$

式中　　V_g——储气罐容积,m^3;

Q_k——空压机生产率,m^3/min;

P_k——空压机额定工作压力,MPa。

为了保证风动工具的正常工作,空压机一般应装设调节器和自动卸荷阀,当耗气量降低时,卸荷阀自动使空压机处于空载运行。如果储气罐容积较大,有一定的能量储备,则当风动工具耗气量变化时,也可以通过储气罐上的接点压力表控制空压机的停机与启动。

为了保证气源可靠和提高设备利用率,当水电站已设有调相压水和制动用气的厂内低压气系统时,检修维护用气可与其共用一套设备,不必另设专用的空气压缩装置,但此时应按照几个用户可能同时工作所需最大耗气量来选择设备。

3)管径选择

通常管径选择按经验在 $15 \sim 50\ mm$ 内选取。也可按概略的计算公式计算:

$$d = 20 \sqrt{Q_d} \tag{8-18}$$

式中　　d——管道直径,mm;

Q_d——管中流量,m^3/min。

当水电站设有调相压水供气系统时,检修维护用气一般不设置供气干管,而直接从调相干管中引出。

(二)空气围带供气

水电站水轮机设备常用空气围带止水,最常见的有轴承检修密封围带和蝴蝶阀止水围带。

1. 轴承检修密封围带

水轮机导轴承检修时,多采用空气围带充气止水。充气压力通常采用 0.7 MPa,耗气量很小,不需设置专用的空气压缩装置,一般从制动干管或其他供气干管直接引取。

2. 蝴蝶阀空气围带

蝴蝶阀空气围带充气的目的是防止漏水。空气围带的充气压力应比作用在蝴蝶阀上的水头高 0.2~0.4 MPa。蝴蝶阀空气围带的耗气量很小,一般不须设置专用设备。可根据电站的具体情况,从主厂房内的各级压力系统直接引取,或经减压引取。

如果阀室离主厂房较远,为保证供气压力,可在阀室设置一个小储气罐,或一台小容量的空压机。

(三) 防冻吹冰供气

1. 供气对象和供气要求

处于严寒地区的水电站、水泵站、拦河坝以及其他水工建筑物,冬季上层水面易于结冰。为了防止冰压力对水工建筑物和闸门造成危害,影响闸门正常工作,堵塞进水口拦污栅等,通常采用压缩空气防冻吹冰。

冬季水面结冻之后,冰面以下的水温随水的深度而增高,在 0~4 ℃,取决于气候条件和水库深度,利用压缩空气从水库一定深度喷出,形成一股强烈上升的温水流。此股温水流能融化冰块,防止结成新冰层,同时空气与温度的上升又使水面在一定范围内产生波动,破碎薄冰,有利于防止水面结冰。

水电站的防冻吹冰通常有:

(1)机组进水口闸门及拦污栅防冻吹冰。

(2)溢流坝闸门防冻吹冰。

(3)尾水闸门防冻吹冰。

(4)调压井防冻吹冰。

(5)水工建筑物防冻吹冰。

在上述供气对象中,坝后式水电站和引水式水电站进水口一般均设在水面以下较深处,实际运行时冬季一般不会结冰。在冬季不经常运行和进水口较浅的河床式水电站,需设置防冻吹冰系统。溢流坝闸门的防冻吹冰,一般只考虑当冬季需要提闸门时才设置。冬季机组检修机会较多的水电站,尾水闸门一般应考虑设置防冻吹冰系统。调压井在运行时由于水位是波动的,一般不会结冰,只有当较长时间不运行时才会结冻,是否设置防冻吹冰系统应根据具体情况决定。水工建筑物的防冻吹冰,主要是考虑冰压力可能对水工建筑物造成的危害,但我国寒冷地区的水电站都没有采取防冻吹冰措施。

水面防冻面积的大小与喷嘴型式、空气压力和流量,以及喷嘴在水中的深度有关。

喷嘴出口压力一般为 0.15 MPa 左右,当喷嘴在水下较深时宜采用较高的压力。但出口压力过高时,压缩空气在喷嘴出口流速高、剧烈扩散,将引起喷嘴局部降温以致结冰封塞,因此不宜选用过高的压力。

吹气喷嘴一般设置在冬季运行水位以下 5~10 m 处,对水库小、水温随水深变化小或当地气温低的水电站宜采用较大值。当冬季水库水位变化很大时,则应在不同高程上装设两排喷嘴,以满足不同水位时的运行要求。

喷嘴之间的距离可选取 $2 \sim 3$ m,当地气温水温低、喷嘴装设较深的取小值。喷嘴间距小可使水面形成较强的波动,防冻效果好,但耗气量大。

防冻吹冰用气系统对压缩空气有干燥要求。由于供气管道常置于露天,为防止压缩空气流过管道后受外界气温影响达到露点,致使喷嘴口或管内结冰堵塞,要求压缩空气必须采取热力干燥措施。一般采用空压机和储气罐的压力为 $0.7 \sim 0.8$ MPa,通过减压阀使气压降低到喷嘴所需要的压力。

2. 设备选择计算

1) 耗气量计算

防冻吹冰用压缩空气的消耗量按下式计算:

$$Q_{\mathrm{b}} = Z_{\mathrm{b}} q_{\mathrm{b}} \tag{8-19}$$

式中　Q_{b}——压缩空气消耗量,$\mathrm{m^3/min}$;

$\quad\quad Z_{\mathrm{b}}$——喷嘴数;

$\quad\quad q_{\mathrm{b}}$——每个喷嘴的耗气量,与喷嘴型式有关,可取 $q_{\mathrm{b}} = 0.1 \sim 0.15$ $\mathrm{m^3/min}$(自由空气)。

2) 工作压力计算

防冻吹冰系统所需的工作压力(储气罐工作压力),应大于喷嘴外所受的水压力和管网及喷嘴的压力损失,即

$$P_{\mathrm{b}} > 10^{-2} h + \Delta P + P_{\mathrm{b1}} \tag{8-20}$$

式中　P_{b}——供气压力,MPa;

$\quad\quad h$——喷嘴的装设深度,一般取 $5 \sim 10$ m;

$\quad\quad \Delta P$——管网阻力损失(按管道阻力损失计算),MPa;

$\quad\quad P_{\mathrm{b1}}$——喷嘴出口形成的压降,一般取 0.15 MPa。

一般采用 $P_{\mathrm{b}} = 0.2 \sim 0.3$ MPa 即可满足要求。

3) 空压机生产率计算

防冻吹冰系统的空压机生产率按所需总用气量选择,即

$$Q_{\mathrm{k}} = K_1 Q_{\mathrm{b}} \tag{8-21}$$

式中　Q_{k}——空压机生产率,$\mathrm{m^3/min}$;

$\quad\quad K_1$——管网漏损系数,一般取 $K_1 = 1.1 \sim 1.3$;

$\quad\quad Q_{\mathrm{b}}$——总用气量,$\mathrm{m^3/min}$。

防冻吹冰通常采用间断供气,空压机可以不考虑备用,但应不少于两台,以保证当一台发生故障时仍能部分供气。防冻吹冰系统的连续工作时间按当地气温等具体条件确定。

4) 储气罐容积计算

储气罐在防冻吹冰系统中主要起稳压作用,同时也起散热降温析水作用。

高压储气罐的压力应等于空压机的压力,即 $0.7 \sim 0.8$ MPa;工作压力储气罐的压力为 $0.3 \sim 0.35$ MPa,但要保证喷嘴处有 0.15 MPa 左右的压力。

储气罐应注意经常排水,并注意排水管防冻。

5) 管道和喷嘴选择

由空压机引出的供气干管,其管径可按压缩空气总流量计算。按经验选取,干管直径

在 80～150 mm 范围内选择,支管可取直径 25 mm,均选用镀锌钢管。

喷嘴型式对防冻吹冰效果有一定影响,通常有法兰型、管塞型和特种型空气喷嘴。喷嘴材料一般为铜,以防止生锈。

3. 防冻吹冰压缩空气系统

防冻吹冰压缩空气系统一般均单独设置,如图 8-30 所示。该系统由两台空压机(1KY 和 2KY)、一个高压储气罐(1QG)及一个工作压力储气罐(2QG)、管网及喷嘴集管、控制元件等组成。空压机排出的压缩空气经油水分离器、止回阀后进入高压储气罐 1QG,其温度将继续降低,并析出水分。高压储气罐的压缩空气经减压阀 1JYF 后其压力由 0.7 MPa 降至 0.35 MPa,进入工作压力储气罐 2QG,根据热力干燥原理,其相对湿度将由 100% 降至 50%。然后经电磁阀 3DCF(或减压阀 2JYF)进入供气干管及各支管中。

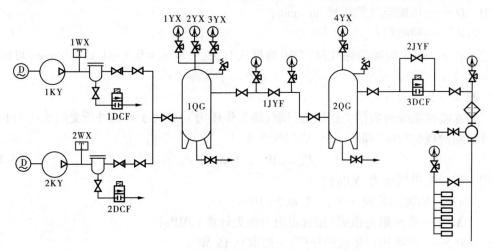

图 8-30　防冻吹冰压缩空气系统

为了避免供水管道因压缩空气温度降低而析出水分,储气端应设置在室外,使其与供水管道所在地点的环境温度相同,并避免日晒。储气罐应经常排水。为防止排水管与排水阀冻结,加装电热防冻装置。

当系统停止吹气时,为防止水进入喷嘴和管道形成冰塞,管网中仍需保持 0.05～0.1 MPa 的压力,使管道和喷嘴保持在充气状态。为此,在电磁阀 3DCF 处并联一减压阀 2JYF(或局部开启的旁通手阀),在 3DCF 关闭停止全压供气时,仍可通过 2JYF 使喷嘴和管道中保持 0.05～0.1 MPa 的压缩空气。

管道布置须有 0.5% 的坡度,并在端部设置集水器和放水阀。

防冻吹冰空气压缩装置应自动化。空压机的启动与停机由压力信号器 1YX、2YX 控制;储气罐 1QG 和 2QG 的压力过高或过低时,由压力信号器 3YX、4YX 发出信号;空压机排气温度过高时,由温度信号器 WX 作用于停机;电磁阀 1DCF、2DCF 用来控制空压机卸载启动和排污,当空压机停机时打开,启动时延时关闭;电磁阀 3DCF 用来控制给气吹冰,由时间继电器控制。

当防冻吹冰用户距水电站厂房很近时,防冻吹冰压缩空气系统也可与厂内低压压缩空气系统结合,自厂内低压储气罐引出主供气管,经减压后直接向喷嘴供气,可以不另设工作压力储气罐,但设备容量应能满足冬季运行时厂内用户与防冻吹冰同时供气的需要。

任务四　高压压缩空气系统

一、油压装置供气的目的和技术要求

(一)油压装置供气的目的

油压装置的压力油槽是一个蓄能容器,提供水轮机调节系统和机组控制系统的操作能源,在改变导水机构开度和转轮桨叶角度时用来推动接力器的活塞。此外,油压装置也用来操作水轮机筒形阀、主阀、调压阀,以及技术供水管路和调相供气管路上的液压阀。

压力油槽容积中有30%~40%是透平油,其余60%~70%是压缩空气。压缩空气作用于透平油形成压力,提供调节系统和液压操作所需要的压力油源。由于压缩空气具有良好的弹性,是理想的储能介质,当压力油槽中由于调节用油而造成油容积减少时仍能保护一定的压力。

在水轮机调节过程中,压力油槽中所消耗的油用油泵自动补充。压缩空气的损耗很少,一部分溶解于油中;另一部分从不严密处漏失。所损耗的压缩空气可借助于专用设备来补充,如高压储气罐、油气泵、进气阀等,以维持压力油槽中的油气比例。采用油气泵或进气阀可以实现自动补气,但效率低,只用于小型油压装置中。大型油压装置都采用高压储气罐补气,安装和检修后的充气,也由高压储气罐来进行。

(二)油压装置供气的技术要求

1. 压缩空气的气压要求

进入油压装置的压缩空气,其压力值应不低于调节系统或液压操作系统的额定工作压力。我国所生产的油压装置,其额定油压多为 $P_y = 2.5 \sim 4.0$ MPa。随着机组容量的增加和制造水平的提高,为了缩小接力器及油压装置的尺寸,改进水轮机结构及厂房布置条件,额定压力有提高的趋势。目前,制造厂已开始生产 $P_y = 7.0$ MPa 及以上压力的油压装置,并有提高压力的趋势。

2. 压缩空气的干燥要求

随着环境温度的下降,压缩空气的湿容量减少,使油压装置给气网中压缩空气的相对湿度增大,可能形成水汽凝结,产生严重后果:①造成管道、管件、调速系统配压阀和接力器等部件的锈蚀;②冬季可能发生水分冻结,导致管道堵塞,使止回阀、减压阀等无法正常工作;③水分进入调节系统的压力油中造成油的劣化,严重影响调节系统性能。因此,要求供入压力油槽中的压缩空气必须是干燥的,在最大日温差下,压缩空气的含湿量不可达到饱和状态。

3. 压缩空气的清洁要求

如果压缩空气中混有尘埃、油垢和机械杂质等,对空压机的生产率、调节系统各个元件的正常运行均有影响,有可能使阀件动作不灵或密封不良,造成意外事故。因此,必须采取过滤措施提高压缩空气的纯净度。

(三) 油压装置的供气方式

向压力油槽的供气方式,有一级压力供气和二级压力供气两种。我国早期设计的水电站大多采用一级压力供气,此种供气方式必须采取有效的冷却、排水措施,空气的干燥度才能适当提高。近年来设计的水电站多采用二级压力供气,这种供气方式更有利于提高压缩空气的干燥度。

1. 一级压力供气

空压机的排气压力 P_k 不需要专门减压而直接供气给压力油槽,即空压机的额定排气压力 P_k 与压力油槽的额定油压 P_y 接近相等或稍大。

在这种供气方式中,受压缩而发热的空气经冷却后,温度接近于周围环境温度,过剩的水分将凝结于油水分离器及储气罐中。由于压缩空气处于饱和状态,即相对湿度100%,当环境温度下降时水分会继续析出。因此,一级压力供气方式空气的干燥度较差。

早期设计的水电站中,有的不设置储气罐,由空压机直接向压力油槽进行一级压力供气,这种供气方式在压力油槽中将有大量水分析出,对调节系统的运行十分不利。

2. 二级压力供气

空压机的排气压力高于压力油槽的额定油压,一般取 $P_k = (1.5 \sim 2.0)P_y$,压缩空气自高压储气罐经减压后供给压力油槽。

压缩空气在等温条件下减压膨胀后,供给压力油槽的压缩空气相对湿度 φ 为

$$\varphi = \frac{P_y}{P_k} \times 100\% \tag{8-22}$$

式中　φ ——压缩空气的相对湿度(%);

　　　P_k ——空压机的额定排气压力,MPa;

　　　P_y ——压力油槽的额定工作压力,MPa。

比值 P_k/P_y 越大,压力油槽中空气的干燥度越高,显然这种供气方式对减少压力油槽中空气的水分是有利的。

二、压缩空气的干燥

空气的干燥程度通常用相对湿度来衡量。相对湿度是用空气的实际湿含量与同温度下空气的饱和湿含量的比值来表示:

$$\varphi = \frac{\gamma}{\gamma_H} \tag{8-23}$$

式中　φ ——空气的相对湿度(%);

　　　γ ——空气的实际湿含量,g/m³;

　　　γ_H ——同温度下空气的饱和湿含量,g/m³。

单位容积的空气中所能含有的水气量由空气的物理性质所决定,随空气的压力和温度而变化,各种温度下压缩空气的不饱和含量见表8-3。

表 8-3 大气压力为 760 mmHg 时空气中水蒸气含量

空气温度（℃）	1 m³ 干燥空气质量（kg）	饱和水蒸气压力（mmHg）	不同相对湿度时水蒸气含量（g/m³）						
			100%	90%	80%	70%	60%	50%	40%
-5	1.317	3.113	3.4	3.06	2.72	2.38	2.04	1.70	1.36
0	1.293	4.600	4.9	4.41	3.92	3.43	2.94	2.45	1.96
5	1.270	6.534	6.8	6.12	5.44	4.76	4.08	3.40	2.72
10	1.248	9.165	9.4	8.46	7.52	6.58	5.64	4.70	3.78
15	1.226	12.699	12.8	11.52	10.24	8.96	7.68	6.40	5.12
20	1.205	17.391	17.2	15.48	13.76	12.04	10.32	8.60	6.88
25	1.185	23.550	22.9	20.61	18.32	16.03	13.74	11.45	9.16
30	1.165	31.548	30.1	27.09	24.09	21.07	18.06	15.05	12.04
35	1.146	41.827	39.3	35.37	31.44	27.51	23.58	19.65	15.72
40	1.128	54.906	50.8	45.72	40.64	35.56	30.48	25.40	20.32
50	1.093	91.982	82.3	74.07	65.84	57.61	49.38	41.15	32.92
60	1.060	148.791	129.3	116.37	103.44	90.51	77.58	64.65	51.72
70	1.029	233.093	196.6	177.21	157.52	137.83	118.14	98.45	78.64
80	1.000	354.643	290.7	261.63	232.56	203.49	174.42	145.35	116.28
90	0.973	525.392	418.8	376.92	335.04	293.16	251.28	209.40	167.52
100	0.947	760.000	589.5	530.55	471.60	412.65	353.70	294.75	235.80

为了获得干燥的空气，常采用物理法、化学法、降温法及热力法对压缩空气进行干燥。

物理法是利用某些多孔性干燥剂的吸附性能，吸收空气中的水分。常用的干燥剂有铝胶、硅胶和活性氧化铝等，吸附后干燥剂的化学性能不变，经烘干还原后可重复使用，常用于仪表及油容器的空气呼吸器中，如储油槽和变压器的空气呼吸器。在水电站油压装置供气系统中，因用气量大，干燥剂用量多，烘干还原工作量大，故一般不采用。

化学法是利用善于从空气中吸收水分的化学物质作为干燥剂，如氯化钙、氯化镁、苛性钠和苛性钾等，吸收空气中的水分生成化合物，提高空气的干燥度。由于其装置和运行维护复杂，成本高，水电站一般不采用。

降温法也是利用空气性质的一种物理干燥法。降温干燥法有多种，一般在空压机与高压储气罐之间设置冷却器（又称机后冷却器），降低压缩空气的温度使其析出水分，提高干燥程度。对于已投入运行的电站,由于空压机额定压力偏低无法保证压缩空气的干燥要求时,采用降温干燥法是较为有效的补救措施。

热力法是利用在等温下压缩空气膨胀后其相对湿度降低的原理,先将空气压缩到某一高压,然后经减压阀降低到用气设备所使用的工作压力的方法来实现的,故热力干燥法又称降压干燥法或二级压力供气。由于该方法简单、经济、运行维护方便,是目前广泛采用的一种干燥方法。

热力法干燥空气由两个过程所组成:

(1)使空气压缩和冷却,将空气中大部分水蒸气凝结成水,并将冷凝水排除。

(2)对压缩空气施行减压,利用压缩空气体积膨胀的方法降低其相对湿度。

第一干燥过程:空压机吸入的空气经压缩后,压力提高,温度上升(高达100 ℃以上),空气的饱和湿含量增大,其相对湿度可能下降;压缩空气经中间冷却器和机后冷却器冷却,温度骤降,空气的饱和湿含量减小,其相对湿度增大,当达到极限值($\varphi = 100\%$,即饱和状态)时,便开始析出水分。水蒸气的凝结不仅发生在中间冷却器和机后冷却器中,还发生在高压储气罐内。因为压缩空气进入储气罐后,将逐渐冷却到接近周围环境的温度,使水分继续析出。为了析出更多水分,最好将储气罐装置在温度较低的室外,并应避免阳光照射。

每吸入1 m³自由空气,凝聚在冷却器和储气罐内的水量可按下式计算:

$$G = \varphi_1 \gamma'_H - \frac{P_1 T_2}{P_2 T_1} \gamma''_H \tag{8-24}$$

式中　G——凝聚在冷却器和储气罐内的水量,g;

　　　φ_1——吸入空气的相对湿度(%);

　　　T_1、T_2——吸入前和储气罐内空气的热力学温度,K;

　　　γ'_H、γ''_H——温度为T_1、T_2时空气的饱和湿含量,g/m³;

　　　P_1、P_2——吸入空气和储气罐内空气的绝对压力,MPa。

例如,空压机吸入空气的相对湿度为$\varphi = 80\%$,温度为25 ℃,储气罐的工作压力为4 MPa(表压力),温度接近周围大气的温度,则空压机每吸入1 m³自由空气时,在冷却器和储气罐中凝聚的水量为

$$G = \frac{80}{100} \times 22.9 - \frac{0.1}{4 + 0.1} \times 22.9 = 17.8(\text{g})$$

第二干燥过程:由于高压储气罐里的压缩空气处于饱和状态,当油压装置的温度低于高压储气罐的温度时,压缩空气进入油压装置后将产生水汽凝结。为了降低油压装置中空气的相对湿度,将高压储气罐里的压缩空气经减压阀降到油压装置的工作压力。降压后绝对湿含量不变的气体由于体积随压力降低而反比例增大,因而其相对湿度相应降低。

减压膨胀后油压装置中压缩空气的相对湿度由下式确定:

$$\varphi_c = \varphi_0 \frac{\gamma'_H P_2 T_1}{\gamma''_H P_1 T_2} \tag{8-25}$$

式中　φ_c——减压膨胀后油压装置中压缩空气的相对湿度(%);

　　　φ_0——高压储气罐中压缩空气的相对湿度,通常$\varphi_0 = 100\%$;

P_1——高压储气罐的额定压力，MPa；

P_2——油压装置的额定工作压力，MPa；

T_1、T_2——高压储气罐和油压装置中压缩空气的温度，K；

γ_H'、γ_H''——与 T_1、T_2 相应的空气饱和湿含量，g/m^3。

正确选择高压空压机的额定工作压力和空气压缩装置，并执行正确的运行制度，采用热力干燥法是可以保证油压装置供气必需的干燥度。

空气压缩装置工作压力的选择应考虑油压装置所采用的工作压力、空气压缩装置工作环境可能出现的最大温差，以及油压装置所要求的压缩空气干燥度等。为保证在任何情况下压缩空气均无水分析出，应根据可能出现的最大温差和压缩空气干燥度的要求来确定高压空压机的工作压力。

三、设备选择计算

(一) 空压机生产率计算

空压机的总生产率根据压力油槽容积和充气时间按下式计算：

$$Q_k = \frac{(P_y - P_a)V_y K_v K_l}{60TP_a} \tag{8-26}$$

式中　Q_k——空压机生产率，m^3/min；

　　　　P_y——油压装置额定工作压力（绝对压力），MPa；

　　　　P_a——大气压力，MPa；

　　　　V_y——压力油槽容积，m^3；

　　　　K_v——压力油槽中空气所占容积的比例系数，$K_v = 0.6 \sim 0.7$；

　　　　K_l——漏气系数，可取 $K_l = 1.2 \sim 1.4$；

　　　　T——充气时间，一般取 $2 \sim 4$ h，大型油压装置取上限。

空压机一般选两台，每台生产率为 $Q_k/2$。

空压机的压力应大于压力油槽的额定压力，根据供气方式和热力干燥计算确定。

(二) 储气罐容积计算

储气罐容积可按压力油槽内油面上升 $150 \sim 250$ mm 时所需要的补气量来确定。即

$$V_g = \frac{P_y \Delta V_y}{P_1 - P_y} \tag{8-27}$$

$$\Delta V_y = \frac{\pi}{4}D^2 \Delta h$$

式中　V_g——储气罐容积，m^3；

　　　　P_1——储气罐额定压力，MPa；

　　　　P_y——油压装置工作压力，MPa；

　　　　ΔV_y——由于油面上升后需要补气的容积，m^3；

　　　　D——压力油槽内径，m；

　　　　Δh——油压上升高度，取 $0.15 \sim 0.25$ m。

（三）管道选择

一般按经验选取。对干管，根据压力油槽容积来选，当 $V_y \leq 12.5 \ m^3$ 时，选用 $\phi 32 \ mm \times 2.5 \ mm$ 无缝钢管；当 $V_y \geq 16 \ m^3$ 时，选用 $\phi 44.5 \ mm \times 2.5 \ mm$ 无缝钢管。对支管，管径决定于压力油槽的接头尺寸。

四、压力油槽充气压缩空气系统

供油压装置用气的空气压缩机至少应设置两台，正常运行时一台工作；另一台备用。在油压装置安装或检修后充气时，两台空压机同时工作。空压机的启停根据油压装置系统的工作压力进行控制，油压装置的压力下降时，工作空压机首先启动，如果不能满足要求，备用空压机再启动。压缩空气系统应设置空气过滤器、冷却器、油水分离器和储气罐等。

正常运行的压力油槽，其压缩空气量的损耗取决于管路组件的安装质量，按一些电站的实际运行情况，一般补气间隔时间为 1~7 天。对于机组台数少的电站，补气方式可以采用手动操作，以简化系统设计。对单机容量大、机组台数多的大中型水电站，当可采用自动补气方式，由装设在压力油槽上的油位信号器控制供气管路上的电磁空气阀向压力油槽补气。

图 8-31 为油压装置供气压缩空气系统。该系统设有 1KY 和 2KY 两台空气压缩机，为了达到热力干燥的目的，采用二级压力供气，油压装置的额定工作压力为 2.5 MPa，空压机的额定压力选用 4.0 MPa。

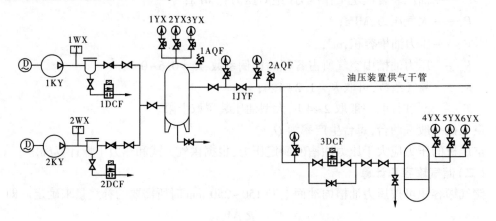

图 8-31 油压装置供气压缩空气系统

空压机的启动和停机由压力信号器 1YX 和 2YX 自动控制，储气罐的压力过高和过低时，由压力信号器 3YX 发出信号。为了防止空压机排气温度过高，在空压机排气管上装设温度信号器 1WX 和 2WX，温度过高时作用于停机，并同时发出信号。在油水分离器排污管上装设电磁阀，作用于空压机空载启动和自动排污。压力油槽为自动补气，由压力油槽上的油位信号器和压力信号器控制电磁阀 3DCF 自动操作。

思考与习题

1. 水电站供气对象及其分类(按压力分)与用气特点是什么?

2. 水电站压缩空气系统的任务是什么? 压缩空气系统由哪些部分组成?

3. 空气压缩机如何分类?

4. 活塞式空压机的主要类型有哪些?

5. 何为活塞式空压机的理论工作过程和实际工作过程?

6. 空压机生产率的含义是什么?

7. 试述活塞式空压机的工作过程与压缩极限。

8. 为什么要对空压机进行冷却? 空压机的冷却方式有哪些?

9. 储气罐、气水分离器的作用是什么?

10. 水轮发电机组为什么要进行制动?

11. 试述调相压水供气的作用过程和影响因素。

12. 水电厂常用的风动工具有哪些?

13. 防冻吹冰供气有哪些要求?

14. 油压装置的供气方式有哪些? 各有什么优缺点?

15. 热力干燥法干燥压缩空气的原理与过程是什么?

16. 机组制动、调相压水、空气围带、风动工具与吹扫、防冻吹冰及油压装置供气的特点各是什么?

项目九　水系统

　　水电站的供水系统包括技术供水、消防供水和生活供水。中小型水电站常以技术供水为主,兼顾消防及生活供水,组成统一的供水系统。技术供水主要是向水轮发电机组及其辅助设备供应冷却用水、润滑用水,有时也包括水压操作用水(如高水头电站的水压操作主阀、射流泵等)。消防供水是为厂房、发电机、变压器、油库等提供消防用水,以便发生火灾时进行灭火。生活供水是水电站生产区域的生活、清洁用水。本项目主要讨论技术供水,并简要介绍消防供水。

　　水电站的排水系统一般分为检修排水系统和渗漏排水系统两大部分。水电站排水系统的任务是及时可靠地排除引水管道、蜗壳和尾水管等机组过流部件的积水,保证机组和厂房水下部分的检修;排除生产污水和渗漏水,避免厂房内部积水和潮湿。水电站的排水系统的任务比较简单,但是稍有疏忽就会发生水淹厂房、水淹泵房的事故,因此设计、施工和运行人员必须高度重视排水系统的安全运行。

任务一　技术供水系统的任务与组成

一、技术供水的对象与作用

　　水电站用水设备随电站规模和机组形式而不同。水轮发电机组的用水设备主要有发电机空气冷却器、水轮发电机组轴承油冷却器、水冷式变压器、水冷式空压机、油压装置回油箱油冷却器、水润滑的水轮机导轴承、水轮机主轴密封及深井泵轴承、水压操作的主阀与射流泵等。

　　下面分别讨论各技术供水对象及其作用。

(一)发电机空气冷却器

　　发电机在运行过程中有电磁损耗和机械损耗,即定子绕组损耗、涡流及高次谐波的附加损耗、铁损耗、励磁损耗、通风损耗及轴承摩擦机械损耗。这些损耗转化为热量,如不及时散发出去,不但会降低发电机的效率和出力,而且会因局部过热损坏绕组绝缘,影响发电机使用寿命,甚至引起事故。因此,运转中的发电机必须加以冷却。发电机允许的温度上升值随绝缘等级而不同,一般为 70～80 ℃,需由一定的冷却措施来保证。

　　水轮发电机大多采用空气作为冷却介质,用流动的空气对定子、转子绕组及定子铁芯表面进行冷却,带走发电机产生的热量。空气通风冷却是水轮发电机采用最广泛的一种冷却方式,从小型水轮发电机到大型水轮发电机均有采用。由于水轮发电机型式不同,相应的通风系统也不同。按照冷却空气的循环形式,水轮发电机的通风方式可分为开敞式(川流式)通风、管道式通风和密闭式通风。

　　开敞式通风是利用发电机周围环境空气自流冷却,冷却空气经过发电机各散热器时吸收电机的热量后直接排出机外,不再重复循环。这种通风方式具有结构简单、安装方便的优点,但发电机的温度直接受环境温度的影响,防尘、防潮能力差,散热量有限,故适用额定容量 1 000 kVA 及以下的水轮发电机。

管道式通风的冷却空气一般取自温度较低的水轮机室,靠发电机自身的风压作用将热空气经风道排至厂外。借助于风道高差的拔风作用,管道式通风的散热能力在相同条件下比开敞式通风略有提高,适用于发电机功率在 1 000 kVA 以上的水轮发电机。为防止灰尘进入发电机内,可在进风口设置滤尘器。

除小功率的发电机采用开敞式(川流式)通风外,一般大中型发电机均采用密闭式通风。

密闭式通风就是将发电机空间加以封闭,其中包含着一定体积的空气,利用发电机转子上装置的风扇强迫空气流动,冷空气通过转子绕组,再经过定子中的通风沟,吸收发电机绕组和铁芯等处的热量成为热空气,热空气通过设置在发电机四周的空气冷却器,经冷却后重新进入发电机内循环工作。

密闭式通风系统利用空气冷却器进行热交换,冷风稳定,温度低,不受环境温度的影响,冷却空气清洁、干燥,有利于发电机绝缘寿命,通风系统风阻损失小,具有结构简单、安全可靠和安装维护方便等优点,因此广泛应用于大中型水轮发电机。

图 9-1、图 9-2 分别表示横轴机组和竖轴机组内冷却空气的通流路径。

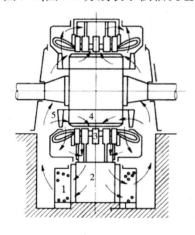

1—冷却器;2—机座热风区;3—定子铁芯;
4—磁极;5—风扇

图 9-1　横轴机组内冷却空气的通流路径

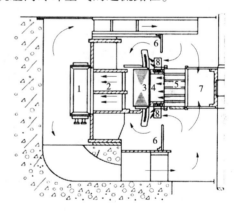

1—冷却器;2—机座热风区;
3—定子铁芯;4—磁极;5—磁轭;
6—挡风板;7—转子支架;8—风扇

图 9-2　竖轴机组内冷却空气的通流路径

空气冷却器是将发电机内的热空气进入冷却器后与冷却水进行热交换,把热量传递给冷却器中流动的冷却水带走,使热空气温度降低到允许的规定温度,以保证发电机安全运行,故空气冷却器又称为热交换器。水轮发电机空气冷却器是水管式热交换器,它由许多根黄铜水管和两端的水箱组成。为了增加吸热效果,在黄铜管上装有许多铜片(或绕有许多铜丝)。

冷却水由一端进入空气冷却器,吸收热空气的热量变成温水,从另一端排出。立式水轮发电机组的空气冷却器布置在定子外壳的风道内,卧式机组安装在发电机下面的机坑中,冷却器的个数和安装状况随机组容量和结构而不同。

空气冷却器的冷却效果对发电机的功率及效率有很大影响。当进风温度较低时,发电机的效率较高,发出功率较大;当进风温度升高时,发电机的出力降低,效率显著下降,如表9-1所示。

表9-1　进风口空气温度对发电机出力的影响

进风口的空气温度(℃)	15	20	30	35	40	45	50
发电机功率相对变化(%)	+10	+7.5~+10	+2.5~+5	0	-7.5~-5	-15.2	-25~-22.5

(二)水轮发电机组轴承油冷却器

水轮发电机组轴承的工作温度一般为40~50 ℃,最高可达60~70 ℃。控制轴承的工作温度是保证机组正常运行的重要条件。水轮发电机组的轴承一般都浸没在油槽中,用透平油进行润滑。机组运行时机械摩擦所产生的大量热量聚集在轴承中,传递给透平油并随透平油的流动带出。这部分热量如不及时导出,将使轴瓦和油的温度不断上升。过高的温度不仅加速油的劣化,而且影响轴承润滑状态,缩短轴瓦寿命,严重时可能使轴承烧毁。因此,水轮发电机组通常设置轴承冷却器,通过冷却水的流动,吸收并带走透平油内的热量。

油槽内油的冷却方式有两种:一种是内部循环冷却;另一种是外部循环冷却。

内部循环冷却系统是传统的油循环冷却系统。机组轴承和油冷却器浸于同一个油槽中,油的循环主要依靠轴承转动部件的旋转使油在轴承与冷却器之间流动,进行热交换;冷却器水管中通入冷却水,由冷却水把油中的热量带走,使轴承不致过热。内循环冷却系统结构简单,不需任何外加动力,广泛应用于各种机组轴承油冷却器。图9-3为发电机推力轴承内循环冷却系统。图9-4、图9-5分别为采用内部冷却方式的机组分块瓦导轴承和水轮机稀油润滑筒式导轴承。

外部循环冷却系统是将润滑油用油泵抽到油槽外浸于流动冷却水中的冷却器进行冷却。采用外循环冷却系统,油槽内部结构可以简化,阻挡物少,油槽内油路畅通,能有效降低油的流动损耗。油冷却器置于油槽外,便于检修、维护。外循环冷却系统适用于大型机组的推力轴承冷却系统。图9-6为机组推力轴承外循环冷却系统。

(三)水冷式变压器

电力变压器常用的冷却方式一般分为三种:油浸自冷式、风冷式和水冷式。容量较大的变压器常采用水冷却。水冷式变压器有内部水冷式和外部水冷式两种。内部水冷式变压器的冷却器安装在变压器的绝缘油箱内,通过冷却器的冷却水将变压器运行时产生的热量带走。外部水冷式即强迫油循环水冷式,这种变压器用油泵把油箱中的运行油抽出,加压送入设置在变压器体外的油冷却器进行冷却。后一种冷却方式能提高变压器的散热能力,使变压器的尺寸缩小,便于布置,但需要设置一套水冷却系统。

(四)水冷式空压机

空压机中空气被压缩时,温度可能升高到180 ℃左右,因此需要对空压机汽缸进行冷

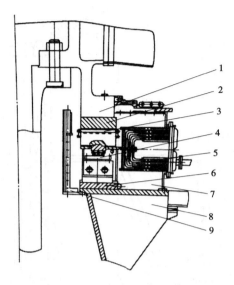

1—推力头；2—镜板；3—推力轴瓦；4—支撑；5—油冷却器；6—轴承座；7—油槽；8—推力支架；9—挡油管

图9-3　发电机推力轴承内循环冷却系统

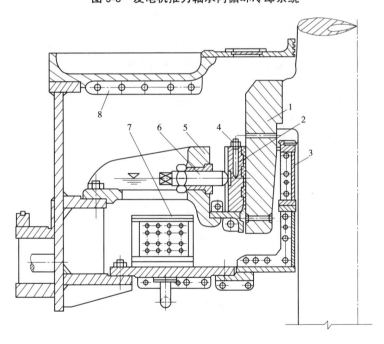

1—主轴轴领；2—分块轴瓦；3—挡油箱；4—温度信号器；5—轴承体；6—支顶螺丝；7—冷却器；8—轴承盖

图9-4　机组分块瓦导轴承

却，降低压缩空气温度，提高生产能力，降低压缩功耗，并且避免润滑油达到炭化温度而造成活塞内积炭和润滑油分解。空压机的冷却方式有水冷式和风冷式两种。水冷式是在汽缸及汽缸盖周围包以水套，其中通冷却水，以带走热量。水冷式空压机冷却效率高，冷却效果好，大容量的空压机多采用水冷式。此外，采用水冷却的多级压缩空压机的级间冷却器、压缩空气冷却器都必须供给足够的冷却水。

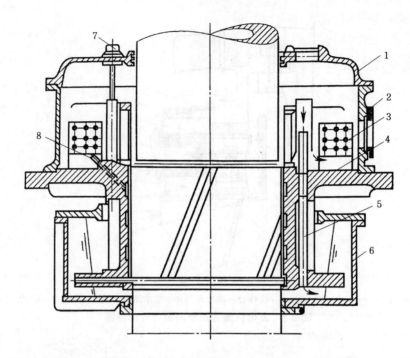

1—油箱盖;2—油箱;3—冷却器;4—轴承体;5—回油管;6—转动油盆;7—浮子信号器;8—温度信号器

图9-5　水轮机稀油润滑筒式导轴承

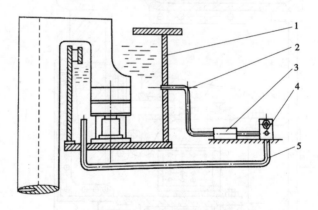

1—油槽;2—热油管;3—外加泵装置;4—冷却器;5—冷油管

图9-6　机组推力轴承外循环冷却系统

(五)油压装置回油箱油冷却器

运行中的油压装置会由于油泵压油及油高速流动时的摩擦而产生热量,使油温升高。某些水电站由于调节系统接力器或主配压阀漏油量大油泵频繁启动,致使回油箱的油温迅速上升。油温过高会使油的黏度下降,对液压操作不利,同时会加速油的劣化,造成严重后果。为了使油温不致过高,大型油压装置常在回油箱中设置油冷却器,以保持油温正常。流通式的特小型调速器,由于没有压力油箱,油泵需连续运转,也在回油箱中设置冷却器对油进行冷却。

（六）水润滑的水轮机导轴承

水轮机导轴承采用橡胶轴瓦时,为了对橡胶导轴承进行润滑和冷却,避免橡胶瓦块运行时摩擦发热而烧瓦,采用水直接润滑和冷却的方式。水轮机的水润滑橡胶导轴承结构见图9-7。

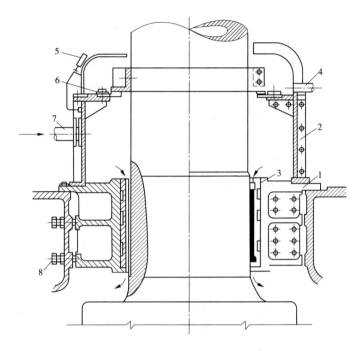

1—轴承体；2—润滑水箱；3—橡胶轴瓦；4—排水管；5—压力表；6—橡胶平板密封；7—进水管；8—调整螺栓

图9-7　水轮机的水润滑橡胶导轴承

图9-7中橡胶导轴承的润滑水箱设在轴承上部,橡胶轴瓦内表面开有纵向槽,运行时一定压力的水从橡胶轴瓦与轴颈之间流过,形成润滑水膜并将轴承摩擦产生的热量带走。润滑水从摩擦表面底部流出后,经水轮机转轮上冠泄水孔排出。轴瓦背面的螺栓用来调整轴瓦和轴颈的间隙。轴颈包焊有不锈钢轴衬防止主轴锈蚀。

橡胶导轴承结构简单、工作可靠、安装检修方便,其位置较稀油润滑的导轴承更接近转轮,硬质橡胶轴瓦具有一定的吸振作用,可提高机组的运行稳定性。但橡胶轴承对水质的要求很高,水中含有泥沙时易磨损轴颈和轴瓦,轴瓦间隙易随温度变化,轴承寿命较短,刚性不如稀油润滑轴承,运行时间稍长就易发生较大振动,目前在中小型水轮机上已很少采用。

（七）水轮机主轴密封及深井泵轴承

许多水轮机主轴的工作密封采用橡胶密封结构,机组运行时需供给具有一定压力的清洁水起密封和润滑作用。水电站装置有深井泵时,深井泵启动前也需要注入清洁水,对深井泵的橡胶导轴承进行润滑。

（八）水压操作的主阀与射流泵

有的高水头水电站采用高压水操作主阀和其他液压阀,可以节省油压装置或使油系统简化,方便运行并降低费用。引入操作接力器的高压水必须清洁,防止配压阀和活塞严重磨损和阻塞,并需要注意工作部件的防锈蚀。高压水流还可用来操作射流泵,为水电站的技术供水、排水或辅助离心泵的启动提供动力。

根据对以上各种供水对象的讨论可知,水电站技术供水的作用主要有以下 3 点:

(1)冷却。

(2)润滑。

(3)液压操作。

二、技术供水系统的任务和组成

(一)技术供水系统的任务

供水系统所提供的技术用水,应当满足各种用水设备对水压、水量、水温和水质的技术要求,安全可靠的供水,并符合经济要求。

(二)技术供水系统的组成

技术供水系统由水源、水处理设备、管道系统、测量与控制元件及用水设备等组成。

(1)水源是技术供水系统获取水量的来源。

(2)水处理设备是当技术供水的水质不符合要求时对水质进行净化与处理的设备。

(3)管道系统是将从水源引来的水流分配到机组各个用水设备处的管网,由干管、支管和管件等组成。

(4)测量与控制元件是为了保证技术供水系统安全、可靠地运行而设置的,测量元件是对供水的压力、流量、温度和管道中水流的流动情况等进行量测和监视的设备;控制元件是根据运行要求对技术供水系统有关设备进行操作与控制的设备。

(5)用水设备即上述各技术供水对象。

任务二　技术供水的水源及供水方式

一、水源

(一)水源选择的原则

技术供水水源的选择非常重要,是决定供水系统是否经济合理、安全可靠的关键。如果供水水源选择不当,不仅可能增加水电站投资,还可能增加在以后长期运行和维护中的困难。

选择技术供水水源时,在技术上须考虑水电站的型式、布置与水头,满足用水设备所需的水量、水压、水温和水质的要求,力求取水可靠、水量充足、水温适当、水质符合要求、引水管路短,以保证机组安全运行,并使整个供水系统设备操作简单、维护方便,在经济上投资和运行费用最省。

技术供水系统除主水源外,还应有可靠的备用水源,防止因供水中断而停机。对于水轮机导轴承的润滑水和水冷式推力瓦的冷却水,要求备用水源能够自动投入,因为这些设备的供水稍有中断,轴瓦就有可能烧毁。

一般情况下,均采用水电站所在的河流(电站上游水库或下游尾水)作为供水系统的主水源和备用水源,只有在河水不能满足用水设备的要求时,才考虑其他水源(例如地下水源)作为主水源、补充水源或备用水源。

因此,在选择水源时必须全面考虑,根据电站具体情况,进行详细的分析论证,从所有可能的水源方案中,选出技术先进、供水可靠、运行维护方便、经济合理的方案。

(二) 供水水源

1. 上游水库作水源

水电站上游水库水量充足,是一个丰富的水源。从水质方面看,水库调节容量越大,水深越深,水流越平缓,有利于水中泥沙沉降,除一些悬浮的落枝飘草等需用进水口拦污栅和管路中滤水器加以清除外,平时泥沙不多,不致阻塞部件,较易获得良好水质;从水温方面看,水库越深,水温越低,水下30 m水温趋于稳定,因此上游水库水深较大时,比自然径流或低坝浅库易于取得温度较低的底层水,有利于提高冷却效果;从上游水库取水可以利用水流的自然落差(水头),不需要或减少了提水设备,节省投资与运行费用。因此,上游取水是技术供水设计中首先考虑的水源类型。

上游水库作水源,取水口的位置有以下几种。

1)坝前取水

坝前取水如图9-8所示。在坝前电站进水口附近不同高程或不同位置上设置几个取水口,可根据水库水位变化和运行需要选择使用,在运行中也可作为备用互相切换。取水口高程设置在死水位以下,但要防止泥沙淤积到进口高程进入供水系统。在每个取水口后设有压缩空气吹扫管道与接头,当取水口堵塞时可用压缩空气对进水口拦污栅进行反向吹淤。坝前取水经过滤后引入主厂房。

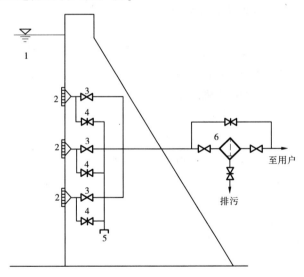

1—水库;2—取水口;3—取水选择阀;4—拦污栅吹扫选择阀;5—压缩空气吹扫接头;6—滤水器

图9-8 坝前取水

2)压力引水钢管或蜗壳取水

在压力引水钢管或蜗壳侧壁取水,取水口布置如图9-9所示。

取水口的位置最好布置在钢管或蜗壳断面的两侧,一般在45°方向上,避免布置在顶

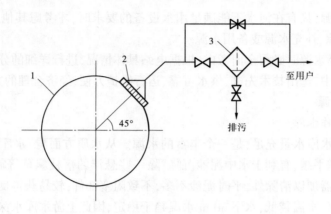

1—压力钢管(或蜗壳);2—取水口;3—滤水器

图 9-9　压力引水钢管或蜗壳取水

部和底部,因为布置在顶部易被悬浮物堵塞,而布置在底部又容易被泥沙淤堵。

对长引水管道的水电站,可采用压力引水钢管取水。对单元引水式水电站和一根压力引水管分供几台机组的水电站,可各自引水钢管取水后再并联供水,以提高供水的可靠性。当电站设有主阀时,压力钢管上的取水口最好设置在主阀的上游侧,这样在主阀关闭后仍可保证供水。

这种取水方式的引水管道短,设备简单,投资较为节省,管道阀门等可以集中布置,操作和维护管理。方便,运行费用少,供水可靠,只有在压力钢管发生故障时供水才中断。这种取水方式的缺点是对于水质较差的水电站,布置水处理设备比较困难。水电站一般用压力引水钢管或蜗壳取水作为技术供水的主水源。

3) 从水轮机顶盖取水

水轮机顶盖取水,如图 9-10 所示。

顶盖取水是我国 20 世纪 70 年代末提出的新的供水方式,在一些水电站机组上改造试用成功后逐渐推广。目前,我国许多水电站包括一些大型水电站也采用了这种供水方式。图 9-11 为漫湾水电站机组顶盖取水水量、水压和出力的实测曲线。

2. 下游尾水作水源

如果上游水库形成的水头过高或过低,常用下游尾水作水源,通过水泵将水送至各用水设备,如图 9-12 所示。

自下游尾水取水时,要注意取水口不要

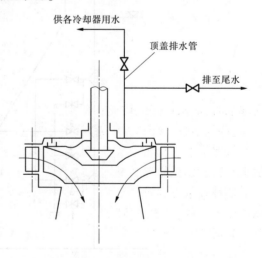

图 9-10　水轮机顶盖取水

设置在机组冷却水排出口附近,以免水温过高,影响机组冷却效果。同时应注意机组尾水冲起的泥沙及引起的水压脉动,以及下游水位因机组负荷变化而升降等情况给水泵运行带来的影响。应尽可能提高取水口的位置,但取水口必须在最低尾水位 0.5 m 以下。水泵吸水管的管口应设有拦污栅网,以防杂物吸入。地下厂房长尾水管的水电站,从下游尾

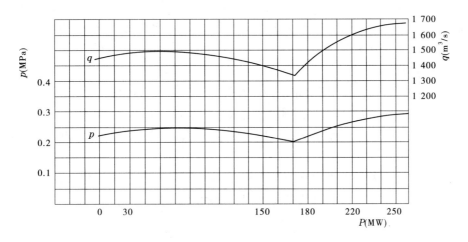

图 9-11　漫湾水电站机组顶盖取水水量、水压和出力的实测曲线

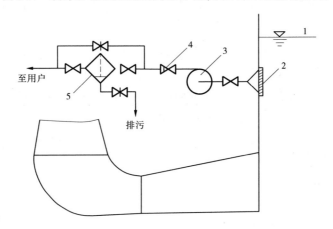

1—下游尾水;2—取水口;3—供水泵;4—止回阀;5—滤水器

图 9-12　下游尾水取水

水取水时,取水口一般均设在尾水管或尾水管出口附近,由于水轮机补气使水中含有气泡,这些气泡带入冷却器中影响冷却效果,必须设置除气设施。

从尾水取水作为主水源或备用水源时,要考虑在电站安装或检修后,首次投入运行时供水运行时供机组启动的用水。

这种取水方式每台水泵需有单独的取水口,布置灵活,管道较短,但比坝前取水的可靠性要差一些,在水泵故障或厂用电源断电时技术供水也会中断,且运行费用较大。

3.地下水源

地下水源一般比较清洁,含沙量少,不含水生物和有机质,水质较好,水温较低且恒定,某些地下水源还具有较高的水压力。为了取得经济、可靠和较高质量的清洁水,以满足技术供水特别是水轮机导轴承润滑用水的要求,当水电站附近有地下水源时,可考虑加以利用。

但有时地下水的硬度较大,水量有限,长期抽取可能导致地下水位下降或流量不足。为了获得可靠的地下水源,在水电站勘测初期即需提出要求,对水电站所在地区地下水的分布,以及地下水流量、水质、水量、水温、静水位和动水位等的数据及变化情况进行详细的勘测。采用地下水源时,一般地下水水压不足,必须用水泵抽水增压,因而投资和运行费用较高,供水系统比较复杂。

4. 其他水源

当水电站水质不好或利用电站水源不经济时,可在水电站附近寻找水质较好、水量有保证的其他水源。除以上所述各种水源外,水电站附近如有瀑布、支流和小溪,或大坝基础渗漏水等,在水质、水温、水量等满足用水要求、且技术可行经济上合理时,都可以作为技术供水的水源。

总之,上述水电站技术供水水源及取水方式各有特点,适用于一定条件,在选择水源时必须全面考虑,根据电站的具体条件选用合理的水源方案。

二、供水方式

水电站技术供水方式因电站水头范围不同而不同,常用的供水方式有以下几种。

(一) 自流供水

自流供水系统的水压是由水电站的自然水头来保证的。当水电站水头在 15～80 m 范围内,水温、水质符合要求时,一般都采用从上游取水的自流供水方式。水头小于 15 m 时,采用自流供水将不能保证一定的水压;而水头大于 80 m 时,采用自流供水,一方面浪费了水能,另一方面又使减压实现起来较为困难。

自流供水方式设备简单,供水可靠(无转动设备),投资少,操作简单,维护方便,运行费用低,是设计、安装、运行都乐于选用的供水方式。特别是水头在 20～40 m 的水电站,一般都采用自流供水方式。

当水电站水头大于 40 m 而采用自流供水时,为了保证各冷却器的进口水压符合制造厂的要求,一般要装设可靠的减压装置,对多余的水头进行削减,这种供水方式称为自流减压供水。常用的减压装置有自动减压阀、固定减压装置、手动闸阀等。自流减压供水的可靠性主要取决于减压的措施和设备,当减压不多时可提高冷却器耐压等级、缩小管径或用闸阀、球阀、不锈钢孔板减压,当减压多时一般采用具有阀后压力稳定性好的自动减压阀。自流减压供水如图 9-13 所示。

这种供水方式所削减掉的水头,实际上是对能量的浪费。而水电站的水头越高,为符合冷却器进口水压要求所需要削减掉的水压就越大,浪费的能量就越多。为此,需要把浪费的水能与采用水泵供水所消耗的电能和增加的设备费用进行技术经济比较,以确定合理的供水方式。当水电站库容小、溢流概率大时,即使水头较高也可考虑采用自流减压供水方式。水电站自流减压供水的水头范围为 70～120 m,国内已运行采用自流减压供水方式的水电站中,有的水头高达 130 m。

有些水电站采用自流虹吸的供水方式,它利用水电站的自然水头供水,但因为冷却器的位置高于水电站的上游水位,开始供水时要用真空泵抽去管路系统内的空气。形成虹吸后,便有足够的水流通过,这是上述自流供水的一种特例。但必须注意水温和汽化等问题,而且虹吸负压应有一定限制。

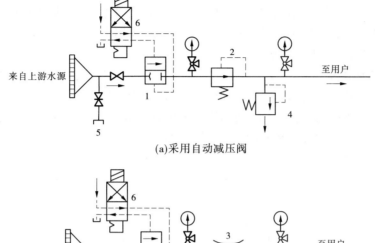

(a)采用自动减压阀

(b)采用固定减压装置

1—供水总阀;2—自动减压阀;3—固定减压装置;4—安全阀;5—压缩空气吹扫接头;6—电磁配压阀

图9-13　自流减压供水

(二)水泵供水

当水电站水头高于 80 m 时,用自流供水方式已不经济;而当水头小于 12 m 时,用自流供水方式已无法满足用水设备对水压的最低要求,此时通常采用水泵供水方式。对低水头电站,取水口可设置在上游水库或下游尾水,视具体情况而定,从上游取水时水泵扬程减少,运行比较经济;对于高水头水电站,一般均采用水泵从下游取水。

当技术供水采用地下水源时,多数水电站因水压不足,亦采用水泵供水。

水泵供水系统由水泵来保证所需要的水压和水量。水质不良时,布置水处理设备也较容易。特别是对大型机组,采用水泵供水可以各自设置独立的供水系统,即省去了机组间的供水联络管道又便于机组自动控制,运行灵活。水泵供水的主要缺点是供水可靠性差,当水泵电源中断时要停止供水,因此要求电源可靠,并要设置备用水泵,设备投资大,运行费用高。

某些采用水泵供水的水电站,为了节省投资、提高设备利用率,技术供水和检修排水合用一组水泵,即采用供排水结合的系统。

(三)混合供水

当电站最高水头大于 15 m 而最低水头又不能满足自流供水的水压要求,或电站最低水头小于 80 m 而最高水头采用减压装置又不经济时,都不宜采用单一供水方式。一般设置混合供水系统,即自流供水和水泵供水的混合系统,当水头适中时采用自流供水,水头不足或水头过高时采用水泵供水。自流供水与水泵供水的分界水头应经过水力计算和技术经济比较来确定。在水泵使用时间不多的情况下,可不设置备用水泵,且主管道只设一条,这样可以在不降低供水安全可靠性的条件下,减少设备投资,简化系统。

也有一些混合供水的水电站,根据用水设备的位置及水压、水量要求的不同,采用不同的供水方式。对自流供水能满足水压要求的设备,采用自流供水;对自流供水不能满足水压要求的设备,采用水泵供水。

(四) 射流泵供水

当水电站工作水头为 100~170 m 时,为了减少自流供水的水能浪费,宜采用射流泵供水。由上游水库(或蜗壳、压力引水钢管)取水作为高压工作水流,在射流泵内形成射流,抽吸下游尾水,两股液流相互混合,形成一股压力居中的混合液流,作为机组的技术供水,如图 9-14 所示。

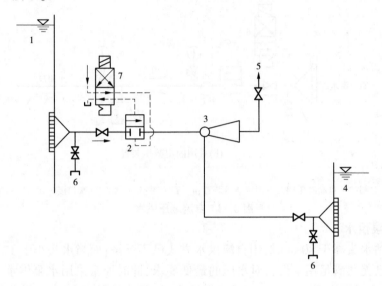

1—上游水库;2—供水总阀;3—射流泵;4—下游尾水;5—至供水用户;6—压缩空气吹扫接头;7—电磁配压阀

图 9-14　射流泵供水

上游压力水经射流后,水压减小,不需再进行减压;原减压所消耗的能量被利用来抽吸下游尾水,增大了水量,供水量是上、下游取水量之和。射流泵供水是一种兼有自流供水和水泵供水特点的供水方式,它设备简单,易于布置,本身无转动部件,运行可靠,便于操作,维护方便,不需动力电源,设备和运行费用较低,已经得到设计和使用部门的重视,在我国大型水电站供水系统中已逐步推广应用,运行稳定可靠,取得了明显的经济效果,但射流泵的效率较低,工作范围较窄,正在不断改进和完善。射流泵在水电站的应用已引起国内外的重视,相关的理论研究与设计制造技术已取得显著的进展,有关设计研究单位已编制了水电站技术供水射流泵系列化设计,具有广阔的应用前景。

(五) 其他供水方式

由于电站所在地区不同,具体条件不同,因而经济指标也不一样。对各种供水方式的水头范围的规定,是按一般情况比较出来的,电站设计中对供水方式的选用,应分析电站的具体情况,并进行技术经济比较后确定。

除以上常用的几种供水方式外,一些电站根据本身的具体条件,采用一些其他的供水方式,例如:

（1）高水头电站小机组尾水供水。高水头电站由于减压困难和能量损失大，采用小机组尾水供水的方式，装设厂用小型水轮发电机组，利用小机组发电后的尾水，通过自流方式供给主机组技术用水；又有的水电站利用附近溪沟水自流供水；还有的中、高水头的水电站用转轮密封漏水作为机组技术供水的供水方式。

（2）中间水供水。在技术供水的水压、水质和水量不稳定时，有的水电站采用中间水池的供水方式。中间水池可兼有储存水量、稳定水压、调节流量和泥沙处理的作用，当水电站水头不足或过高时，技术供水采用水泵打入供水水池或经过减压引入供水水池，水质不好的水电站也可对水质处理后引入中间水池，水池的上、下部分别设有溢流和排污管道，水池的水位由自动控制装置监视。这种供水方式兼有水泵和自流供水的特点，水池的容积应足够大，以起到储水、稳压、沉淀和调节水量的作用。

（3）冷却水循环供水。有的多泥沙河流上水质很差的水电站的技术供水，由于经处理得到的清洁水来之不易，往往采用冷却水循环供水方式，供水系统由循环水系、循环水池和设在尾水中的冷却器组成，机组技术供水经尾水冷却器降低水温后循环使用。

循环冷却技术供水系统分为密闭式和开敞式两种。密闭式供水整个系统都处于封闭的管道中，机组冷却水经管道进入设在尾水中的换热器，再经水泵将水打入机组。其优点是没有大的循环水池，占地面积小，系统基本上与大气隔绝，只要注入系统的水是经处理达到标准的清洁软水，水中添加适当的稳定剂，就能够长期安全运行。其缺点是没有大的调节容积，系统的充水排气、排水、换水比较麻烦，设计时需妥善解决。

开敞式供水系统中有一个开敞的循环水池，水池有一定容积，便于沉淀和排出泥沙、污物，当系统中水量耗损时不必随时加水，有一定的调节余地。开敞式循环供水系统便于充水时排气、换水、补水操作及水质监视，其缺点是系统有大的自由水面与大气直接接触，水生物易生长，影响循环水水质，需要定期换水，使补水装置的制水、水处理任务加重。

采用循环供水方式的电站，循环供水可作为工作水源或备用水源。清水期机组供水从坝前或蜗壳取水时，可利用该时段对供水系统的水进行更换，对于水质较好的水源，可不进行处理，直接引用水库蓄水或自来水。

国外一些发达国家在中小型水电站技术供水系统中采用循环供水较早。近年来，这种供水方式在我国也逐步得到重视和应用，目前，我国南方许多水电站技术供水系统已采用循环供水方式，特别是黄河等多泥沙河流上新设计的水电站，技术供水基本上都采用了循环冷却供水，机组容量最大为 60 MW。

水电站供水系统采用循环冷却方式是解决机组对冷却水质要求的一种较好的方法，适用于多泥沙或多污物等水质的水电站。冷却系统循环供水方式取代了价格贵、占地多的沉沙池等水处理设备，设备简单，提高了供水的可靠性，还可减少机组技术供水设备的检修、维护工作量，具有较好的经济效益。

三、设备配置方式

供水系统的设备配置方式，根据机组的单机容量和电站的装机台数确定，一般有以下几种类型。

（一）集中供水

全电站所有机组的用水设备,都由一个或几个公共的取水设备取水,通过全电站公共的供水干管供给各机组用水。这种设备配置方式便于集中布置和管理,运行、维护比较方便,适用于中小型水电站。

（二）单元供水

全电站没有公共的供水设备和干管,每台机组各自设置独立的取水口、供水设备和管道,自成体系,独立运行。这种设备配置方式适用于大型机组或水电站只装机一台机组的情况。特别对于水泵供水的大中型水电站,每台机组各自设一台（套）工作水泵,虽然水泵台数可能多些,但运行灵活,机组间互不干扰,可靠性高,容易实现自动化,便于运行与维护,有其突出的优点。

（三）分组供水

当电站机组台数较多时,采用集中供水设备选择与布置困难,供水可靠性低;采用单元供水设备数量过多,加大工程投资,且运行操作、管理维护不便。这时可将机组分成若干组,每组设置一套取、供水设备。其优点在于供水设备可以减少,而仍具有单元供水的主要优点。例如,两台机组作为一组,采用三台水泵,其中两台工作,一台备用,比一机二泵的单元供水系统,每一组可节省一台水泵。

为避免供水管路过长和供水管径过大给布置和运行维护工作造成不便,采用集中供水方案或分组供水方案时,机组台数不宜过多。

采用水泵供水时,机组与主变压器的供水设备宜分开配置。

任务三　用水设备对供水的要求

各种用水设备对供水系统的水量、水压、水温、水质均有一定的要求,其总的要求是水量充足、水压合适、水质良好、水温适宜。现分述如下。

一、水量

用水设备的供水量,通常由制造厂家经设计计算后提出。初步设计时,在没有取得制造厂家资料的情况下,可参考类似电站和机组设备的用水量进行估计,或采用经验公式和图表、曲线进行估算,求得近似数值,作为设计依据。在技术设计阶段,再按制造厂提供的资料进行修改与校核。

大中型水电站机组供水量最大的设备往往是发电机空气冷却器,其所需水量约占技术供水总量的70%;其次是推力轴承与导轴承的油冷却器,约占18%;水润滑的水轮机导轴承约占5%;水冷式变压器约占6%;其余用水设备约占1%。小型水电站机组通常不设发电机空气冷却器,其用水量最大的设备是推力轴承油冷却器,总冷却水量大大减少。所以,发电机的冷却水量对电站技术供水系统的规模起着决定性的作用。

（一）水轮发电机总用水量

水轮发电机的总用水量是指其空气冷却器的用水量加上推力轴承和导轴承油冷却器的用水量。初步估算这个总水量时,可按图9-15查取。

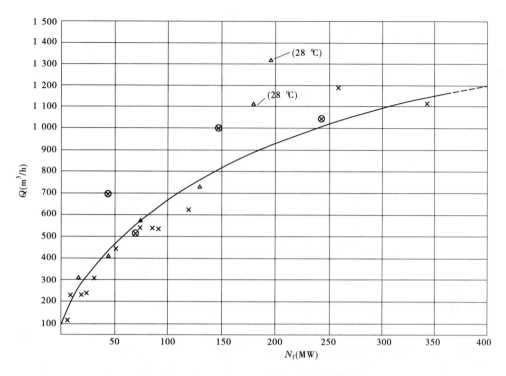

△—全伞式发电机；⊗—半伞式发电机；×—悬式发电机

图 9-15　水轮发电机总用水量

(二)空气冷却器用水量

发电机运行中铁芯与绕组的允许最高温度,与发电机采用的绝缘等级和型式有关,小型电机一般采用 A 级绝缘,允许最高温度为 105 ℃;大型电机采用 B 级绝缘,允许最高温度为 130 ℃。为了限制发电机内部温升,一般规定:经过空气冷却器后的空气温度不超过 35 ℃;空气吸收热量后的温度不高于 60 ℃;空气冷却器的进水与出水温度差要求在 2~4 ℃内;进水最高温度不允许超过 30 ℃。制造厂在确定发电机冷却水量时,均以进水温度为 25 ℃、机组带最大负荷、发电机连续运行时所产生的热量为设计依据。

(1)初步估算空气冷却器用水量时,可根据发电机额定容量在图 9-16 所示的曲线上查取。

(2)空气冷却器用水量亦可根据发电机额定容量按每千伏安 0.006 5 m³/h 粗略计算。

(3)空气冷却器所需的冷却水量,可根据热量平衡条件,采用下式计算:

$$Q_{\mathrm{K}} = 3\ 600\ \frac{\Delta N_{\mathrm{d}}}{C \Delta t} \tag{9-1}$$

式中　Q_{K}——空气冷却器所需的冷却水量,m³/h;

3 600——功热当量,取 $860 \times 4.187 \times 10^3 \approx 3\ 600 \times 10^3$,J/(kW·h);

ΔN_{d}——发电机的电磁损耗功率,kW;

C——水的比热,取 $C = 4.187 \times 10^3$ J/(kg·℃);

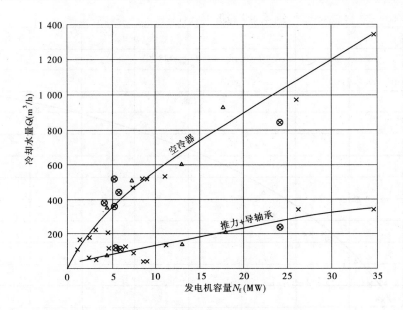

△—全伞式发电机;⊗—半伞式发电机;×—悬式发电机

图 9-16　水轮发电机空气冷却器、轴承冷却水量曲线

Δt——冷却器进出水温度之差,取 $\Delta t = 2 \sim 4 \, ℃$。

为了求取发电机的电磁损耗功率,首先要求得发电机总的功率损耗。发电机总的功率损耗在发电机未设计之前是不确定的,初步估算时可根据发电机的效率进行计算,即

$$\Delta N_f = \frac{N_{fe}}{\eta_f} - N_{fe} \tag{9-2}$$

式中　ΔN_f——发电机总的功率损耗,kW;

N_{fe}——发电机的额定容量,kW;

η_f——发电机的效率,大中型水轮发电机一般为 0.96 ~ 0.98。

而　　　　　　　　　　$$\Delta N_d = \Delta N_f - \Delta N_z \tag{9-3}$$

式中　ΔN_z——轴承机械损耗,kW。

轴承机械损耗包括推力轴承与导轴承两部分。这两部分的损耗计算见后面所列公式。

(4)空气冷却器的用水量也可采用经验公式进行估算,即

$$Q_K = 8.5 N_{fe} \frac{1 - \eta_f}{0.025} \times 10^{-3} \tag{9-4}$$

式中符号意义同式(9-2)。

按式(9-4)计算所得数值与制造厂提供的数值相比较,单机容量在 10 万 kW 以下的机组基本相近,10 万 kW 以上的机组则计算数值偏大,但作为估算还是可用的。

空气冷却器的用水量与发电机负荷的大小有关,这是因为发电机的定子铜损和附加损耗随负荷大小而变化,其余几种损耗则为定值。因此,当负荷减少时,空气冷却器的耗水量也相应减少。当发电机功率因数 $\cos\varphi$ 是常数时,空气冷却器的冷却水量随发电机负荷变化的关系见图 9-17。

(三)发电机推力轴承和导轴承油冷却器用水量

(1)初步估算时,推力轴承和导轴承油冷却器所需冷却水量,可查图 9-16 曲线求取。

(2)推力轴承油冷却器用水量与推力轴承所承受的总荷重(t)和它的转速(r/min)的乘积成比例,在初步计算时可按 1 t·r/min 为 0.75L/h 估算。

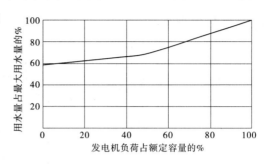

图 9-17 空气冷却器用水量与发电机负荷的关系

(3)发电机导轴承油冷却器用水量所占比例不大,初步设计时可以按推力轴承用水量的 10%~20% 来考虑。

(4)推力轴承所需要的冷却水量,可根据轴承摩擦所损耗的功率进行计算。

推力轴承的损耗只有在资料比较齐全、有详细的结构布置和几何尺寸、推力轴承负荷及转速等数据已知的情况下才能进行计算,一般可参考类似机组的资料按下式计算,即

$$\Delta N_{\rm t} = AF^{3/2} n_{\rm e} \times 10^{-6} \tag{9-5}$$

式中　$\Delta N_{\rm t}$——推力轴承损耗功率,kW;

　　　F——推力轴承总荷重,kN,由水轮机轴向水推力和机组转动部分重量组成;

　　　$n_{\rm e}$——机组额定转速,r/min;

　　　A——系数,取决于推力瓦块上单位面积所承受的压力 p,p 通常取 3.5~4.5 MPa,A 值由图 9-18 曲线查取。

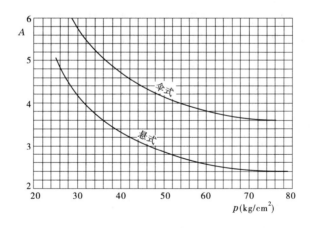

图 9-18 推力轴瓦上的单位压力 p 与系数 A 的关系曲线

由推力轴承损耗功率 $\Delta N_{\rm t}$,按照下式计算所需冷却用水量,即

$$Q_{\rm t} = 360 \frac{\Delta N_{\rm t}}{C \Delta t} \tag{9-6}$$

式中　$Q_{\rm t}$——推力轴承油冷却器用水量,m³/h;

　　　其他符号的意义同式(9-1)。

推力轴承的损耗随作用在水轮机上的水头变化而变化,故其油冷却器的用水量也随之变化。推力轴承油冷却器的用水量(以最大用水量的 100% 表示)随水轮机水头变化的

关系如图 9-19 所示。

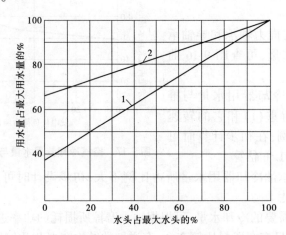

1—转桨式水轮机;2—混流式水轮机

图 9-19　推力轴承油冷却器用水量与水轮机水头的关系

(四) 水轮机导轴承用水量

稀油润滑的水轮机导轴承一般均装有油冷却器,其冷却水量很小,可按推力轴承用水量的 10%~20% 考虑,或按机组总用水量的 5%~7% 估算。

水导轴承采用橡胶轴瓦时,由于橡胶轴瓦不能导热,所以在工作过程中产生的全部热量需要用水来带走。橡胶轴瓦不能耐受高于 65~70 ℃ 的温度,在高温下会加速老化,其供水必须十分可靠,不允许发生任何中断。

初步估算水轮机橡胶导轴承的冷却和润滑用水量时,可由图 9-20 的曲线查取,图中的水轮机主轴轴颈直径 D_p,可根据机组的扭力矩初选。扭力矩按下式计算,即

$$M = 97\,400\,\frac{N_z}{n_z} \tag{9-7}$$

式中　M——扭力矩,kg·cm;

　　　N_z——主轴传递功率,kW;

　　　n_z——主轴转速,r/min。

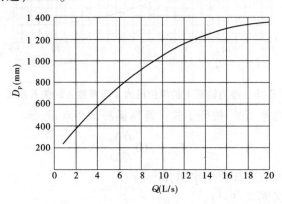

图 9-20　橡胶导轴承润滑用水量与主轴直径关系曲线

由扭力矩与主轴外径关系曲线图(见图 9-21)查出相应的主轴直径 D_z,并根据表 9-2 中的系列尺寸确定相应的直径 D_z 和 D_p。

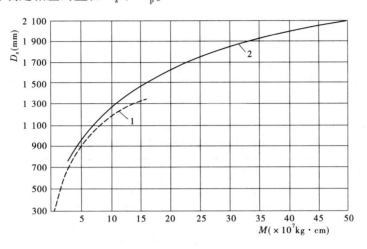

1—厚壁轴;2—薄壁轴

图 9-21　扭力矩与主轴外径关系曲线图

表 9-2　主轴及轴径外径系列　　　　　　　　　　　　　(单位:mm)

D_z	D_p	D_z	D_p	D_z	D_p	D_z	D_p
400	415	650	670	900	920	1 300	1 320
450	465	700	720	950	970	1 400	1 420
500	515	750	770	1 000	1 020	1 500	1 520
550	565	800	820	1 100	1 120	1 600	1 620
600	615	850	870	1 200	1 220		

(五)水冷式变压器冷却用水量

初步设计时,水冷式变压器的冷却用水量可按变压器的容量每千伏安耗水 $0.001\ \text{m}^3/\text{h}$ 来估算。

水冷式变压器的用水量与变压器的损耗(包括空载损耗和短路损耗)有关。当变压器的容量和型式确定以后,可根据其额定负荷时的总损耗和冷却器系列产品的额定冷却容量,由下式计算出一台变压器的总用水量

$$Q_B = \frac{N_B}{N} \times q \tag{9-8}$$

式中　　Q_B——一台变压器的总用水量,m^3/h;

$\quad\quad N_B$——变压器损耗,kW;

$\quad\quad N$——冷却器的额定冷却容量,kW;

$\quad\quad q$——每台冷却器的耗水量,m^3/h。

变压器强迫油循环水冷却器已成系列,冷却器的额定冷却容量和耗水量可参考厂家资料和有关设计手册。

(六)水冷式空压机冷却用水量

初步设计时,水冷式空压机的用水量可按下式估算:

$$Q_y = Q_r q \tag{9-9}$$

式中　Q_y——空压机冷却的用水量,m^3/h;

　　　　Q_r——空压机额定排气量,m^3/min;

　　　　q——空压机单位排气量所需要的冷却水量,$m^3/h/(m^3/min)$,一般取 $q = 0.18 \sim 0.3\ m^3/h/(m^3/min)$。

水冷式低压空压机所需要的冷却水量也可按表9-3计算。

表9-3　低压空压机生产率与冷却水量

空压机生产率(m^3/min)	1.5	3	6	10	14	20
冷却水量(m^3/h)	0.5	1	2	3	4	5.2

国内已生产的一些水轮发电机各部分用水量见表9-4。

表9-4　国内已生产的一些水轮发电机各部分用水量

单机容量 $H(kW)/S(kVA)$	机组型式	推力导轴承用水量 $Q_推/Q_导(m^3/h)$	空气冷却器用水量 $Q_空(m^3/h)$	总用水量 $Q(m^3/h)$	制造厂
300 000/343 000	悬式	250/60	1 300	1 610	哈厂
225 000/258 000	悬式	250/75	940	1 265	哈厂
210 000/240 000	半伞	200/26	820	1 046	哈厂
150 000/176 560	全伞	140/60	900	1 100	东方
110 000/129 500	全伞	140/合在一起	595	735	东方
100 000/111 000	悬式	130	510	640	哈厂
75 000/88 200	悬式	40/6	500	546	哈厂
72 500/85 000	悬式	40/6	500	546	哈厂
65 000/72 300	悬式	80	450	530	哈厂
60 000/70 600	全伞	80	500	580	
50 000/58 700	半伞	100	420	520	东方
50 000/62 500	悬式	120	2 016(单回路)	2 136	哈厂
45 000/53 000	半伞	120	350		
45 000/53 000	半伞	120/25	510	810	哈厂
40 000/44 500	悬式	54/51	200	305	哈厂、东方、天发
36 000/2 400	全伞	80	350	430	哈厂
36 000/41 200	半伞	320	380	700	东方

续表9-4

单机容量 $H(kW)/S(kVA)$	机组型式	推力导轴承用水量 $Q_{推}/Q_{导}(m^3/h)$	空气冷却器用水量 $Q_{空}(m^3/h)$	总用水量 $Q(m^3/h)$	制造厂
25 000/31 200	悬式	45/5	220	270	东方
20 000/23 100	悬式	60	180	240	哈厂
17 000/212 000	悬式	60/20	380	460	
15 000/18 700	悬式	10.5	222	232.5	哈厂
11 000/13 750	悬式	62.4	163	225.4	天发
8 000/10 000	悬式	25	110	135	哈厂
7 500/9 400	悬式	22	200	222	哈厂
5 000/6 250	悬式	10.4	93	103.4	重庆

注:哈厂指哈尔滨电机厂有限公司,东方指东方电机有限公司,天发指天津天发发电设备制造有限公司,重庆指重庆水轮机厂有限责任公司。

二、水压

(一) 机组冷却器对水压的要求

为了达到冷却器的冷却效果,冷却器需要一定的进口水压,以保证所需要的水量。因此,冷却器的水压以满足流量要求为主。

冷却器进口水压的上限由其强度条件所决定,一般不超过 0.2 MPa,超过上述要求,则冷却器铜管强度不允许。当有特殊要求时,需与制造厂协商提高强度。冷却器的试验压力,在无厂家规定值时,可采用 0.35 MPa,试验时间 1 h,要求无渗漏。冷却器进口水压的下限,取决于冷却器和排水管的流动阻力,一般不低于 0.04 ~ 0.075 MPa,只要足以克服冷却器内部压降及排水管路的水头损失、保证通过所需要的流量即可。

通过冷却器的冷却水压降,按照下式计算,即

$$\Delta h = n\left(\lambda \frac{l_0}{d} + \sum \xi\right) \frac{v_2}{2g} \tag{9-10}$$

式中　Δh——冷却器的水压降,mH_2O;

n——水路回路数,对于空气冷却器一般为 4 路或 6 路,对于轴承油冷却器通常为 1 路;

λ——管道沿程阻力系数,对于铜管一般按 0.031 考虑;

l_0——冷却水管的长度,m;

d——冷却水管内径,m;

$\sum \xi$——局部阻力系数,空冷器可取 $\sum \xi = 1.3$,油冷却器可取 $\sum \xi = 3.5 ~ 4$;

v——管内水流速度,m/s;一般取平均流速为 1.0 ~ 1.5 m/s;

g——重力加速度,m/s^2。

冷却器在长期使用之后,铜管内表面发生积垢和氧化作用,使冷却器水流特性变坏,

散热性能降低,所以制造厂提供的压降值比计算值大,一般均按计算值加上1倍或更多的安全系数。国内冷却器一般压力降为 4~7.5 mH$_2$O。

表 9-5 为国内已生产的发电机空气冷却器的工作压力。

表 9-5　国内已生产的发电机空气冷却器的工作压力

厂名	工作水压 (MPa)	试验水压 (MPa)	允许最大强度压力 (MPa)	内部水压降 (mH$_2$O)
哈尔滨电机厂	0.2~0.6	0.4~0.9		3
东方电机厂	一般 ≤0.3 少数 0.4~0.6	0.6 <1		≤5
天津发电设备厂	一般 0.15~0.2 少数 0.2~0.6	0.4~0.5 0.9	0.26 0.6	1~2.7
杭州发电设备厂	0.15~0.2	0.4	0.5	
富春江水工机械厂	0.2 0.6	0.4 1.2	0.3 0.7	
凌零水电设备厂	0.15~0.25			

(二) 水冷式变压器对水压的要求

水冷式变压器对冷却水水压要求较严格,因为它涉及变压器的安全运行。在水冷式变压器中,如果发生冷却水管破裂或热交换器破裂,就会使油水掺合,对变压器造成很大危险。为确保安全,制造厂要求,冷却器进口处水压不得超过 0.05~0.08 MPa;对强迫油循环体外冷却装置,油压必须大于水压 0.07~0.15 MPa,这样就可以保证即使冷却水管破裂,也只能允许油进入水中,而水不能进入油中。当电站技术供水引到水冷式变压器前的压力较高时,应采用减压措施,并设置安全阀。

(三) 水冷式空压机对水压的要求

水冷式空压机的冷却水的强度较大,其进口水压可以较高,一般要求不超过 0.3 MPa。进口水压的下限,由其水力损失大小决定,一般不低于 0.05 MPa。

(四) 水轮机橡胶导轴承对水压的要求

水轮机橡胶导轴承入口水压的高低主要由润滑条件决定,以保证轴颈与轴瓦之间形成足够的承力水膜。中小型机组橡胶导轴承的进口水压为 0.15~0.2 MPa。水压过高时可能造成轴承润滑水箱破坏。

三、水温

冷却器的冷却效果,不仅与通过的冷却水量有关,而且受冷却水温度的影响。因此,供水水温是供水系统设计中一个十分重要的条件,一般按夏季经常出现的最高水温考虑。为了设计与制造的方便,根据我国具体情况,制造厂通常以进水温度 25 ℃ 作为设计依据。

水电站技术供水的水温与很多因素有关,如取水的水源、取水深度、当地气温变化等。根据我国各水电站水库水温实测资料及水电站实际运行情况来看,大部分水电站获得 25 ℃ 的水温是可能的。

水温对冷却器的影响很大。如果冷却器进水温度增高,为了达到冷却效果,就得加大冷却器的换热表面积,从而使冷却器的尺寸加大,有色金属消耗量增加,并造成布置上的困难。冷却器的高度与进水温度的关系见表9-6。

表9-6　冷却器高度与进水温度的关系

进水温度(℃)	25	26	27	28
冷却器有效高度(mm)	1 600	1 800	2 050	2 400
相对高度(%)	100	113	128	150

由表9-6中可以看出,由于冷却水温增高了3 ℃,致使冷却器高度增加了50%。同时,水温超过设计温度,会使冷却效果变差,发电机无法满足额定出力。因此,正确地采用水温是很重要的。进水温度最高应不超过30 ℃。

我国南方部分地区夏季水温超过25 ℃达1个多月,若技术供水水温超过25 ℃,则应向制造厂提出要求,由制造厂专门设计特殊的冷却器,加大冷却器尺寸,或增加冷却水量。

对于北方的某些地区,水库水温长年达不到25 ℃,则可根据图9-22进行折算,适当减小供水水量。

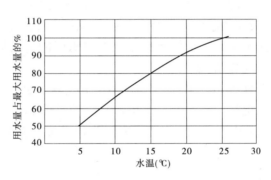

图9-22　水温低于25 ℃时冷却水量的折减系数

冷却水温过低也是不适宜的,这会使冷却器水管外壁结露凝聚水珠。一般要求进口水温不低于4 ℃。冷却器进出口水的温差不能太大,一般要求保持在2~4 ℃,避免沿管长方向因温度变化太大产生温度应力而造成管道裂缝。

四、水质

水电站的技术供水,不管是取自地表水还是地下水,或多或少总会有各种杂质,具有不同的物理化学性质。河流、湖泊及水库的地表水,一般流经地面的途径不长,溶解矿物质较少,水的硬度较小,但随着水的冲刷流动,特别是洪水期间,往往挟带了大量的泥沙、悬浮物、有机物及杂质。地下水由于地层的渗透过滤,通常不含悬浮物、有机物等,但当水渗过不同的岩层时,溶解了各种无机盐类,故地下水含有较多的矿物质,具有较大的硬度。

对水质方面总的要求是限制水中的机械杂质、生物杂质和化学杂质,保证技术供水清洁、硬度适中、不含腐蚀性物质,避免对供水系统设备造成腐蚀、结垢和堵塞。

冷却水的水质一般应满足以下几方面的要求:

（1）悬浮物。河流中常见的树枝、杂草、碎木、塑料垃圾等悬浮物，如果进入技术供水系统，就会堵塞取水口、管道和设备，使技术供水流量减小甚至中断。因此，技术供水中不允许包含这类悬浮物。

（2）含沙量。水中泥沙会在管道中沉积，增大水力损失，妨碍水流的正常流动，影响冷却器换热效果。泥沙进入橡胶导轴承，会加速轴颈与轴瓦的磨损，缩短轴承寿命。因此，对技术供水的泥沙含量必须加以限制。

要求冷却用水含沙量在 5 kg/m^3 以下，泥沙粒径不大于 0.1 mm，其中泥沙粒径大于 0.025 mm 的不应超过含沙量的 5%；润滑用水含沙量不大于 0.1 kg/m^3，泥沙粒径不大于 0.025 mm。对多泥沙的河流，要特别注意防止水草与泥沙的混合作用，堵塞管道。

（3）冷却水应是软水，暂时硬度不大于 8°~12°。水中的盐类杂质，其含量以硬度表示。硬度依钙盐和镁盐的含量而定，以度表示。硬度 1° 相当于 1 L 水中含有 10 mg 氧化钙或 7.14 mg 氧化镁，即 1 L 水中含钙盐或镁盐 357 μg 当量。硬度又分为暂时硬度、永久硬度和总硬度三种。暂时硬度即碳酸盐硬度。水中若含有酸式碳酸钙[$Ca(HCO_3)_2$]、酸式碳酸镁[$Mg(HCO_3)_2$]等，它们在水加热煮沸时分解析出钙镁的碳酸盐沉淀，水中的硬度即行消失，故称之为暂时硬度。水中含有钙、镁的硫酸盐和氯化物，在水加热、煮沸过程中不会产生沉淀，即为永久硬度。总硬度为暂时硬度与永久硬度之和。

暂时硬度大的水在较高的温度下易形成水垢，水垢层会降低冷却器的传热性能，增大水流阻力，降低水管的过水能力。永久硬度大的水，高温时的析出物能腐蚀金属，形成的水垢富有胶性，易引起阀门黏结，坚硬难除。

水依硬度可分为：极软水，0°~4°；中等硬水，8°~16°；软水，4°~8°；硬水，16°~30°。

为避免形成水垢，水电站的技术供水要求是软水，暂时硬度不大于 8°~12°。

（4）要求 pH 值反应为中性。水中氢离子浓度以 10 为底的对数的负值称为 pH 值，即

$$pH = -\lg[H^+] = \lg\frac{1}{[H^+]}$$

依据 pH 值，可将水分为：水为中性反应，pH=7；碱性反应，pH>7；酸性反应，pH<7。

大多数的天然水 pH 值为 7~8。pH 值过大或过小都会腐蚀金属，产生沉淀物堵塞管道。为了防止腐蚀管道与用水设备，要求 pH 值反应为中性，不含游离酸、硫化氢等有害物质。

（5）要求不含有机物、水生物及微生物。有机物进入技术供水系统会腐烂变质，腐蚀管道，滋生水草，促使微生物繁殖，进而可能附着在管壁上，水生物如果进入技术供水管道，可能附着在管壁上，加大水流阻力，影响冷却水的正常流动和冷却器换热。因此，技术供水要求不含有机物、水生物及微生物。

（6）含铁量不大于 0.1 mg/L。水中的铁，以 $Fe(HCO_3)_2$ 的形式存在，短时间是透明的，与空气、日光接触后，逐渐被氧化成胶体状的氢氧化铁[$Fe(OH)_3 \cdot nH_2O$]，有赤褐色的析出物，在管路系统和冷却器中生成沉淀，使传热效率和过水能力降低。要求水中含铁量不大于 0.1 mg/L。

（7）不含油分。油分进入技术供水管道，会黏附在冷却器管壁上，阻碍传热，影响冷却器正常运行。油分还会腐蚀橡胶导轴瓦，加速轴承老化。因此，技术供水要求不含

油分。

对水轮机橡胶导轴承润滑水的水质要求(水导轴承密封、推力轴承水冷瓦的水质要求均相同)更为严格:

(1)含沙量及悬浮物必须控制在 0.1 kg/m³ 以下,泥沙粒径应小于 0.01 mm。

(2)润滑水中不允许含有油脂及其他对轴承和主轴有腐蚀性的杂质。

潮汐发电站对海水的腐蚀问题应特别予以注意。

任务四　水的净化与处理

由河流经地域的环境所决定,河流来水中含有多种杂质。特别是在汛期,来水中漂浮物、泥沙含量剧增,当水质不符合技术供水的要求时,就需要对河水进行净化和处理,以满足各用水设备的要求。

一、水的净化

水的净化可分为两大类:一为清除污物;二为清除泥沙。

(一)清除污物

1.拦污栅

在技术供水取水口设置拦污栅,可隔挡水中较大的悬浮物。从蜗壳或压力管道引水的取水口,宜采用平条型拦污栅。平条型拦污栅分顺水平条型和正交平条型两种,正交平条型的拦污性能比顺水平条型好,但水力损失较大;顺水平条型拦污效果较正交平条型差,但水力损失小,取水流量降低少,吹扫条件较正交平条型有利。兼顾拦污栅的工作条件,采用顺水平条型拦污栅较为适宜。栅条的间距应根据水中漂浮物的大小确定,其净间距宜为 30~40 mm。过栅流速与供水管道经济流速有关,应为 0.5~2 m/s。为防止污染物堵塞取水口,可在拦污栅后设置压缩空气吹扫接头,进行反向吹淤。特别在汛期运行时,水中泥沙、杂草较多,易发生淤堵,应注意及时清除。取水口拦污栅如图9-23 所示。

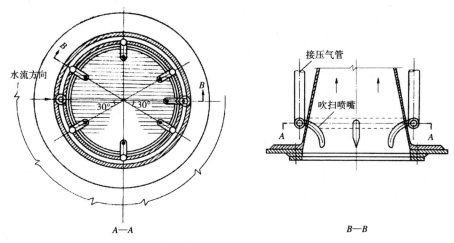

$A-A$　　　　　　　　　　　　　$B-B$

图9-23　取水口拦污栅

2. 滤水器

滤水器是清除水中悬浮物的常用设备。按滤网的形式可分为固定式和转动式两种。

滤水器利用滤网隔除水流中的悬浮物,滤网宜采用不锈钢制作,其网孔尺寸视悬浮物的大小而定,一般采用孔径为 2~6 mm 的钻孔钢板,外面包有铜丝滤网,滤水器内水的过网流速一般为 0.1~0.25 m/s,不宜大于 0.5 m/s。滤水器的尺寸取决于通过的流量。滤网孔的过流有效面积至少应等于进出水管面积的 2 倍,这是考虑到即使有 1/2 的面积受堵,仍能保证足够的水量通过。

固定式滤水器如图 9-24 所示。需要过滤的水由进水口流入,经过滤网过滤后,由出水口流出,污物被阻挡在滤网外边。隔离出的污物可定期采用反冲法清除,反冲时需在滤水器进出口之间设一旁通管或并联另一滤水器。正常运行时,将 3、4 阀关闭,1、2 阀打开。冲污时将 1 阀关闭,3、4 阀打开,压力水从滤网内部反冲出来,隔挡在滤网外部的污物即被冲入排污管排出。

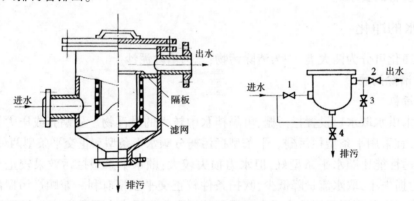

图 9-24　固定式滤水器

固定式滤水器结构简单,但清污较难,对水中悬浮物较多的电站不宜采用。

对于水中悬浮物较多的电站,可采用转动式滤水器,如图 9-25 所示。这种滤水器的滤网安装在可以回转的转筒外,水从滤水器下部进入带滤网的转筒内部,由内向外经滤网过滤后流出,然后从转筒与筒形外壳之间的环形流道进入出水管。转筒上有可操动转筒旋转的转柄。转筒内用钢板分隔成几等格,其中一格正对排污管口。当转筒上的某一格滤网需反向冲洗时,只需旋转转筒使该格对准排污管,打开排污阀,转筒与筒形外壳之间的清洁水即由外向内流过滤网,该格滤网上的污物便被反冲水流冲至排污管排出。与固定式滤水器相比,转动式滤水器可在运行中冲洗,运行方便灵活。

大型转动式滤水器手动操作十分吃力,可加设电动机及减速机构,即电动转动式滤水器。

图 9-26 为电动转动式全自动滤水器。该滤水器主要由电动行星摆线针轮减速机、滤水器本体、电动排污阀、差压控制器及带 PLC 控制器的电气控制柜组成。该滤水器可自动过滤、自动冲污、自动排污,在清污、排污时不影响正常供水。电气控制采用 PLC 可编程控制器自动控制,也可手动操作,并设有滤网前后差压过高、排污阀过力矩故障报警器,可实现无人值班。

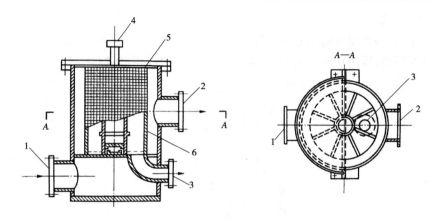

1—进水管;2—出水管;3—排污管;4—转柄;5—滤网;6—转筒

图 9-25　转动式滤水器

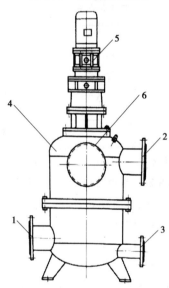

1—进水管;2—出水管;3—排污管;4—滤水器本体;5—减速器;6—检修孔

图 9-26　电动转动式全自动滤水器

正常过滤时,电动减速机不启动,排污阀关闭。当达到清污状态时,排污阀打开,减速机启动,带动滤水器内转动机构旋转,使每一格过滤网与转动机构下部排污口分别相连通,沉积于滤网内的悬浮物反冲后经排污管排出。

(二)清除泥沙

我国河流众多,水力资源丰富,但其中不少河流由于流域水土流失严重,往往水流浑浊,挟带泥沙。水流挟带泥沙的数量,不同河流有显著差异。不仅挟沙居世界诸河之冠的黄河泥沙问题十分严重,即使挟沙较少的南方河流,也有程度不同的泥沙问题。特别是在汛期,水中泥沙激增,严重威胁用水设备的安全运行。

为清除技术供水中的泥沙,常采取以下措施。

1. 水力旋流器

水力旋流器是利用水流离心力作用分离水中泥沙的一种装置,在水电站技术供水系统中具有除沙和减压的功用。常用的圆锥形水力旋流器如图 9-27 所示。

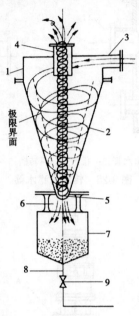

1—圆筒;2—圆锥形筒壁;3—进水管;4—清水出水管;5—出沙口;
6—观测管;7—储沙器;8—排沙管;9—控制阀门

图 9-27   常用的圆锥形水力旋流器

水力旋流器的工作原理是:含沙水流由进水管 3 沿圆筒相切进入旋流器,在进、出水压力差作用下产生较大的圆周速度,使水在旋流器内高速旋转。在离心力作用下,泥沙颗粒被甩向筒壁 2 并旋转向下,经出沙口 5 落入储沙器 7 内;清水旋流到一定程度后产生二次涡流向上运动经清水出水管 4 流出。储沙器连接排沙管 8,当储沙器内沙量达到一定高度(由观测管 6 可看出),打开控制阀门 9,进行排沙、冲洗。

水力旋流器结构简单、造价低,易于制造和安装维护,平面尺寸小,易于布置;含沙水流在旋流器内停留时间短,除沙效果好,除沙效率高,对粒度大于 0.015 mm 的泥沙基本上能清除,除沙率可在 90% 以上;能连续除沙且便于自动控制。旋流器的水力损失较大,壁面易磨损,杂草不易分离,除沙效果受含沙量和泥沙颗粒大小的影响,适用于含沙量相对稳定、粒径在 0.003~0.15 mm 的场合。旋流器还应满足耐压、耐磨和内表面光滑的要求。冲沙水量一般为进水量的 1/3~1/4。

多泥沙河流上的水电站采用水力旋流器除沙,应进行技术上的论证,并参照专门的规定进行设计计算。

2. 沉淀池

沉淀池利用悬浮颗粒的重力作用来分离固体颗粒和比重较大的物体,一般可分为平流式、竖流式、辐流式和斜流式等型式。我国水电站采用的主要有平流式和斜流式两种。

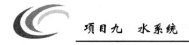

1）平流式沉淀池

平流式沉淀池如图 9-28 所示。平流式沉淀池池体平面是一个矩形，进水口和出水口分设在池子的两端。水由进水口缓慢地流入，沿着水平方向向前流动，水中的悬浮物和泥沙在重力作用下沉到池底，清水从池体的另一端溢出。

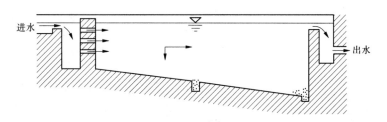

图 9-28　平流式沉淀池

平流式沉淀池结构简单，施工方便，造价低；对水质适应性强，处理水量大，沉淀效果好，出水水质稳定；运行可靠，管理维护方便。缺点是占地面积较大，需设机械排泥沙装置；若采用人工排沙则劳动强度大，常用两池互为备用，交替排沙。

2）斜流式沉淀池

斜流式沉淀池是根据平流式沉淀原理，在沉淀池的沉淀区加斜板或斜管而构成，分别称为斜板式和斜管式。斜流式沉淀池如图 9-29 所示。

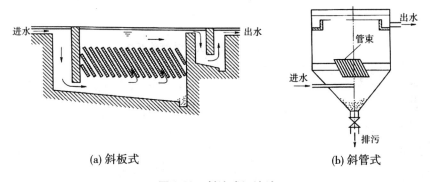

(a) 斜板式　　　　　　　　　　　(b) 斜管式

图 9-29　斜流式沉淀池

根据平流式沉淀池去除分散颗粒的沉淀原理，在一定的流量和一定的颗粒沉降速度下，平流式沉淀池的沉淀效率与池子的平面面积成正比。从理论上来说，如果将同一池子在高度上分为 N 个间隔，平面面积则增大 N 倍，其沉淀效率可提高 N 倍，但加装平板后排泥困难。若将水平板改为斜板，水流斜向流动，沉淀池水平投影面积保持相同倍数，则积泥可自动落入池底，易于排除。斜流式沉淀池加装斜板，可以加大水池过水断面湿周，减小水力半径，在同样的水平流速时大大降低了雷诺数，从而减小了水流的紊动，促进泥沙沉淀。同时因颗粒沉淀距离缩短，沉淀时间可以大为减少。斜流式沉淀池具有沉淀效率高、停留时间短、操作简单、占地面积较小等优点，效果可提高 3～5 倍。斜板一般与水平方向成 60°。

斜管式沉淀池是在斜板式沉淀池的基础上发展起来的。斜管断面常采用蜂窝六角形，亦可采用矩形或正方形，其内径或边长一般为 25～40 mm，斜管长度为 800～1 000

mm,斜管与水平方向成60°,倾角过小时会造成排沙困难。从水力条件看,斜管比斜板的湿周更大、水力半径更小,因而雷诺数更低,沉淀效果亦更显著。斜管式沉淀池水流阻力大,一般适用于水头较高的电站。

蜂窝斜管式沉淀池管路系统如图9-30所示。

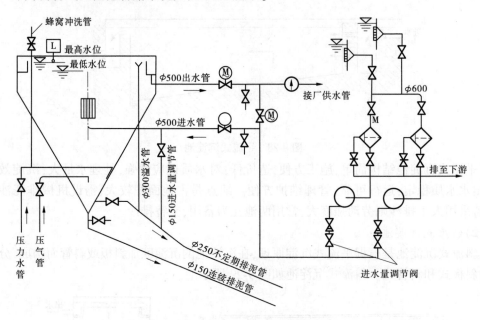

图 9-30　蜂窝斜管式沉淀池管路系统

蜂窝斜管式沉淀池的结构如图9-31所示。

沉淀池的水源取自上游水库,在取水口处装有拦污栅,自不同高程取水。根据不同用水量开启一台或两台水泵向沉淀池注水,每台水泵前装有自动滤水器一台。水泵的开停由沉淀池中的液位信号器控制。布水帽出口流速5 cm/s。浑浊水经蜂窝斜管沉淀后,清水从表层通过集水孔眼流入八条辐射式集水槽,并汇集至环形集水槽,然后经ϕ500 m出水管送至用户。在环形集水槽上装有ϕ300 mm的溢水管一根,当水位超高时进行溢流。

在水泵出水管路上装有ϕ150 mm的进水量调节管一根,调整其上的阀门开度,以平衡水泵注水量与沉淀池出水量。该管道亦可用于水泵出水管排出泥沙及放空存水。

沉淀下的泥沙采用连续排泥方式。在沉淀池底部设有ϕ150 mm连续排泥管一根,当进、出水管上阀门打开时,该管上的排泥阀即打开,连续排泥。在排泥斗锥底以上0.6 m处还设有ϕ250 mm不定期排泥管一根,根据连续排泥管及沉淀池进、出水管上取样情况,开启或关闭该管上的排泥阀。为防止池底及排泥管堵塞,在池底以上1.04~1.4 m处内壁设置ϕ50 mm的压力水(0.6 MPa)冲水管、ϕ40 mm的压缩空气(0.7 MPa)冲水管各一根,当池底及排泥管堵塞时用以冲沙。

水池顶部引出ϕ50 mm压力木管一根,供冲洗蜂窝斜管表面积泥用。在ϕ150 mm连续排泥管和沉淀池进出水管上,均装有取样阀门,用以提取水样进行分析化验。

蜂窝斜管式沉淀池的缺点是沉淀池占地面积大、体积大,管路布置较长,土建投资大。随运行时间延长蜂窝斜管会出现结垢,影响排泥效果,使出水水质降低,应及时进行冲洗。

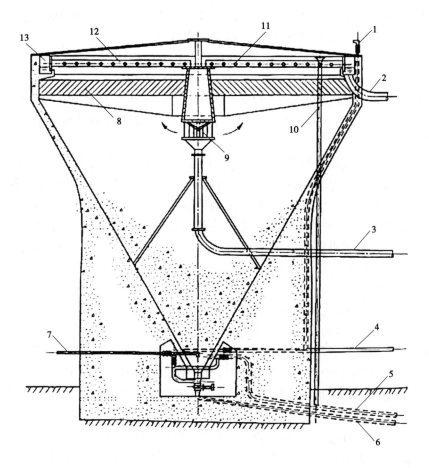

1—蜂窝冲洗管；2—出水管；3—进水管；4—压力冲沙管；5—不定期排泥管；
6—连续排泥管；7—压力吹沙管；8—蜂窝斜管区；9—布水帽；10—溢水管；
11—集水孔眼；12—辐射式集水槽；13—环形集水槽

图 9-31　蜂窝斜管式沉淀池的结构

由于沉淀池远离供水设备，对于供水系统运行、操作和维护带来一定的困难。

二、水的处理

对技术供水中化学杂质的清除称为水的处理。由于化学杂质的清除比较困难，设备复杂，投资和运行费用较高，因此中小型水电站大多在确定供水水源时选用化学杂质符合要求的水，一般不进行水的处理。大型水电站当水中化学杂质不满足运行要求时，需对技术供水水质进行处理。

（一）除垢

天然水中溶解有各种盐类，如重碳酸盐、硫酸盐、氟化物、硅酸盐等。当技术供水中水的暂时硬度较高时，冷却器内常有结垢现象发生，影响冷却效果和设备使用寿命。水垢的形成主要是由于水中的重碳酸盐类杂质 $Ca(HCO_3)_2$、$Mg(HCO_3)_2$ 受热分解，游离 CO_2 散失，产生碳酸钙或碳酸镁的过饱和沉淀。在换热器的传热表面上，这些微溶性盐很容易达到过饱和状态从水中结晶析出,当水流速度比较小或传热表面比较粗糙时,这些结晶沉积物就容易沉积在传热表面上,形成水垢。这一过程即

$$Ca(HCO_3)_2 \rightarrow CO_2 \uparrow + H_2O + CaCO_3 \tag{9-11}$$

$$Mg(HCO_3)_2 \rightarrow CO_2 \uparrow + H_2O + MgCO_3 \tag{9-12}$$

这些水垢都是由无机盐组成的,故又称为无机垢。水垢结晶致密,比较坚硬,通常牢固地附着在换热表面上,不易被水冲洗掉。水垢形成后,使冷却器导热效率大为降低,需要定期清除。

水垢可采用人工或机械的方法清除。人工除垢是用特制的刮刀、铲刀及钢丝刷等专用工具来清除水垢,该方法除垢效率低、劳动强度大,除垢不够彻底,对容器内表面可能造成损伤,目前已很少使用。机械除垢是用电动洗管器和风动除垢器清除管内或受热面上的水垢的一种方法,电动洗管器主要用来清除管内水垢,风动除垢器常用的是空气锤和压缩空气枪。上述方法受设备形状和管径的限制,在许多情况下不能使用或效果不好。

水电站常用的防结垢措施有:

(1)化学处理。化学除垢是以酸性或碱性药剂溶液与水垢发生化学反应,使坚硬的水垢溶解变成松软的垢渣,然后用水冲掉,以达到除垢的目的。化学除垢有酸洗和碱洗两种方式,而以酸洗除垢最为常用且效果好。

酸洗除垢所用的酸通常采用盐酸和硫酸。硫酸浓度虽然较盐酸为高,但因缺乏良好的缓蚀剂,特别是当水垢中含有较多钙盐时,会在酸洗过程中形成坚硬的硫酸钙。目前广泛应用的缓蚀盐清洗方法是在盐酸溶液中配以一定浓度的缓蚀剂,起到既能除去水垢、又能防止设备腐蚀的作用。

酸洗除垢一般具有效率高、成本低、除污比较彻底等优点,特别是设备死角也可被较好地清洗。但酸性清洗介质尤其是强酸,对于多数金属与某些非金属材料有腐蚀作用。水垢愈厚,冲洗所需的酸溶液浓度就愈高,所以水垢层过厚用酸洗是不适宜的。用苏打或磷酸盐清洗水垢的能力虽比酸洗要差,但可使水垢松动,这样在使用机械清洗时就相当方便,所以常常作为机械清洗前的准备工作。

(2)物理处理。物理处理主要是指采用超声波处理和电磁处理方法,通过改变结垢的结晶和改变通流表面的吸附条件防止水垢的形成。

①超声波处理。超声波处理的原理,是利用频率不低于 28 kHz 的超声波在液体里传播过程中所产生的效应,来起到防垢与除垢作用的,其中超声凝聚效应、超声空化效应、超声剪切应力效应会防止和破坏水垢的形成。

a)超声凝聚效应。当超声波在含有悬浮粒子(微粒杂质)的液体介质中传播时,其悬浮粒子就会与液体介质一起产生振动,由于大小不同的悬浮粒子具有不同的相对振动速度,它们之间会相互碰撞、黏合、聚集,使液体中的硬度盐和悬浮的微粒杂质凝聚成较大的颗粒絮状物,形成体积和质量均会增大的颗粒状杂质,变大后的颗粒状杂质很容易被流动介质带走并逐渐沉淀。

b)超声空化效应。当液体中有强度超过该液体空化阈值的超声传播,分子的聚合力不足以维持分子结构保持不变时,就会有大量的空穴(真空气泡)形成,并随着超声振动而逐渐生长增大,达到一定程度又突然崩溃破裂。当真空小气泡急速崩溃破裂时,会在气

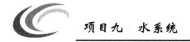

泡内产生高温高压,并且气泡周围的液体高速冲入气泡,还会在气泡附近的液体中产生能量极大的局部高速激流波(微流冲击波),这一过程发生在与金属换热界面临近处时,就形成了对金属换热界面的强烈冲刷作用。超声空化效应具有防垢与除垢双重作用。

c)超声剪切应力效应。当超声波由结垢的热交换设备金属外表面向里传播时,即会引起板结在金属换热界面上的垢质跟随金属同步振动。但由于垢质的性态和弹性系数与金属不同,垢质与金属之间会在换热界面上形成剪切应力作用,导致板结在金属换热界面上的垢质层疲劳、裂纹、疏松、破碎而脱落。

②电磁处理。电磁处理方法即当硬水通过电场或磁场时,其溶解盐类之间的静电引力会减弱,使盐类凝结的晶体状态改变,由具有黏结特性的斜六面体变成非结晶状的松散微粒,防止生成水垢或引起腐蚀。

按磁场形式方式可将磁水器分为永磁式和电磁式两种。永磁式和电磁式磁水器在间隙磁场强度相同情况下效果相同,但各有特点。永磁式磁水器最大的优点是不消耗能源,结构简单,操作维护方便,但其磁场强度受到磁性材料和充磁技术限制,且随时间延长或水温提高有退磁现象。电磁式磁水器的优点是磁场强度容易调节,可以达到很高的磁场强度,同时磁场强度不受时间和温度影响,稳定性好,但需要外界提供激磁电源。

静电水处理设备分为两类:一类是利用高压静电场进行水处理;另一类是水流经低压静电场,与电极接触,水中大量电子被激励,从而达到处理的目的。静电水处理属于物理方法,与化学药剂方法不同,基本上不是靠改变水中离子成分达到水处理目的,而是通过高压或低压静电场的作用,改变水分子结构或改变水中的电子结构,致使水中所含阳离子不致趋向器壁,更不致在器壁聚集,达到防垢除垢目的。

(二)除盐

随着我国电力工业的发展,水轮发电机的设计制造容量越来越大,特别是大容量空冷发电机已逐渐接近或达到极限,迫切需要提高水轮发电机的极限容量。影响水轮发电机极限容量的因素很多,如发电机转子的机械强度和绝缘条件等,但首先受到绕组温度的限制。因此,大型水轮发电机的极限容量与发电机的冷却方式密切相关。

由于水的热容量是同体积空气的3 500倍,因此在发电机空心导线内通入冷却水,可对定子绕组和转子绕组进行有效冷却,使导线电流密度大大提高,从而增大发电机的极限容量。

对相同容量的水轮发电机而言,采用水内冷方式时,其总质量比空冷发电机可减轻6%～10%,铜导线、硅钢片和绝缘材料等要比空冷发电机平均减轻45%左右,从而节省了材料费用,发电机的成本随之降低。由于发电机外形尺寸减小,同时也将减少水电站土建部分的投资。当然,采用水内冷机组需要增加空心铜线等材料费用和加工制造成本,因此,按照目前的技术水平,这两种冷却方式的发电机在成本上虽有差异但并不大。从提高发电机的极限容量、确保大容量发电机安全可靠运行来看,水内冷机组具有显著的优点。当然,水电站将增加为水内冷所必需的辅助设备的成本。

定子、转子绕组都进行水冷却的发电机称为双水内冷水轮发电机。近年来,水内冷水轮发电机根据容量、转速及结构形式不同,定子、转子的冷却也采用了不同的组合方式,如表9-7所示。

表 9-7　水内冷水轮机发电机定子、转子冷却组合方式

部件	冷却方式			
	I	II	III	IV
定子绕组	水冷	水冷	水冷	水冷
转子绕组	水冷	水冷	水冷	空冷或强迫空冷
定子铁芯	水冷	水冷	空冷	空冷

由表 9-7 可知,水轮发电机采用水内冷有不同的组合方式,实际使用中以 III 和 IV 两种方式应用较多。对于方式 III,由于转子采用水内冷后结构和进出水装置的密封更为复杂,因而目前大容量水轮发电机在冷却条件允许的情况下,大多选用方式 IV,即定子绕组采用水冷却,转子绕组采用空气通风冷却或强迫空气通风冷却。

双水内冷水轮发电机的供水系统,包括一次水和二次水两部分。一次水是指通入发电机定子、转子空心导线内部的冷却水,水质的好坏直接影响到发电机的安全经济运行和线棒的寿命。水质不好时水的电导率增大,泄漏电流增加,对线棒的电腐蚀加大,严重时会造成线棒的击穿;水的硬度大时在高温下易结垢,在空心线棒内会造成局部堵塞。因此,对一次水的水质要求很高,需经过严格的化学处理,费用较高。为了提高经济性,必须对一次水冷却后循环使用。二次水是用来冷却一次水的冷却水,即一般的技术供水,取自供水系统,不循环使用。水内冷水轮发电机的水处理流程如图 9-32 所示。

对一次水的水质要求,应符合下列规定:导电率小于 5 $\mu\Omega/cm$;硬度小于 10 mg 当量/L;pH 值为 6~8;机械混合物无。

为保证一次水的纯度,对不符合要求的水质,常采用离子交换法除盐。离子交换法是用具有离子交换能力的阳离子交换树脂中带有活动性的 H^+ 离子,与原水中的 Ca^{2+}、Mg^{2+}、Na^+ 等阳离子进行交换,达到除盐的目的。除盐装置由机组制造厂家供给。

三、水生物的防治

我国南方气候温暖,水温较高,河流水库中往往生长着大量的蚌类、贝类水生物,称为"壳菜"。这些水生物在环境、温度适宜时繁殖速度很快,附着能力很强,一旦进入技术供水系统,就会附生在供排水管道内、混凝土蜗壳壁、滤水器内及进水口拦污栅上,使有效过水断面大为减少,增大了水流阻力,影响输水能力和冷却器换热,严重时甚至堵塞管道、阀门、滤水器,迫使机组停机进行清理,对机组的安全、正常运行造成很大威胁。

"壳菜"属于软体群栖性的动物,它依靠本身分泌的足丝牢固地附生在物体上,形成堆层群体。它最适宜的生长条件是水流比较平稳、流速不大的地方(如阀门背向水流的一面、管道转弯处及进口拦污栅上等),水温在 16~25 ℃。"壳菜"附着紧密,质地坚硬,很难用机械方法清除。根据这些特点,可采取以下相应措施进行防治:

(1)改变管道水温。"壳菜"生长需要一定的环境,温度过高过低均不适宜。在设计用水设备供水管道时,可按照双向运行方式设置。运行时通过定期切换阀门改变管道运行方式,将供排水管路倒换使用,即将供水管改为排水管、排水管改为供水管。由于排水

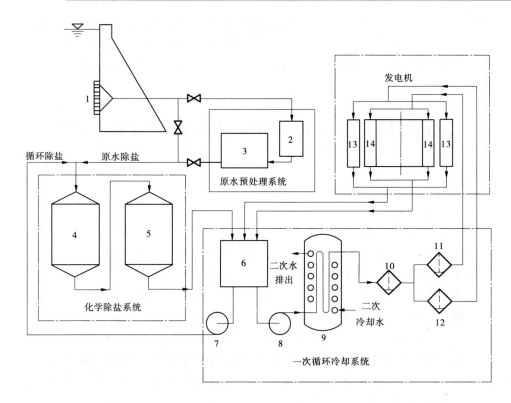

1—原水取水口;2—沙层过滤器;3—清水出水池;4—阳离子交换器;5—阴离子交换器;

6—合格水水箱;7—循环除盐泵;8—循环供水泵;9—热交换器;10—滤水器;

11—转子进水滤水器;12—定子进水滤水器;13—定子;14—转子

图 9-32 水内冷发电机的水处理流程

管道水温比较高,当水温超过 32 ℃以上时"壳菜"就不易生存,由此造成"壳菜"逐步死亡、脱落。

对于建有高坝的水电站,技术供水可在水库深层取水,降低供水水温,可有效抑制"壳菜"的生长繁殖。

(2)提高管内流速。提高水流流速也可造成"壳菜"不易生长的条件。一般来说,低水头水电站由于库容小,受环境温度影响夏季水温较高,容易产生"壳菜"危害。如果低水头电站技术供水采用水泵供水,提高供水流速,即可有效防止"壳菜"的生长。

(3)药杀。为了去除水生物所造成的危害,用药物杀灭是行之有效的方法。在实践中常采用在水中投放氯或五氯酚钠来杀灭"壳菜"。进行氯处理时,可采用氯气、氯水或次氯酸钠,投氯量的大小、最有效的投放浓度、处理时间及一天的处理次数应慎重确定。有关试验表明,氯水和次氯酸钠作为"壳菜"的杀灭剂,氯水的杀灭效果略优于次氯酸钠。投放五氯酚钠定期杀灭"壳菜"价格低廉且效果较好,投放时需根据水温采用不同的浓度,一般浓度控制在 5~20 ppm(1 ppm 为百万分之一)。当水温高于 20 ℃时,采用低浓度;水温低于 20 ℃时,采用高浓度。一般要求在投药后,连续处理 24 h 或更多一些时间,其杀灭效果能达到 90%以上。投药时间以在 9~11 月为好,因为这时正是"壳菜"繁殖期,其幼虫对药物的耐力远远小于成虫,杀灭效果更好。

采用药物杀灭"壳菜"时要注意采取防毒措施,特别是对电站下游用户,虽药物浓度很小,且在水中会逐渐分解使毒性逐渐消失,但投药后一段时间内仍有一定毒性,因此投药后要密切监视水质的变化,进行水样化验,避免对下游河道造成污染,使供水水质符合国家的有关规定。

任务五　技术供水系统设备选择和水力计算

一、取水口设置

(一)取水口的布置

取水口的布置,应考虑下列要求:

(1)技术供水系统应有工作取水口和备用取水口。取水口一般设置在上游坝前、下游尾水或压力钢管、蜗壳、尾水管的侧壁。

(2)取水口设置在上游水库或下游尾水时,其顶部位置一般应设在最低水位 2 m 以下;对冰冻地区,取水口应布置在最厚冰层以下,并采取破冰防冻措施。

(3)对河流含沙量较高和工作深度较大的水库,坝前取水口应按水库的水温、含沙量及运行水位等情况分层设置,以取得较好水质和水温的冷却水,并满足初期发电的要求;取水口侧向引水较正向引水有利,应尽可能减小引水流速对于主水流流速的比值(一般应控制在 1/5~1/10 以下)。

(4)设置在蜗壳进口处或机组压力引水钢管上的取水口,宜布置在侧面,以 45°的位置为好,不能设置在流道断面的底部和顶部,以避免被泥沙淤积和漂浮物堵塞。

(5)取水口应布置在流水区,不要布置在死水区或回水区,以免停止引水时被泥沙淤积埋没。

(二)取水口个数的确定

取水口的个数,应按实际需要确定,一般要求有以下几点:

(1)单机组电站全厂不少于两个。

(2)多机组电站每台机组(自流供水系统)或每台水泵(水泵供水系统)应有一个单独的工作取水口;备用取水口可合用;或将各工作取水口用管道连接,互为备用。

(3)多机组大型电站自流供水系统,可考虑每台机组平均设置两个取水口,坝前取水口应按实际需要埋设在不同高程上。

(4)设坝前取水口的供水系统,兼作消防水源且又无其他消防水源时,水库最低水位以下的全厂取水口应有两个。

(三)取水口流量的确定

通过取水口的流量,应根据供水系统的情况确定:

(1)当每台机组的自流供水与消防供水共用一取水口时,则每个取水口的流量可按一台机组的最大用水量加上该机组的最大消防用水量确定。

(2)在电站的消防供水不与技术供水系统共用同一取水口时,且电站的技术供水系统还设有备用取水口,则通过每个取水口的流量按一台机组的最大用水量确定。若无备

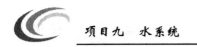

用取水口,则按全电站有一个取水口检修、通过其余取水口的流量应能满足全电站总用水量的要求确定。

(3)水泵供水的取水口流量,应按每台水泵最大流量的要求确定。

(四)取水口的其他要求

(1)设在上、下游的取水口,应装设容易起落、方便清污的拦污栅。压力钢管和蜗壳上的取水口,应备有沉头螺丝固定的拦污栅。拦污栅的流速按 0.25~0.5 m/s 内选取(上限适用于压力钢管和蜗壳上的拦污栅)。拦污栅的机械强度应按拦污栅完全堵塞情况下最大作用水头进行设计。拦污栅条杆之间的距离在 15~30 mm 内选取。取水口要装设压缩空气吹扫接头,或考虑用逆向水流冲洗,以防拦污栅堵塞。

(2)取水口后第一个阀门,应选用带防锈密封装置的不锈钢阀门,以增强其安全可靠性。坝前取水口不设检修闸门时,对取水管路上的第一道工作阀门应有检修和更换的措施,如增加一个可以封堵取水口的法兰或检修阀门,以备首端第一个阀门故障时截水检修。

(3)取水口的金属结构物,一般应涂锌或铅丹。对于含有水生物(贝壳类)的河流,取水口金属结构物应涂特殊涂料,以防水生物堵塞水流。

二、供水泵选择

(一)水泵型式的选择

在水电站技术供水系统中,常用的水泵有卧式离心泵、深井泵和射流泵。设计时应根据水泵的特点和使用场合,选择供水可靠、经济合理的水泵型式。

卧式离心泵结构简单,价格低廉,运行可靠,维护方便。但水泵安装中心高于取水水面时,要在启动前进行充水,自动化较为复杂。如果将水泵布置在较低高程上,则能自动充水,省去底阀或其他充水设备,但这样水泵室的位置就很低,增加了运行检查的不便。同时,水泵室位置过低,环境比较潮湿,对电气设备特别是对备用水泵的电动机等有不良影响,并容易发生水淹泵房的事故。

也可采用立式深井泵作为技术供水泵。深井泵是立式多级离心泵,其优点是结构紧凑,性能较好,管道短,占地较少,可布置于机旁,运行检查方便。与卧式离心泵相比,深井泵结构比较复杂,维修较麻烦,价格也较离心泵贵,但其突出的优点是水泵电机可以安装在较高的位置,有利于防潮防淹,且不需要启动前充水设备。

射流泵无转动部分,结构简单、紧凑,制造、安装方便,成本较低;可以作为管路系统的一部分,容易布置,所占厂房面积较小;不需要电源作动力,其工作不受厂用电源可靠性的影响,且不怕潮湿,不怕水淹,工作可靠。但射流泵能量损失较大,故其效率较低。

在选择水泵时,应首先求得流量、全扬程、吸水高度等主要参数,按选定水泵类型的生产系列,确定水泵型号,使所选择的水泵满足下列条件:

(1)水泵的流量和扬程在任何工况下都能满足供水用户的要求。

(2)水泵应经常处在较有利的工况下工作,即工作点经常处于高效率范围内,有较好的空蚀性能和工作稳定性。

(3)水泵的允许吸上高度较大,比转速较高,价格较低。

(二) 水泵工作参数的选择

1. 流量

在水电站技术供水系统中,每台供水泵的流量按下式确定,即

$$Q_泵 \geqslant \frac{Q_机 \times Z_机}{Z_机} \tag{9-13}$$

式中　$Q_泵$——每台供水泵的生产率,m^3/h;

$Q_机$——一台机组总用水量,m^3/h;

$Z_机$——机组台数,对水泵分组供水,为该组内的机组台数,而对单元供水,$Z_机 = 1$;

$Z_泵$——同时工作水泵台数,通常为一台,最多不超过两台。

2. 总水头(全扬程)

供水泵的总水头(全扬程),应按通过最大计算流量时能保证最高、最远的用水设备所需的压力和克服管路中的阻力来考虑。

1) 供水泵自下游尾水取水

供水泵自下游尾水取水(见图 9-33)时,为保证最高冷却器进水压力的要求,技术供水泵所需的总水头按下式确定,即

$$H_泵 = (\nabla_冷 - \nabla_尾) + H_冷 + \sum h_{总损} + \frac{v^2}{2g} \tag{9-14}$$

式中　$H_泵$——水泵所需的总水头,$\mathrm{mH_2O}$;

$\nabla_冷$——最高冷却器进水管口的标高,m;

$\nabla_尾$——下游最低尾水位的标高,m;

$H_冷$——冷却器要求的进水压力,$\mathrm{mH_2O}$,由制造厂提供,通常不超过 20 $\mathrm{mH_2O}$;

$\sum h_{总损}$——到最高冷却器进口,水泵吸水管路和压水管路的水力损失总和,$\mathrm{mH_2O}$;

$\dfrac{v^2}{2g}$——动能损失,$\mathrm{mH_2O}$,若已计入 $\sum h_{总损}$ 内,则该项不再重复计算。

2) 供水泵自上游取水

供水泵自上游取水(见图 9-34)时,取上游水位对冷却器进口的水头与水泵扬程之和,作为技术供水所需的水头。为保证最高最远的冷却器进水压力的要求,技术供水泵所需的总水头按下式确定,即

$$H_泵 = H_冷 + \sum h_{总损} + \frac{v^2}{2g} - (\nabla_库 - \nabla_冷) \tag{9-15}$$

式中　$\nabla_库$——上游水库最低水位标高,m;

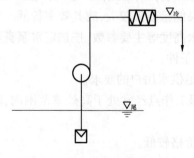

图 9-33　供水泵自下游尾水取水

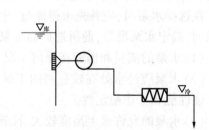

图 9-34　供水泵自上游取水

其他符号意义同前。

以上计算中,对冷却器内部水力损失及冷却器以后排水管路所需水头,均认为已由制造厂提出的冷却器进口压力所保证。实际计算时,特别当排至较高下游尾水位时,应对冷却器排水管路进行水力计算校验。冷却器内部水力损失由制造厂提供,或按式(9-10)计算,初步设计时可按 7.5 m 估计。

根据以上计算的 $Q_泵$、$H_泵$,便可选择水泵。水泵型号参数可由水泵产品样本查得。

精确选择水泵应通过绘制水泵特性曲线和管道特性曲线确定。在计算前应初步安排布置管路及其附件,计算水力损失,并绘制管路特性曲线。水泵特性曲线由水泵产品样本给出。将此两种曲线绘制在同一坐标网格上,即可求出水泵口运转工作点。在水泵特性 $Q—H$ 曲线上标有两条波折线,这两条波折线之间就是水泵的合理工作范围,水泵的运转工作点应在此工作范围内。

(三)离心泵吸水高度及安装高程的确定

卧式离心泵的吸水高度(见图 9-35)按下式计算,即

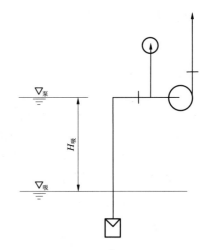

$$H_{吸总} = H_{吸} + h_{吸损} + \frac{v_{吸}^2}{2g} \qquad (9-16)$$

式中　$H_{吸总}$——离心泵吸水高度,m;

　　　$H_{吸}$——几何吸水高度,m;

　　　$h_{吸损}$——吸水管路水力损失,mH$_2$O;

　　　$\dfrac{v_{吸}^2}{2g}$——水泵吸入口处流速水头,mH$_2$O。

为了防止空蚀,必须限制吸水高度,使 $H_{吸总}$ 不大于允许吸水高度 $H_{容吸}$ 值,即

$$H_{吸总} \leqslant H_{容吸} \qquad (9-17)$$

图 9-35　离心泵吸水高度

也就是水泵的几何吸水高度应限制为

$$H_{吸} \leqslant H_{容吸} - h_{吸损} - \frac{v_{吸}^2}{2g} \qquad (9-18)$$

$H_{容吸}$ 为水泵制造厂给出的该型号水泵最大允许吸水高度,可在水泵产品样本中查得。此值是在大气压为 10.3 mH$_2$O、水温为 20 ℃即转速为设计转速下获得的。实际上由于水泵安装高程不同,大气压力值不一样;由于水温的变化,水的汽化压力亦有所不同。故 $H_{容吸}$ 值需进行修正,修正后的允许吸水高度为

$$H'_{容吸} = H_{容吸} + (A - 10.3) + (0.24 - H_{温}) \qquad (9-19)$$

式中　$H_{容吸}$——产品样本上查得的允许吸水高度,mH$_2$O;

　　　A——不同高程的大气压力,mH$_2$O,见表 9-8;

　　　$H_{温}$——不同水温对应的水的汽化压力,mH$_2$O,见表 9-9。

表 9-8　不同高程的大气压力 A 值

海拔高度(m)	0	100	200	300	400	500	600	700
A 值(mH_2O)	10.3	10.2	10.1	10.0	9.8	9.7	9.6	9.5
海拔高度(m)	800	900	1 000	1 500	2 000	3 000	4 000	5 000
A 值(mH_2O)	9.4	9.3	9.2	8.6	8.1	7.2	6.3	5.5

表 9-9　不同水温对应的水的汽化压力 $H_温$ 值

水温(℃)	5	10	20	30	40	50	60	70	80	90	100
$H_温$ (mH_2O)	0.09	0.12	0.24	0.43	0.75	1.25	2.03	3.17	4.82	7.14	10.33

水泵的安装高程按下式计算:

$$\nabla_泵 = \nabla_吸 + H_吸 \leqslant \nabla_吸 + H'_{容吸} - h_{吸损} - \frac{v_吸^2}{2g}$$

$$= \nabla_吸 + H_{容吸} + (A - 10.3) + (0.24 - H_温) - h_{吸损} - \frac{v_吸^2}{2g} \qquad (9\text{-}20)$$

式中　$\nabla_吸$——最低吸水位的标高,m。

由于水泵制造上有一定误差,吸水管路不可能做到很光滑。为了避免水泵在运行中发生空蚀,实际采用的安装高程最好比式(9-20)计算值降低 0.5 m。由于同一离心泵的吸程是随泵的输出流量增大而降低的,因此在选择水泵时不宜用水泵的下限流量作为设计流量。

三、管道选择

技术供水系统管道通常采用网管,因钢管能承受较大的内压和动荷载,施工、连接方便。水轮机导轴承润滑水管在滤水器后的管段,应采用镀锌钢管,防止铁锈进入水导轴承。

管道直径的选择按通过管道的流量和允许流速(经济流速)来确定。管道中的流速,参考以下经验数值:

(1)水泵吸水管中的流速在 1.2~2 m/s 中选取,上限用于水泵安装在最低水位以下的场合中。

(2)水泵压水管中的流速在 1.5~2.5 m/s 中选用。压水管中计算流速比吸水管中大,目的是减小压水管路的管径和配件尺寸。

(3)自流供水系统管路内流速同水电站水头有关,通常采用 1~3 m/s,当有防止水生物要求或防止泥沙淤积时,可适当加大流速至 3~7 m/s,上限用于高水头水电站。为了避免管道振动和磨损,流速不能过大,以 3~5 m/s 为宜。流速较大时,要校核阀门关闭时间,以防过大的水锤压力破坏管网。最小流速应大于水流进入电站时的平均流速,使泥沙不致沉积在供水管道和冷却器内。对水头小于 20 m 的电站,为了减小冷却器内的真空度,排水管流速宜大于供水管流速,供水管径由下式确定,即

$$d = \sqrt{\frac{4Q}{\pi v}} \qquad (9\text{-}21)$$

式中 d——管道直径,m;

　　Q——管段的最大计算流量,m^3/s;

　　v——管段的计算流速,m/s。

　　按以上方法初步确定管径后,需通过管网水力计算,再对管径做进一步调整。

　　管道内水压力应小于管道规定的工作压力。管壁厚度按工作压力选择,用下式计算:

$$S = \frac{Pd}{2.3R_z\varphi - P} + C \qquad (9-22)$$

式中 S——管壁厚度,cm;

　　P——管道内压力,Pa;

　　d——管道内径,cm;

　　R_z——管道材料的许用应力,Pa;

　　φ——许用应力修正系数,无缝钢管 $\varphi=1.0$,焊接钢管 $\varphi=0.8$,螺旋焊接钢管 $\varphi=0.6$;

　　C——腐蚀增量,cm,通常取 0.1~0.2 cm。

　　对于埋设部分的排水管,管径不宜过小,可比明设管路的管径加大一级,并尽量减少弯曲,以防堵塞后难以处理。对于某些重要的埋设管道,有时还需设置两根。穿过混凝土沉陷缝的管路,应在跨缝处包扎一层弹性垫层,避免不均匀沉陷使管路因受到不允许的集中应力而被损坏。

　　水电站供排水的明设管路常发生管道表面结露现象,从水库深层取水的供水管路尤甚,这是由于管道内外温差过大所致。露珠集聚下滴可造成厂房内地面积水,增大厂内空气湿度,妨碍电气设备、自动化元件和仪表的正常运行,因此除在通风防潮方面采取措施外,还应对管段包扎隔热层(如石棉布、玻璃棉等),使管路表面温度保持在露点温度以上,防止结露。近年来采用聚氨酯硬质泡沫塑料作为隔热材料,它比重较轻,强度较高,吸水性小,导热系数低,具有自熄性。它与金属有较强的黏结力,作为管路防结露材料不仅少占空间,而且可以达到隔热与防腐的综合效果。

四、阀门及滤水器选择

(一)阀门选择

　　阀门是供水系统中的控制部件,具有导流、截流、调节、节流、防止倒流、分流或溢流泄压等功能。供水系统根据运行要求,在管路上需要调节流量、截断水流、调整压力和控制流向的地方设置各种操作和控制阀门,包括闸阀、截止阀、减压阀、安全阀和止回阀等。各种阀门的选择,应根据阀门的用途、使用特性、结构特性、操作控制方式和工作条件,以流通直径和工作压力为标准,参照有关手册和阀门产品样本选用。

(二)滤水器选择

　　技术供水在进入用水设备前,必须经过滤水器。滤水器应尽可能靠近取水口,安装在便于检查和维修的地方。一般设置在供水系统每个取水口后或每台机组的进水总管上,在自动给水阀的后面。水导轴承润滑水水质要求很高,在其工作和备用供水管路上,均需另设专用滤水器。

　　设计时应考虑滤水器冲洗不影响系统的正常供水。采用固定式滤水器时一般在同一管路上并联装设两台,互为备用,或设一台滤水器另加装旁路供水管及阀门作为备用通路。转动式滤水器能边工作边冲洗,同一管路上只需装设一台,当过水量大于 1 000 m³/h,可设置两台,并联运行。

滤水器应设有堵塞信号装置,在其进出水管上一般装有压力表或压差信号器,当压差值达到 2~3 mH₂O 时发出信号,以便随时清污。有的压差信号器不能直接读出滤水器前后的压力值,则还应考虑在滤水器前后各设一个压力表座,供安装压力表用。水轮机导轴承润滑水管路上一般装有示流继电器,滤水器不必另装堵塞信号装置。

五、技术供水系统水力计算

(一)水力计算的目的与内容

技术供水系统设备和管道选择是否合理,必须对管网进行水力计算后才能确定。

技术供水系统水力计算的目的,就是对所选择的设备和管道进行校核。校核的内容主要有:

(1)对于自流供水系统,校核电站水头是否满足各用水设备的水压要求和管径选择是否合理。

(2)对于自流减压供水系统,校核减压装置的工作范围,计算减压后的压力,校核管径选择是否合理。

(3)对于水泵供水系统,校核所选水泵的扬程是否能满足各用户对供水的水压要求,吸水高度是否满足要求,以及管径选择是否合理。

(4)对于混合供水系统,分别按照自流供水和水泵供水的方式进行校核。

在对以上各种供水系统进行校核时,如不能满足设备的供水要求,则应重新选择管径,或对水泵供水系统选用适当扬程的水泵,再进行计算、校核,直至满足设计要求。

水力计算的内容,就是对所设计的供水系统,计算所选管径的管道在通过计算流量时的水力损失。

(二)水力计算方法

水流通过管道时的水力损失包括沿程摩擦损失 h_f 和局部阻力损失 h_j,分别按水力学公式进行计算。

1. 沿程摩擦损失 h_f

(1)按水力坡降计算,即

$$h_f = il \quad (\text{mmH}_2\text{O}) \tag{9-23}$$

式中　l——管长,m;

　　　i——水力坡度,mmH₂O/m,即单位管长的水力损失。

对一般钢管(有一定腐蚀)或新铸铁管,即

$$i = 2\ 576.\ 8\ \frac{v^{1.92}}{d^{1.08}} \quad (\text{mmH}_2\text{O/m}) \tag{9-24}$$

式中　v——管中流速,m/s;

　　　d——管径,mm。

对腐蚀严重的钢管或使用多年的铸铁管,即

$$i = 2\,734.3\,\frac{v^2}{d} \quad (\mathrm{mmH_2O/m}) \tag{9-25}$$

（2）按摩阻系数计算，即

$$h_\mathrm{f} = \zeta_\mathrm{e}\,\frac{v^2}{2g} \quad (\mathrm{mH_2O})$$

$$\zeta_\mathrm{e} = \lambda\,\frac{l}{d} \approx 0.025\,\frac{l}{d} \tag{9-26}$$

式中 ζ_e——摩阻系数；

λ——沿程摩阻系数；

其他符号意义同前。

2. 局部阻力损失 h_j

（1）按局部阻力损失系数计算，即

$$h_\mathrm{j} = \sum \zeta\,\frac{v^2}{2g} \quad (\mathrm{mH_2O}) \tag{9-27}$$

式中 ζ——局部阻力损失系数，可从有关手册（如《水电站机电设计手册水力机械分册》）中查得。

（2）按当量长度计算。即将局部阻力损失化为等值的直管段的沿程摩擦损失来计算：

$$h_\mathrm{j} = i l_\mathrm{j} \quad (\mathrm{mmH_2O}) \tag{9-28}$$

式中 i——水力坡度，$\mathrm{mmH_2O/m}$；

l_j——局部阻力当量长度，m，可从有关手册中查得，或查表9-10。

表9-10 管件局部阻力当量长度 l_j

口径 （mm）	局部阻力当量长度（m）							
	底阀	止回阀	闸阀 （全开）	有喇叭 进水口	无喇叭 进水口	弯头 （90°）	弯头 （45°）	扩散管
50	5.3	1.8	0.1	0.2	0.5	0.2	0.1	0.3
75	9.2	3.1	0.2	0.4	0.9	0.4	0.2	0.5
100	13	4.4	0.3	0.5	1.3	0.5	0.3	0.7
125	17.4	5.9	0.4	0.7	1.8	0.7	0.4	0.9
150	22.2	7.5	0.5	0.9	2.2	0.9	0.5	1.1
200	33	11.3	0.7	1.3	3.3	1.3	0.7	1.7
250	44	14.9	0.9	1.8	4.4	1.8	0.9	2.2
300	56	19	1.1	2.2	5.6	2.2	1.1	2.8
350	64	22	1.3	2.6	6.5	2.6	1.3	3.2
400	76	25.8	1.5	3.0	7.6	3.0	1.5	3.8
450	88	30.2	1.8	3.5	8.8	3.5	1.8	4.4
500	100	34	2.0	4.0	10.0	4.0	2.0	5.0

(三)水力计算的步骤

技术供水系统水力计算按以下步骤进行:

(1)根据技术供水系统图和设备、管道在厂房中实际布置的情况,绘制水力计算简图,在图中标明与水力计算有关的设备和管件,如阀门、滤水器、示流信号器以及弯头、三通、异径接头等,如图9-36所示。

(2)按管段的直径和计算流量进行分段编号,计算流量和管径相同的分为一段。在各管段上标明计算流量Q、管径d和管段长l值。

(3)算出各管件的局部阻力系数ζ值,并求出各管段局部阻力系数之和,即$\sum \zeta$值。

(4)由计算流量Q和管径d,从管道沿程摩擦损失诺谟图和流速水头诺谟图中,分别查出i值和$\dfrac{v^2}{2g}$值。

(5)按照上述公式分别计算各管段的h_f值、h_j值和h_w值($h_w = h_f + h_j$)。

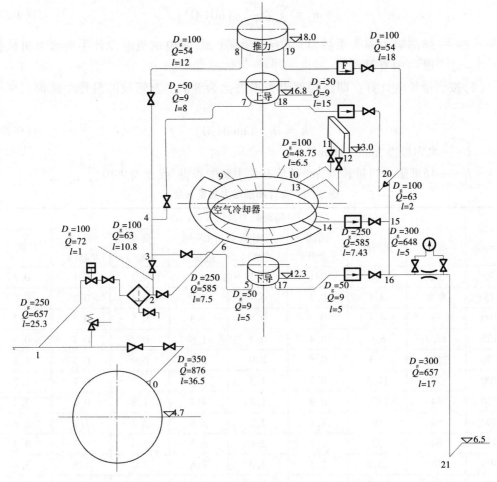

图9-36 水力计算简图(单位:Q_g,mm;Q,m³/s;l,m;∇,m)

(6)根据计算结果,对供水系统各回路进行校核,检查原定的管径是否合适。对不合适的管段加以调整,重新再算,直到合乎要求。水力计算通常列表进行,表9-11为常用的表格形式。

表 9-11　水力损失计算表常用格式

管段	管径 d (mm)	流量 Q (m³/h)	流速 v (m/s)	水力坡度 i (mm/m)	管长 l (m)	沿程损失 $h_f = il×10^{-3}$ (mH₂O)	局部阻力损失系数 ζ						$\sum \zeta$	$\dfrac{v^2}{2g}$	局部损失 $h_j = \sum \zeta \dfrac{v^2}{2g}$ (mH₂O)	总损失 $h_w = h_f + h_j$ (mH₂O)
							弯头	三通	闸阀	滤水器						
1	2	3	4	5	6	7	8	9	10	11	12	13	14	15	16	17

对自流供水系统,水头损失最大的那一个回路的总水力损失应小于供水的有效水头,供水有效水头是指上游最低水位与下游正常水位之差,或上游最低水位与排水管中心高程之差。对水泵自上游取水排水至下游的水泵供水系统,该项总水力损失应小于上述有效水头加水泵全扬程;对水泵下游取水排至下游的水泵供水系统,该项总水力损失应小于水泵的全扬程;对排入大气的排水管,全扬程应扣除排水管中心高程至下游最低水位之差。水泵吸水管段的水力损失加上几何上高度,应小于水泵允许吸上高度。

(四)技术供水管道的压力分布和允许真空

根据水力计算成果,可以绘制出沿供水管线的水压力分布线,如图9-37所示,对技术供水管道的压力分布和允许真空进行分析。

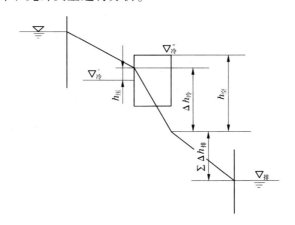

图 9-37　沿供水管线的水压力分布线

冷却器入口法兰处的表压力应不超过厂家的要求,一般为 20 mH₂O,入口的实际水压 $h_压$,可用下式求出,即

$$h_压 = \sum \Delta h_排 + \Delta h_冷 - (\nabla'_冷 - \nabla_排) \tag{9-29}$$

式中　$h_压$——冷却器入口出水压力,m;

$\sum \Delta h_{排}$——冷却器后排水管的水力损失总和，mH_2O；

$\Delta h_{冷}$——冷却器内部压力降，mH_2O；

$\nabla'_{冷}$——冷却器入口法兰处高程，m；

$\nabla_{排}$——排水口(排入大气)或下游水面(排入下游)的高程，m。

此外，冷却器内最大真空度不应超过许可值。真空度许可值按下式计算

$$h_{空} = 10.3 - \frac{\nabla_{排}}{900} - H_{温} - 1.0 \tag{9-30}$$

式中　$h_{空}$——冷却器真空度许可值，mH_2O；

$H_{温}$——水的汽化压力，mH_2O，与水温有关，由表9-9查得；

1.0——压力余量。

冷却器顶部实际真空度 $h'_{空}$ 可用下式计算

$$h'_{空} = \nabla''_{冷} - \nabla_{排} - \sum \Delta h_{排} \tag{9-31}$$

式中　$h'_{空}$——冷却器顶部实际真空度，mH_2O；

$\nabla''_{冷}$——冷却器顶部的高程，m；

其他符号意义同前。

供水系统内的真空度应尽量减小。过大的真空度会引起振动，严重时造成水流中断。由于空气漏入后积聚于冷却器上部，影响冷却效能和系统运行稳定，因此，在设计低水头电站自流式或自流虹吸式供水系统时，应特别注意正确选择供水管道和排水管道的计算流速，校验冷却器前后的压力分布。

为了降低冷却器内的真空度，必须使供水管道中的水力损失尽量减少，一般可使排水管流速大于供水管流速；同时，调节流量的阀门宜装设在排水管上，调节阀门开度，以降低冷却器内的真空度。

当水电站水头较高时，为了不使冷却器入口水压力太大，则又希望排水管路的水头损失不要太大；同时，调节流量的阀门宜装在供水管上，用它来调节消除冷却器入口前的盈余水头。

对于电站水头大于40 m、装有自动调整式减压阀但未装安全阀的供水系统，应校核当减压阀失灵处于全开位置时的冷却器入口水压，不应超过冷却器的试验压力(一般为40 mH_2O)。

任务六　消防供水系统

水电站厂房有许多易燃物，如厂房木结构、油类及电气设备等，存在发生火灾事故的可能性，一旦发生设备事故或由人为过失而引起火灾，可能蔓延扩散造成设备或建筑物的毁坏，甚至造成人身伤亡、全厂停电等严重事故。由于水电站失火可能造成十分严重的后果，除在运行维护中加强预防措施外，必须设置有效的灭火装置，一旦发生火灾能够迅速扑灭，减少火灾损失，保证生产安全。

常用的灭火材料有水、砂土和化学灭火剂等，但最基本的有效灭火剂是水。砂土用于扑

灭小范围内的油类着火;灭火剂储存、使用均方便,而且灭火速度快、电绝缘性能好、装置体积小,但是成本较高,对发电机内部着火难以扑灭;水是最普通的灭火材料,水电站水源充沛,十分容易取得,使用方便,灭火效果好,尤其是水喷雾灭火,具有冷却、窒息和稀释的效应,是一种优良而经济的灭火介质。因此,目前在水电站中主要还是使用水进行灭火。

水电站都设有消防报警系统,由报警器和若干感温、感烟探测器组成,发生火情时能自动报警并显示着火位置。同时设有消防供水系统,专门供给厂区、厂房、发电机和油系统等的消防用水。

一、消防用水的要求

(一)水量

机电设备的消防用水,通常是指主厂房消防栓用水、发电机灭火用水、油库水喷雾灭火装置用水、变压器和开关站及电缆层等电气设备的消防用水。

上述机电设备,在同一时间内发生的火灾次数,一般情况下按一次考虑。

消防用水量按以下两项灭火用水中的最大一项用水量确定:

(1)一个设备一次灭火的最大灭火水量。

(2)一个建筑物一次灭火的最大灭火水量。

(二)水压

水电站消防供水,可分为低压消防用水和高压消防用水两个系统。

低压消防用水主要是供主厂房消防栓和发电机灭火用水,以及采用小流量喷头的变压器、油罐、电缆的水喷雾灭火装置,供水压力为 0.3~0.5 MPa。高压消防用水主要是供变压器、油库等处的大流量水喷雾灭火装置等,供水压力为 0.5~0.8 MPa。

地面主厂房屋外宜采用高压或临时高压给水系统,地下厂房、封闭厂房或坝内厂房的地面辅助生产建筑物宜采用低压给水系统。

高压或临时高压给水系统的管道压力,应保证当消防用水量达到最大,且水枪布置在主厂房屋外其他任何建筑物最高处时,水枪充实水柱不得小于 10 m。低压给水系统的管道压力,应保证灭火时最不利点消防栓的水压不小于 $10 mH_2O$(从地面算起)。

(三)水质

要求供水水质清洁,不得堵塞喷孔及喷雾头。

二、消防供水水源与供水方式

(一)消防供水水源

要有充足而可靠的水源作为消防水源,保证有足够的水量和水压。电站设计时,消防供水水源应与技术供水水源同时考虑。水电站的生产、生活供水的技术要求基本上能满足消防给水的要求时,可合用一个水源。消防供水的水源可以是上游水库或下游尾水。当生活水池有足够的水压时,也可选作消防水源。当消防给水压力高于生产、生活供水压力时,一般可利用生产、生活供水水源加压后供给消防给水,或单独设置高压消防供水系统。

(二)消防供水方式

消防供水的方式是根据消防设备所需的水压以及电站的水头,它同电站的技术供水方式一样,亦可分为自流供水、水泵供水、混合供水,以及消防水池供水等几种方式。

(1)自流供水方式。对于水头大于 30 m 的水电站,消防供水系统的水源可从电站的上游和电站的技术供水管道中引入,设置单独的消防供水总管与各消防设备连接,组成电站自流供水方式的消防系统。为了保证在任何情况下均能供给消防用水,其取水口不应少于两个。对于高水头电站,为了避免因水压过高而损坏消防设备,要求在其消防水源的取水口处设置减压设备。

(2)水泵供水方式。对于水头低于 30 m 的水电站,因自流供水水压不能满足消防要求,应采用水泵供水方式,设置两台专用的消防水泵,一台工作、一台备用,备用水泵的工作能力不应小于一台主要水泵。消防水泵通常采用离心泵,其取水口多设在电站下游。为了保证消防水泵在任何情况下都能充水启动,应保证水泵随时处于完好备用状态,水泵设底阀,充水水源可从电站技术供水主联络管中引水。消防水泵的工作电源必须十分可靠,通常采用双回路或双电源供电;水泵的启停一般采用人工手动方式操作,规定在火警后 5 min 内消防水泵应能投入工作。

(3)混合供水方式。在水头为 30 m 左右的水电站,消防供水可采用自流供水和水泵供水结合、互为备用的混合供水方式。即当电站的水头低于 30 m 时,消防用水以水泵供水为主;当水头高于 30 m 时,则以自流方式供水。

(4)消防水池供水方式。为保证消防供水的水量和水压,可在电站适当位置设置专用的消防水池,储存一定的消防水量,以备火灾事故扑救之用。也可将消防水池与电站技术供水、生活供水的水池相合并,但应有确保消防用水的水量不作其他用处的技术措施。

水电站的消防给水,可根据水电站水头,按不同设备对消防水压的要求,选用自流供水、水泵供水或消防水池供水等方式。当采用单一供水方式不能满足要求时,可采用混合供水方式。消防给水方式应经技术经济比较选定。消防给水宜与厂房内生产、生活供水系统结合,但应保证消防必需的水量和水压。当技术上不可能或经济上不合理时,可采用独立的消防给水系统。对于不同的消防供水方式,应根据水电站的运行水头范围,选择不同的消防取水方式,可按表 9-12 选择。

表 9-12　消防供水的取水方式

水头	低压消防	高压消防	说明
30 m 以下	水泵直接供水	水泵直接供水	水泵取水口一般设在下游。其位置应当在水电厂任何运行方式的情况下都能充水。应设专用的取水口和备用取水口。 一般需设置储存 10 min 消防用水的水箱
30~60 m	自流供水	自流引水再用水泵加压	自流供水可自坝线直接取水或从压力钢管上取水。取水口不少于两个
60~100 m	自流减压供水	自流供水	
100 m 以上	水泵供水或自流减压供水	水泵供水或自流减压供水	有条件布置水池时,可采用消防水池供水

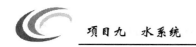

（三）消防供水设备

为确保消防给水的安全,消防给水管道应与生产、生活供水管道分开,设置独立的消防给水管道。为了防止消防管道与消防设备的堵塞,在水质较差的地方应设置滤水器。消防水泵一般设置两台,一台工作、一台备用,双电源供电。消防水泵的吸水管不宜合用一根水管路。在冰冻地区,消防取水口应有防冻措施。

三、厂房消防

水电站厂房内部及厂区的消防,除设置必要的灭火器外,主要的消防设备是消防栓,依靠消防栓中经过软管、水枪喷出的水柱灭火。

（一）厂房消防用水量的计算

厂房消防用水量与同时喷水的消防栓数量有关,主厂房内发电机层消防栓的数量和位置应通过计算水柱射程决定,消防供水的原则是必须保证两相邻消防栓的充实水柱能在厂房内最高最远的可能着火点处相遇。

根据《水利工程设计防火规范》(GB 50987—2014)的规定,水电站主厂房内消防栓的用水量与厂房的高度、体积有关,应根据同时使用的水枪数量和充实水柱高度确定,并且不应小于表9-13的规定。厂房灭火延续时间按2 h考虑。

表9-13　屋内消防栓用水量

建筑物名称	高度、体积	同时使用水枪数量（支）	每支水枪最小流量(L/s)	消防栓用水量（L/s）
厂房	高度≤24 m、体积≤10 000 m³	2	2.5	5
	高度≤24 m、体积>10 000 m³	2	5	10
	高度>24~50 m	5	5	25
	高度>50 m	6	5	30

（二）消防栓的选择与布置

消防栓及软管、水枪均为标准产品,可根据需要选用。消防栓通常采用$\phi 50 \sim \phi 65$ mm的消防软管,并配用喷嘴直径为13~19 mm的消防水枪。国内生产的消防软管,工作压力为0.75 MPa,最大试验压力达1.5 MPa。

主厂房内消防栓可按一机组段或每两机组段设置一个,具体应视机组间距大小而定。主厂房内发电机层消防栓的间距不宜大于30 m,并应保证有两支水枪的充实水柱能同时到达发电机层任何部位。当发电机层地面至厂房顶的建筑高度大于18 m时,可只保证桥式起重机轨顶以下实际需要保护的部位有两支水枪的充实水柱同时到达。主厂房发电机层以下各层消防栓的位置和数量,可根据设备布置和检修要求确定。消防栓的布置方式一般采用单列式,即沿厂房长度方向布置在发电机层的一侧。但当厂房较宽、消火水龙头喷射水柱有效半径不能满足要求时,应采用双列式,即布置在厂房两侧,如图9-38所示。

消防栓一般嵌入厂房侧墙内,高度应设置在离发电机层地面上1.2~1.3 m处,以方便操作。

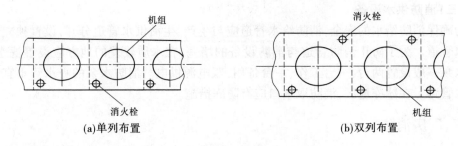

(a)单列布置   (b)双列布置

图 9-38 消防栓在厂房内的布置

主厂房外部也应设置消火干管,应沿厂区道路设置,一般与厂内干管平行并相互连成环状管路(联络管由手动阀控制)。在厂外的适当位置,如主厂房两端,设置消防栓。厂外干管还应延伸至其他生产用建筑,并布置相应的消防栓。厂区消防栓的间距在主厂房周围不宜大于 80 m,在其他建筑物周围不应大于 120 m,其数量和位置应使每一建筑物都能保证有两股充实水柱灭火。

(三)主厂房消防供水的水力计算

主厂房消防供水水力计算的目的:一是校核在给定水压下每个消防栓的灭火范围;二是根据该厂房消防所需的充实水柱高度来确定消防供水水压。

1. 消防栓喷射水柱有效半径计算

每个消防栓喷射水柱的有效半径可按下式计算:

$$R = L + H_k \tag{9-32}$$

式中　R——消防栓喷射水柱有效半径,m;

　　　L——消防水龙带(消防软管)长度,m,通常采用 10 m、15 m、20 m 三种;

　　　H_k——喷射水柱密集部分的长度,即水柱的有效射程,m。

消防栓喷射水柱的有效半径与喷射水柱的有效射程有关,其喷射高度由消防供水压力决定。当水头为 H_0 的水由水枪喷嘴垂直向上射出时,由于空气阻力使射流掺气,射流离开喷嘴后逐渐分散,其喷射高度 H_B 小于 H_0,有部分水头 ΔH 消耗于克服大气阻力。最高喷射高度 H_B 由三部分组成,即紧密部分、破裂部分和分散部分,如图 9-39 所示。其中,前两部分之和为 H_k,其水柱集中、水流密实,称为充实水柱,亦称为密集部分,是灭火的有效部分。

设计时,H 的数值应大于发电机层地面至灭火最高点的距离,再加上 6~8 m 裕量,因为灭火时不能垂直向上浇射。

2. 消防供水水压计算

根据试验,最高喷射高度 H_B 与喷嘴出口处水压力 H_0 的关系为

$$H_B = \frac{H_0}{\varphi H_0} \quad (\text{m}) \tag{9-33}$$

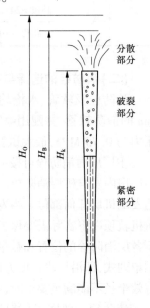

图 9-39 消防水枪射流示意图

式中　φ——与喷嘴直径有关的系数,见表9-14。

表9-14　喷嘴直径与系数 φ 的关系

喷嘴直径 d(mm)	10	11	12	13	14
φ	0.022 8	0.020 9	0.018 3	0.016 5	0.014 9
喷嘴直径 d(mm)	15	16	19	22	25
φ	0.013 6	0.012 4	0.009 7	0.007 7	0.006 1

喷射高度 H_B 与充实水柱 H_k 的关系为

$$H_B = \alpha H_k(\text{m}) \tag{9-34}$$

式中　α——与 H_B 有关的系数,见表9-15。

表9-15　系数 α 与 H_B、H_k 关系

H_B(m)	7	9.5	12	14.5	17.2	20
α	1.19	1.19	1.2	1.21	1.22	1.24
H_k(m)	6	8	10	12	14	16
H_B(m)	24.5	26.8	30.5	35	40	48.5
α	1.27	1.32	1.38	1.45	1.55	1.6
H_k(m)	18	20	22	24	26	28

确定了消防栓位置和最远最高的可能着火点后,可计算出充实水柱高度 H_k。通过表9-15查取 α,即可计算出 H_B。

由式(9-33),可得喷嘴出口处水压力 H_0,即

$$H_0 = \frac{HB}{1 - \varphi HB} \quad (\text{m}) \tag{9-35}$$

消火供水水压 H,即

$$H = H_0 + H_1 + H_2 \tag{9-36}$$

式中　H——消火供水水压,m;

　　　H_1——消火管网的水力损失,m;

　　　H_2——消防水龙带(消防软管)的水力损失,m。

消防水龙带(消防软管)的水力损失 H_2 可由下式计算:

$$H_2 = AQ^2L \quad (\text{m}) \tag{9-37}$$

式中　Q——流量,L/s;

　　　L——水龙带长度,m;

　　　A——水龙带(消防软管)的阻力系数,可按表9-16选取。

表 9-16　消防软管的阻力系数 A 值

消防软管	软管直径		
	50 mm	65 mm	75 mm
橡胶水龙带	0.007 50	0.001 77	0.000 75
帆布水龙带	0.015 00	0.003 85	0.001 50

火灾发生后形成的强烈冷热空气对流,对消防水枪射流影响很大,使充实水柱的作用半径减小。对于直流水枪的充实水柱高度,喷嘴压力水头和喷嘴流量间的关系,可按表 9-17 进行换算。

表 9-17　直流水枪的密集射流技术数据换算

充实水柱 (m)	喷嘴在不同口径时的压力水头和流量									
	ϕ 13 mm		ϕ 16 mm		ϕ 19 mm		ϕ 22 mm		ϕ 25 mm	
	压力水头 (m)	流量 (L/s)	压力水头 (m)	流量 (L/s)	压力水头 (m)	流量 (L/s)	压力水头 (m)	流量 (L/s)	压力水头 (m)	流量 (L/s)
6	8.1	1.7	8.0	2.5	7.5	3.5	7.5	4.6	7.5	5.9
7	9.6	1.8	9.2	2.7	9.0	3.8	8.7	5.0	8.5	6.4
8	11.2	2.0	10.5	2.9	10.5	4.1	10.0	5.4	10.0	6.9
9	13.0	2.1	12.5	3.1	12.0	4.3	11.5	5.8	11.5	7.4
10	15.0	2.3	14.0	3.3	13.5	4.6	13.0	6.1	13.0	7.8
11	17.0	2.4	16.0	3.5	15.0	4.9	14.5	6.5	14.5	8.3
12	19.0	2.6	17.5	3.8	17.0	5.2	16.5	6.8	16.0	8.7
13	24.0	2.9	22.0	4.2	20.5	5.7	20.0	7.5	19.0	9.6
14	29.5	3.2	26.5	4.6	24.5	6.2	23.5	8.2	22.5	10.4
15	33.0	3.4	29.0	4.8	27.0	6.5	25.5	8.5	24.5	10.8
16	41.5	3.8	35.5	5.3	32.5	7.1	30.5	9.3	29.0	11.7
17	47.0	4.0	39.5	5.6	35.5	7.5	33.5	9.7	31.5	12.2
18	61.0	4.6	48.5	6.2	43.0	8.2	39.5	10.6	37.5	13.3
19	70.5	4.9	54.5	6.6	47.5	8.7	43.5	11.1	40.5	13.9
20	98.0	5.8	70.0	7.5	59.0	9.6	52.5	12.2	48.5	15.2

四、发电机灭火

水轮发电机着火主要是由于发电机定子绝缘事故引起的。运行中的发电机可能由于定子绕组发生匝间短路、接头开焊等事故而引起燃烧。发电机起火后燃烧快,蔓延迅速,特别对于密闭式循环空气冷却的发电机,由于风道内部空间较小,消防人员难以进入,起火后扑灭较困难。为了避免事故的扩大,应设置灭火装置。

(一) 发电机灭火方式

目前水轮发电机采用的灭火方式有三种:水、二氧化碳和卤代烷。

以二氧化碳(CO_2)为灭火剂,主要作用是降低空气中氧气的相对含量,其次是降低燃烧物的温度。由于 CO_2 是一种不导电的惰性气体,故适宜扑灭带电设备的火灾。CO_2 灭火较迅速,灭火后能快速散逸,不留痕迹,来源广泛,对生态影响小,所以国外水轮发电机一般选用 CO_2 灭火装置。

卤代烷灭火剂是通过对燃烧的化学抑制作用即负催化作用而达到迅速灭火的。卤代烷灭火剂的分子中含有一个或多个卤素原子的化合物,目前以 1211(二氟一氯一溴甲烷)灭火剂应用较广,它是一种无色略带芳香味的气体,分子式为 $CBrClF_2$,化学性质稳定,能有效地扑灭电气设备火灾、可燃气体火灾、易燃和可燃液体火灾,以及易燃固体的表面火灾。卤代烷灭火剂的缺点是价格昂贵,经济性差;其分解物对人体有一定毒性;灭火剂中含有氟,大量使用可能导致地球臭氧层的破坏,对生态环境极为不利,因此卤代烷灭火剂势必被其他的灭火剂替代。

利用水作为灭火剂,由于水的汽化热高,比热大,导热系数小,水汽化变成水蒸气后容积迅速扩大,灭火时因水受热汽化,一方面吸收大量的热量,降低燃烧物及四周的流度;另一方面,水蒸气在燃烧物周围形成一个绝热层,并使燃烧物周围的氧浓度迅速降低,即可迅速将火扑灭,故用水灭火效率高,加之取水容易、价廉、经济性好,因此是目前国内外普遍采用的灭火方式。水作为水轮发电机的灭火剂也存在缺点,如一旦使用后会使定子铁芯的硅钢片锈蚀,使绕组绝缘电阻下降;事故后必须对绕组进行清洗、烘干,恢复发电机绝缘;灭火钢管可能发生生锈堵塞,事故时难以打开。此外,还要防止水进入轴承或制动器及机坑内的其他电气设备。

上述三种灭火方式的应用比例大致为:CO_2 灭火方式约占 35%;水灭火方式约占25%;卤代烷灭火方式大约仅占 8%;此外,还有近 32% 的机组未设置灭火装置。

从灭火方式的应用来看,欧美一些国家主要采用 CO_2 灭火方式,中国、日本、俄罗斯和加拿大等国家主要采用水灭火方式。由于发电机绝缘介质的耐燃性能不断提高,国外机组也有不采用灭火措施的。

发电机灭火不宜采用砂土、泡沫灭火剂灭火。砂土易进入发电机内部,堵塞定子通风槽隙,事后清理十分困难。泡沫灭火剂会造成发电机绝缘的污损。

以前认为采用消防水对发电机进行灭火对电机绝缘不好,事实证明水对绝缘的影响并不严重。因为绕组是经过绝缘处理的,防水性能良好,水分不易渗透到绝缘内层。在消火期间发电机绕组的绝缘性能将可能完全丧失,但这只是暂时性的,绕组经过烘干后绝缘性能能够恢复到正常水平,仍可继续使用。

我国以前运行的水轮发电机普遍采用喷孔射水灭火方式,由于喷孔射水灭火存在一些缺点,改进后采用喷雾灭火装置。与喷孔射水灭火相比,水喷雾灭火装置的优点是:减少了灭火水量,缩短了灭火时间;水喷雾对发电机线棒的冲击压力小,可以减轻对线棒的破坏程度;适用水头比较广泛,便于已建电站的技术改造。此外,由于喷雾灭火的耗水量小,故管路的压力损失也小,所以当一些低水头电站不能满足喷孔射水所要求的水压时,可以采用水喷雾灭火装置。

按照《水轮发电机基本技术要求》(GB/T 7894—2023)的规定,额定容量为12.5 MVA及以上的水轮发电机,应在发电机定子绕组端部的适当位置装设水喷雾灭火装置。

(二)发电机消防装置

图9-40所示为发电机环形灭火管道系统布置图。此种灭火系统的上环管是用角钢和管夹固定于上机架支臂上,下环管用管夹固定于下挡风板上。也有采用垫块和管夹固定于下机架支臂上。为了便于制造和运输,环形管一般分成2、4、6、8等分的管段。

发电机在正常运行时,必须保持足够干燥,以保证线圈的绝缘。因此,设计发电机消防水管时应采取有效措施,严格防止平时有水漏入发电机而造成事故。对有人值班的电站,可手动操作供水。消防供水并不直接连接至发电机的灭火环管,在灭火环管前设置控制阀门与快速接头,平时消防水源至灭火环管的快速接头是断开的,如图9-41所示。需要灭火时,利用软管快速接头与消防水源接通,再开启阀门将消防水引至发电机灭火环管。图9-42为采用固定连接方式的马鞍型发电机消防栓,平时排水阀4打开,防止灭火控制阀门3关闭不严产生的漏水进入灭火环管;发电机灭火时关闭排水阀4,同时打开灭火控制阀门3进行灭火。给灭火环管供水的消防栓,各机组可单独设置,也可与厂房消防栓合并,后者必须采用双水柱式消防栓。

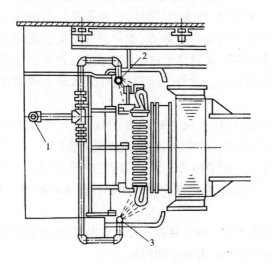

1—总进水管;2—上环管;3—下环管

图9-40 发电机环形灭火管道系统布置图

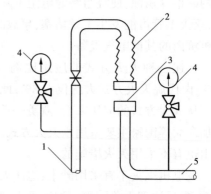

1—引自消防水管;2—消防软管;3—快速接头;
4—压力表;5—至发电机灭火环管

图9-41 灭火环管供水快速接头

　　水喷雾灭火管道系统采用双路进水结构,如图9-43所示。上、下环管通过三通与进水管相连。上、下环管采用紫铜管或不锈钢管或其他能防锈蚀的管材,进水管可用镀锌钢管。上、下环管可按结构尺寸的许可,布置一定数量的喷头。喷头的布置应使水雾喷射到定子绕组的所有部分,包括端部。喷头的间距控制在60~90 mm,根据需要采用两排或多排交错分布。

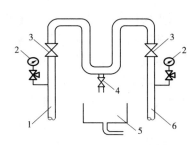

1—引自消防管;2—压力表;
3—灭火控制阀门;4—排水阀;
5—集水器;6—至发电机灭火环管

图 9-42　马鞍型发电机消防栓

　　水电站也可采用自动灭火装置,如图9-44所示。在发电机风罩内装设电离式烟探测器、感温式火灾探测器等。探知火情后,立即将信号送至中控室报警、记录,并使消防自动控制装置中的电磁阀2开启,压

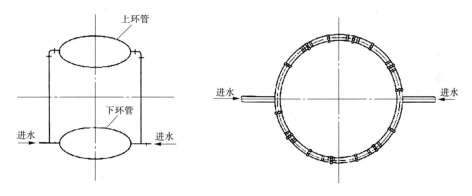

图 9-43　灭火环管双路进水示意图

力水进入环管喷水灭火。在该装置中,还设置有电磁阀6,是避免因电磁阀2关闭不严密导致有消防水漏入发电机而设置的。排水电磁阀6平时开启,将电磁阀2的漏水排入排水系统,灭火时电磁阀6关闭。集水器3中设有水位信号器4,当排水管堵塞或漏水量过大时,均可发出信号,从而提高发电机运行的安全性。

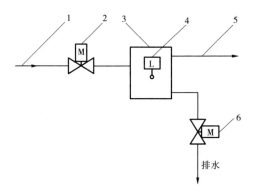

1—引自消防水源;2、6—电磁阀;3—集水器;4—水位信号器;5—至灭火环管

图 9-44　发电机消防自动控制装置

发电机消防必须按照严格的操作程序进行,防止发电机消防装置的误投。在对发电机

进行灭火操作前,首先应确认发电机是否起火,可通过烟雾、绝缘焦糊气味、火光以及电气表计反映和监视、保护装置动作情况判定。此时机组如未停机,应立即操作机组事故停机。在确认发电机出口断路器和灭磁开关已跳开、机端无电压后,方可打开消防供水阀门进行灭火。消防供水阀门打开后,还应在水车室观察是否有水从下机架盖板处流出,确认消防水已可靠投入。水轮发电机灭火延续时间为 10 min,在确认发电机火灾已消灭后,关闭消防供水阀门。在灭火期间,应将发电机风洞门关闭,不允许破坏风洞密封,以阻止火势蔓延,灭火过程中不准进入风洞。火灾熄灭后进风洞检查时,必须佩戴防毒面具,并有两人以上同行。

(三)发电机消防供水的水力计算

发电机水喷雾灭火系统的流量、消防用水量和喷头数量的确定,可参考以下方法估算:

(1)确定喷水作用面积 $A(\text{m}^2)$。可根据发电机定子尺寸,计算喷水灭火时水雾需要覆盖的面积。

(2)选定喷水强度 p'。根据《水利工程设计防火规范》(GB 50987—2014)的规定,水轮发电机采用水喷雾灭火时,在发电机定子上下端部绕组圆周长度上喷射的水雾水量,不应小于 10 L/(min·m²)。

因此,p' 应不低于 10 L/(min·m²) = 0.167[L/(s·m²)]。

(3)计算灭火系统喷水流量 Q,即

$$Q = (1.15 \sim 1.30)p'A = (1.15 \sim 1.30) \times 0.167A[\text{L}/(\text{s·m}^2)]$$
$$= (0.192 \sim 0.217)A(\text{L/s}) \tag{9-38}$$

式中　Q——灭火系统喷水流量,L/s。

(4)选定喷头直径 d。一般取喷头直径为 $d = 15$ mm。

(5)计算每个喷头的出水量 q,即

$$q = K\sqrt{\frac{p}{9.8 \times 10^4}} \tag{9-39}$$

式中　q——喷头出水量,L/min;

p——喷头工作压力,Pa,一般取 $p = 9.81 \times 10^4$ Pa;

K——喷头流量特性,当喷头直径为 15 mm,$K = 80$。

将 K 值代入式(9-39),得

$$q = 80 \times \sqrt{\frac{9.81 \times 10^4}{9.8 \times 10^4}} \approx 80(\text{L/min}) = 1.33(\text{L/s})$$

(6)确定喷头数量 N,即

$$N = \frac{Q}{q} \tag{9-40}$$

式中　N——喷头数量。

计算喷头数量 N 后,应向上取整数。

五、油系统消火

水电站中的油库油处理室、油化验室等都是消防的重点部位,均需要设置消防设备。油处理室及油化验室一般采用化学灭火器及砂土灭火。当接收新油和排出废油时,为了防止油和干燥的空气沿管道流动与管壁摩擦产生静电引起火灾,在管道出口及管道每隔 100 m 处都应装接地线,并用铜导线将所有的接头、阀门及油罐良好接地。

油库采用的消防设施,应在油库出入口处设置移动式泡沫灭火设备及沙箱等灭火器材。当油库充油油罐总容积超过 100 m³、单个充油油罐的容积超过 50 m³ 时,宜设置固定式水喷雾灭火系统,在储油罐上方加装消防喷头,下部装设事故排油管。发生火灾时,将存油全部经事故排油管排至事故油池。同时消防喷头喷出水雾包围油罐,既降低油罐表面温度,又阻隔空气,从而使明火窒息,防止火灾蔓延和油罐爆炸,从多方面达到灭火的目的。小型水电站可只设置化学灭火器及沙箱。

油罐消防喷头的供水水源与油库的布置位置有关。当油库布置在厂房内时,从厂房消防总管引取;布置在厂房外且与厂房相距较远时,应设置单独的消防水管,阀门则采用手动控制。供水压力应保证喷水雾化,试验证明,常用的消防喷头入口水压为 0.5~0.6 MPa 时,喷水雾化较好,灭火效果显著。

按照《水利工程设计防火规范》(GB 50987—2014)的规定,绝缘油和透平油油罐按要求设置水喷雾灭火时,其喷射的水雾水量不应小于 13 L/(min·m²),油罐火灾延续时间应按 20 min 计算。水喷雾系统的喷头、配管与电气设备带电部件的距离应满足电气安全距离的要求,管路系统应接地,并与全厂接地网连接,以确保消防安全。

六、消防供水系统图

图 9-45 为水电站消防供水系统图。

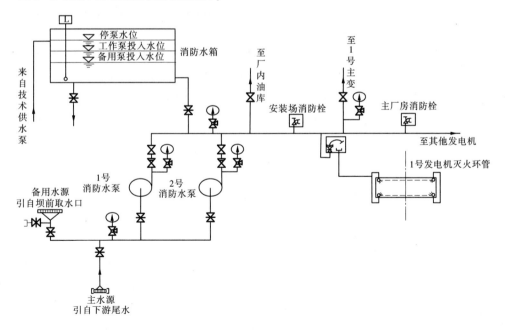

图 9-45　水电站消防供水系统图

消防供水系统设置了两台消防水泵,主水源引自下游尾水,备用水源引自坝前取水口。为了防止水泵出现故障,还设置了消防水箱作为备用水源。消防水箱的水源从技术供水管道引来,由浮子式液位信号器控制供水水泵向消防水箱补水。发生火灾时,先由两台消防水泵供水灭火;当水量不足时,打开消防水箱同时供水。为了迅速扑灭火灾,也可在消防水泵开启的同时打开消防水箱。消防供水系统也可与技术供水系统放在一起考虑。

任务七　排水系统的分类和排水方式

一、排水系统的分类

排水系统一般分为检修排水系统和渗漏排水系统两大部分。

(一)生产用水的排水

生产用水的排水是指技术供水系统中用水设备的排水,包括发电机空气冷却器的排水、发电机上下导轴承和推力轴承油冷却器的排水、稀油润滑的水轮机导轴承油冷却器的排水、油压装置油冷却器的排水等。

生产用水具有排水量大和设备位置较高等特点,可以用自流的方式直接排至下游,一般将这部分排水归于供水系统中考虑,而不在排水系统中单独列出。

(二)检修排水

当机组水下部分或厂房水工建筑物水下部分检修时,必须将低于下游尾水位的压力引水管道(包括引水隧洞和压力钢管)中的积水、蜗壳积水和尾水管的积水抽排干净,同时还要考虑抽排上下游闸门因密封不严密而产生的漏水等。

检修排水的特点是排水量大,设备位置低,只能采用水泵排水。为了保证机组的检修工期,排水时间应短。另外,还应根据上下游闸门的漏水量,选择足够容量的水泵,避免由于水泵容量过小,造成排水时间过长,甚至抽不干积水的不良后果。检修排水方式应可靠,防止尾水通过排水系统中的某些缺陷倒灌进入厂房,造成水淹厂房的严重后果。

(三)渗漏排水

厂内渗漏排水包括厂内水工建筑物的渗水、机组主轴密封与顶盖漏水、压力钢管伸缩节漏水及各供排水阀和管件的渗漏水、气水分离器及储气罐的排水、管道冷凝水、低洼坑积水和生活污水等。渗漏水的存在不仅造成厂房内湿度增大,导致各种机电设备运行环境的恶化而影响运行安全,而且威胁厂房安全。

渗漏排水的特点是排水点多、排水量小且不确定性因素多,因此很难用计算方法对水量的大小予以确定,需要设置集水井收集各处的渗漏水。为保证收集全厂所有地方的渗漏水,渗漏集水井一般设于水电站的最低位置处,渗漏水不能靠自流排出,需要配备水泵进行抽排。针对渗漏水水量的不确定性,一般是在渗漏排水系统中配置两台或两台以上互为备用的水泵,根据集水井中的水位自动启停,将渗漏水抽排至下游。

(四)厂区排水

厂区排水是指将厂区内的地面雨水排至厂外。根据厂区的降雨量、地形、地质、厂区建筑物的布置密度和厂区道路的布置等条件,一般可选择自然排水、明沟排水或暗管排水等方式。当厂区位置低无法通过自流方式排水时,需设置厂区排水泵对积水进行抽排。需要注意的是,厂区排水应自成系统,不能与检修排水或渗漏排水合并,以避免洪水期的雨水进入厂房。

二、检修排水

(一)检修排水量的计算

检修排水量的大小,取决于压力引水管道(包括引水隧洞和压力钢管)、蜗壳和尾水管内的积水和下游尾水位的高程,以及上、下游闸门的漏水量。水电机组一般在蜗壳和压力钢管的最低处设有排水阀,经管道与尾水管相通。机组检修排水时,先将机组进水阀或进水口闸门关闭,打开压力钢管排水阀和蜗壳排水阀,使其中尾水位以上部分的积水经尾水管自流排至下游。当压力引水管道、蜗壳及尾水管中的水位与下游尾水位持平时,关闭尾水闸门,利用检修排水泵将剩余的积水抽排至下游,如图 9-46 所示。

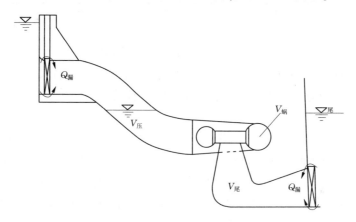

图 9-46　检修排水量计算示意图

进水阀或进水口闸门关闭后,机组过水流道中高于下游尾水的水由检修排水阀经自流排至下游,一般均可在较短的时间内完成,而且排水时也不需要增加其他排水设施,因此通常无须计算这部分排水量的大小。但当压力引水管道较长时,这部分排水所需的时间不能忽略,需要在检修工期中予以考虑。

机组检修时的下游尾水位,通常按一台机组检修、其余机组在额定工况下运行时的尾水位来考虑。若检修期间电站上游有泄洪流量或者水工建筑物有下泄流量(如船闸等),下游尾水位则应按实际情况加以确定。

低于下游尾水位的积水,无法通过自流方式排除,需要用排水泵进行抽排。这部分积水容积可按下式计算:

$$V = V_压 + V_蜗 + V_尾 \qquad\qquad (9-41)$$

式中　V——检修排水总积水容积,m^3;

　　　$V_压$——压力引水管道积水容积,m^3;

　　　$V_蜗$——蜗壳积水容积,m^3;

　　　$V_尾$——尾水管积水容积,m^3。

设计计算时,$V_压$按压力引水管道的结构尺寸和布置情况考虑,$V_蜗$和$V_尾$根据制造厂提供的蜗壳和尾水管的图纸尺寸计算,也可根据图 9-47 和图 9-48 中的曲线进行估算。

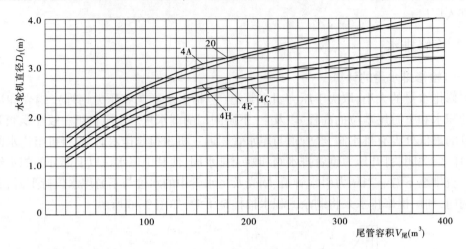

图 9-47　尾水管排水量计算曲线

检修排水过程中,上下游闸门虽然关闭,但水封处仍然存在漏水,漏水量与闸门的止水方式、密封形式、制造工艺水平和安装质量等因素有关。闸门单位时间的漏水量可按下式计算:

$$Q_漏 = q_1 l_1 + q_2 l_2 \tag{9-42}$$

式中　$Q_漏$——上、下游闸门单位时间漏水量总和,m^3/h;

q_1、q_2——上、下游闸门水封每米长度的单位时间漏水量,一般进水口闸门取 3~6 $m^3/(h \cdot m)$,尾水闸门取 6~10 $m^3/(h \cdot m)$,也可根据闸门的止水方式从表 9-18 选取;

l_1、l_2——上、下游闸门水封长度,m。

表 9-18　闸门止水方式与单位漏水量 q 的关系

闸门止水型式	漏水量[$m^3/(h \cdot m)$]	闸门止水型式	漏水量[$m^3/(h \cdot m)$]
可调节橡皮止水	1.8	木止水	7.2
固定式橡皮止水	2.7	金属止水	9.0
包有帆布带的木止水	4.5		

表 9-18 中的闸门止水型式,如图 9-49 所示。

(二)检修排水方式

检修排水按其排水的方式不同,可分为直接排水和廊道排水两种类型。

1. 直接排水

检修排水泵由管道和阀门与每台机组的尾水管连通,机组检修时,检修排水泵直接从尾水管将积水抽排至下游。直接排水的方法:机组停机后,关闭水轮机进水阀,待过水流

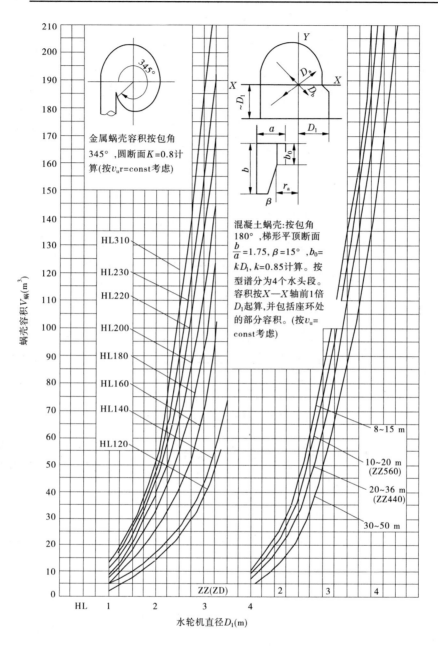

图 9-48　蜗壳排水量计算曲线

道内的水位与尾水平齐后,再关闭尾水闸门,最后将机组过水流道内的积水通过埋设的固定管道和检修排水泵排至尾水。采用这种排水方式时,因尾水闸门内外形成压差慢,导致尾水闸门在排水初期漏水量较大。对于小型电站,有时为了节省投资采用移动式潜水泵作为检修排水泵,当有抽排任务时直接将潜水泵吊入尾水闸门的内侧抽排积水,检修完毕后,再将潜水泵吊出,以避免潜水泵长期浸泡水中而受潮,如图 9-50 所示。

　　直接排水所需的设备少而简单,投资省,占地少,运行安全可靠,是国内大多数电站所采用的方式。

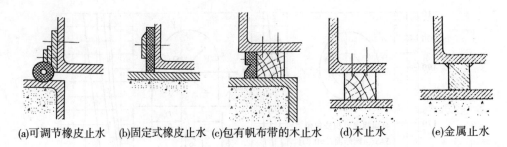

(a)可调节橡皮止水　　(b)固定式橡皮止水　　(c)包有帆布带的木止水　　(d)木止水　　(e)金属止水

图 9-49　闸门止水型式

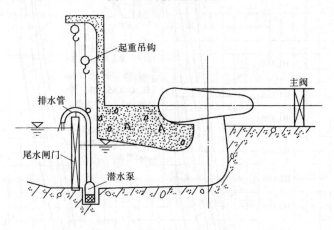

起重吊钩

排水管

主阀

尾水闸门

潜水泵

图 9-50　移动式排水泵布置图

2.廊道排水

廊道排水又称为间接排水。水电站厂房水下部分设有较大容积的排水廊道,廊道顶部高程一般应低于尾水管底板高程。机组检修时,先将低于下游尾水位的机组过水流道内的积水迅速排到排水廊道,再由检修排水泵从排水廊道抽排至下游。由于排水廊道容积足够大,由尾水管向廊道排水时,尾水管内的水位下降迅速,使得尾水闸门内,外侧形成的水压差迅速增加,并将闸门紧压在闸室上,使闸门的漏水量迅速减少,这对缩短排水时间是非常有利的。

当水电站厂房水下混凝土的体积较大时,可采用廊道排水方式。这种排水方式操作比较方便,但排水廊道的工程量较大。是否采用廊道排水方式,应考虑厂房水下部分有无设置廊道的位置,以及在工程投资方面的合理性。采用廊道排水方式时,排水廊道通常要兼顾检修排水和渗漏排水。为了防止排水期间的积水倒灌进入厂房,排水廊道的进人门必须是密封和耐压的,并应设有通气孔。

(三)检修排水泵的选择

1.水泵生产率计算

检修排水时总的排水流量可按下式计算:

$$Q = \frac{V}{t} + Q_{漏} \tag{9-43}$$

式中　Q——检修排水流量,m^3/h;

　　　V——检修排水总积水容积,m^3;

t——检修排水时间,一般取 $4 \sim 6$ h,对于大型机组及长输水隧洞或长尾水隧洞的机组,可取 $8 \sim 16$ h;

$Q_{漏}$——上下游闸门单位时间的漏水量总和,m^3/h。

检修排水泵的设置应不少于两台,无须备用,每一台泵的生产率为

$$Q_{泵} = \frac{Q}{Z} \tag{9-44}$$

式中　$Q_{泵}$——水泵生产率,m^3/h;

　　　Z——水泵台数。

在抽排完过水流道内的积水后,检修人员便可开始检修工作。为确保在整个检修期间检修工作的顺利进行和检修人员的人身安全,尾水管内应无积水或积水水位在允许范围内。考虑上下游闸门存在漏水,需设置一台泵与排除上下游闸门的漏水,而其余水泵则停止运行转为备用。承担排除上下游闸门漏水的水泵,其生产率应大于上下游闸门漏水量的总和,即

$$Q_{泵} > Q_{漏} \tag{9-45}$$

最后由式(9-44)和式(9-45)确定水泵的生产率。

2. 水泵扬程计算

检修排水泵的总扬程应按尾水管底板最低点的高程与检修时的下游尾水位之差,并考虑管道阻力所引起的水头损失来确定,可按下式计算:

$$H_{泵} = \nabla_1 - \nabla_2 + \Delta H + \frac{v^2}{2g} \tag{9-46}$$

式中　$H_{泵}$——检修排水泵扬程,m;

　　　∇_1——检修时下游的尾水位,m,一般按正常尾水位或全厂一台机器检修其他机组都发额定出力时的尾水位考虑;

　　　∇_2——尾水管底板最低点的高程,m;

　　　ΔH——管道总水力损失,m;

　　　$\frac{v^2}{2g}$——管道出口速度水头,m。

3. 水泵类型选择

机组的检修排水量较大,而且受检修工期的限制,对水泵扬程和运行可靠性也有一定的要求,检修排水泵常用卧式离心泵或立式深井泵。也有一些电站采用潜水泵,新建电站多选用立式深井泵。现在使用的卧式离心泵可以不装设底阀,而用水环式真空泵或射流泵作为离心泵的启动充水排气设备,以补离心泵的不足。

对于冲击式水轮机,可采用移动式潜水泵,当机组检修时,临时放在尾水坑内进行排水。对于多泥沙河流的电站,需增设泥浆泵来排除蜗壳、尾水管、排水廊道、检修集水井内的淤泥,具体方法是先用压缩空气将淤泥搅混,然后启动泥浆泵排除。

4. 自动化要求

检修排水泵只在机组检修期间投入运行,对自动化程度没有特殊要求,当条件不具备时甚至可以采用手动操作,而无须自动控制。基于投资成本的考虑,早期修建的中小型水电站检修排水几乎均采用手动操作来控制水泵的启停,甚至有些大型电站的检修排水也采用手

动控制。随着自动化成本的大大降低,以及电力生产企业对机组检修安全性重视程度的提高,目前新建水电站的检修排水基本上均采用自动控制,而原来采用手动控制的也在进行自动化改造。对于仍采用手动控制方式的检修排水,在排尽尾水管里的积水后继续排除上下游闸门的漏水时,为防止因人为的疏忽而造成事故,可按水位控制水泵的自动启停。

三、渗漏排水

水电站厂房内各种渗漏水,一般通过排水沟和排水管引至厂房最底部的集水井中,再用渗漏排水泵排至下游。

渗漏排水系统一般是在全厂设置一个集水井和相应的排水设备,以简化系统结构和节省投资。有些电站根据具体情况,分设多个集水井并配置相应的排水设备。如漫湾水电站,根据排水对象的不同分设有大坝、水垫塘和主厂房三个独立的渗漏排水系统;鲁布革水电站因地下水较多而在地下厂房中设置了三个独立的渗漏排水系统。

(一)渗漏水量的估计

渗漏水量是设计渗漏排水系统的重要依据。厂内渗漏水量与水电站的地质条件、枢纽布置、施工质量、设备制造和安装质量、季节影响等多种因素有关,一般很难用计算方法准确地确定。在渗漏排水系统设计时,一般先由水工专业组提出厂房水工建筑物的渗漏水量估计值,然后参考已运行的同类型水电站渗漏水量的大小,结合本水电站的实际情况,并考虑一定的裕量,确定出渗漏水量。当同类型水电站运行资料不多时,估算值可能误差较大,这只能依靠选择水泵容量和设计集水井时留有一定的裕量来弥补。

(二)集水井容积的确定

厂内的渗漏水通过排水管与排水沟,引至设在厂房最底部的集水井。设置集水井后,渗漏排水泵不必连续运行,而是每隔一段时间启动一次。当集水井中的水位达到一定高度时,由渗漏排水泵排至下游,直至集水井中的水位下降到停泵水位。

集水井水位和容积的示意图如图 9-51 所示。

集水井内,工作水泵启动水位与停泵水位之间的容积称为集水井的有效容积。渗漏集水井的有效容积不能过小,否则排水泵启停频繁,一般按容纳 30~60 min 的渗漏水量来考虑,即

$$V_集 = (30 \sim 60)q \cdot (\mathrm{m}^3) \tag{9-47}$$

式中　$V_集$——渗漏集水井的有效容积,m^3;

q——渗漏水量,$\mathrm{m}^3/\mathrm{min}$。

由于影响渗漏水量的因素较多,在确定集水非有效容积时,很难预计电站建成后土建部分和机组设备的渗漏水情况。在电站渗漏排水系统的设计过程中往往不再估算渗漏水量的大小,而是根据本电站厂房布置情况,参考类似已建成电站的渗漏排水数据,直接确定集水井的有效容积。在不增加开挖量和土建投资的情况下,适当增大集水井有效容积,可减少水泵启动频度,增加水泵启动后的连续运行时间,这有利于延长渗漏排水系统各设备的使用寿命。

在水电站的渗漏排水系统中,一般应配置两台或两台以上的排水泵,其中一台为工作水泵,其余为备用水泵,以保证渗漏水的可靠排除。当集水井中的水位超过工作泵启动水

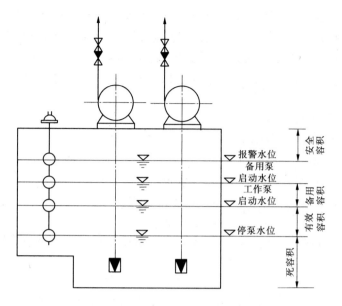

图 9-51　集水井水位和容积示意图

位后继续上升到一定高度时,备用泵将启动。工作泵启动水位至备用泵启动水位之间的集水井容积称为集水井的备用容积。

若集水井中的水位在备用泵启动后仍继续上升,当上升到一定高度时,将有报警信号发出,以提醒运行人员及时处理渗漏排水系统的故障。有的电站备用泵启动时就发警报,不另设报警水位。

备用泵启动水位至报警水位的距离,以及工作泵启动水位至备用泵启动水位的距离,主要由液位信号器两个发警报信号液位之间的距离决定。该距离不宜过小,否则在水位波动时不能保证自动控制的准确性。一般要求两个发警报信号水位距离不小于 0.3~0.5 m。

集水井布置在厂房底层,应能将最低层设备及该层地面的渗漏水依靠自流排入集水井。采用卧式离心泵时,按此要求确定集水井井顶高程。报警水位至不允许淹没的厂房地面之间,应留有一定的安全距离,以保证报警之后运行人员能有一定的时间采取必要的临时措施,防止水淹厂房,集水井的这一部分容积称为安全容积。

停泵水位至井底的距离,则取决于底阀的大小和底阀进水对上面覆盖水深的要求,以及为了防止水位太低把井底脏物吸入损坏叶轮或轴承而对底阀下缘至井底距离的要求。如深井泵的第一级叶轮必须浸在水下 1~3 m,以免振动等不良后果。根据上述要求即可确定集水井井底高程。泵水位以下的容积称为集水井的死容积。

(三) 渗漏排水泵选择

1. 水泵生产率计算

渗漏排水泵的生产率按 10~20 min 内排干集水井有效容积中的积水来考虑,可按下式计算渗漏排水泵的生产率:

$$Q_{泵} = \frac{V_{集}}{(10 \sim 20)/60} \tag{9-48}$$

式中　$Q_{泵}$——渗漏排水泵的生产率,m³/h。

2. 水泵扬程计算

渗漏排水泵扬程,应按集水井最低工作水位(停泵水位)与下游最高尾水位之差,以及克服管道阻力所引起的水力损失来考虑,即可按下式计算:

$$H_泵 = \nabla_1 - \nabla_2 + \Delta H + \frac{v^2}{2g} \tag{9-49}$$

式中　　$H_泵$——渗漏排水泵扬程,m;

　　　　∇_1——下游最高尾水位,m;

　　　　∇_2——集水井停泵水位,m;

　　　　ΔH——管道口水力损失,m;

　　　　$\frac{v^2}{2g}$——管道口速度水头,m。

渗漏排水泵一般选两台,一台工作,另一台备用。每台泵的流量与扬程都应满足计算值的要求。

3. 水泵类型选择

渗漏排水泵工作的可靠性直接关系到厂房内设备和人身的安全。渗漏排水泵多采用卧式离心泵或立式深井泵,也有电站采用射流泵或立式潜水泵。

卧式离心泵具有结构简单、维护方便和价格便宜等优点。卧式离心泵受水泵吸出高度的限制,水泵安装位置较低,水泵电机易受潮。另外,离心泵在启动前,泵体必须充满水,否则无法正常工作。卧式离心泵多用于中小型水电站的渗漏排水。

立式深井泵的叶轮在水下不存在诸如离心泵的吸程和启动前充水问题,而且电机安装位置较高,受潮和被淹的可能性较小。但是立式深井泵的传动轴很长,结构比较复杂,维护要求高,价格较贵。近年来投产的大中型水电站,绝大部分都选用立式深井泵。电站采用立式深井泵抽排渗漏水时,应考虑轴承润滑水的自动投入与切除,即在泵启动前,先供给清洁的轴承润滑水,在泵启动一段时间后再自动切除。

立式潜水泵具有与立式深井泵相同的优点,且耗电少、效率高、安装方便,但因其电机长期浸在水中,对密封要求较严,而且检查和维护也不方便。在检修和维护时,一般都是将其吊离水面后在修配车间进行。另外,潜水泵的容量一般都较小,造价较高,这是该类型泵应用不多的主要原因。

射流泵具有结构简单、运行可靠、造价低廉等优点,尤其是射流泵不以电能为动力,所以在水电站失去厂用电的紧急情况下,射流泵仍可以保证渗漏水的正常排除,不致造成水淹事故。另外,射流泵还具有不怕潮湿和不怕被淹等特点,即使泵房进水,仍不影响射流泵的正常工作。这是以电能为动力来源的其他类型泵无法做到的。但射流泵的效率很低,工作范围较窄。在有高压水流或压缩空气气源的情况下,可将射流泵与其他类型泵做技术经济比较,如果确有明显的优势,可采用射流泵作为渗漏排水的工作泵或备用泵。

(四)自动化要求

渗漏排水泵的启停频繁,而渗漏水的来水情况又很难预计,稍有不慎出现排水泵未及时启动,就可能造成水淹泵房,甚至水淹厂房的事故,国内已发生过多起此类事故。为了提高渗漏排水的可靠性,渗漏排水泵的启停一般均采用自动控制方式,即根据集水井水位,自动实现工作水泵和备用水泵的启停,并在备用水泵启动或达到报警水位时发出报警信息,以提醒运行人员及时进行处理,避免事故的扩大。

思考与习题

1. 水电站技术供水的对象及其作用是什么?

2. 水电站技术供水系统的任务是什么? 技术供水系统由哪些部分组成?

3. 水电站各种用水设备对供水的基本要求是什么?

4. 水电站水的净化与处理各包括哪些内容与方法?

5. 水电站技术供水水源的选择原则是什么?

6. 水电站技术供水水源有哪些? 各有何特点?

7. 水电站技术供水方式有哪几种? 各适用于哪些水头范围?

8. 水电站技术供水系统的设备配置方式有哪些类型? 各有何特点?

9. 水电站的消防供水有哪些对象? 消防供水的要求是什么?

10. 消防供水的水源和供水方式如何确定?

11. 水电站厂房消防供水的原则是什么?

12. 发电机消防的方式有哪些?

13. 发电机、厂房与油设备室消防供水的水压、水量的确定方法是什么?

14. 水电站技术供水系统设计的原则与基本要求是什么?

15. 什么是水电站技术供水系统图? 拟定技术供水系统时应考虑哪些方面的问题? 如何分析水电站技术供水系统的优劣?

16. 水电站技术供水系统取水口的设置有哪些要求?

17. 水电站常用供水泵的种类与特点是什么? 选择水泵时应满足哪些条件?

18. 怎样确定卧式离心泵的安装高程?

19. 水电站技术供水系统为什么要进行水力计算? 水力计算的方法与要点是什么?

20. 水电站技术供水管道的压力分布和允许真空不符合要求时对运行会产生什么影响?

21. 水电站技术供水系统的自动化要求是什么?

22. 水电站排水内容有哪些? 其分类、特点与排水方式各是什么?

23. 渗漏排水和检修排水的特点各是什么?

24. 渗漏排水集水井的容积是如何确定的? 各控制水位如何确定?

25. 检修排水应排除哪些积水? 排水如何计算? 其中闸门漏水量应如何考虑?

26. 检修排水方式有哪些? 各有何优缺点? 检修排水多采用什么形式的水泵?

27. 计算检修排水泵扬程时下游水位按什么情况确定?

28. 检修排水泵和渗漏排水泵的操作各采用什么方式?

29. 渗漏排水泵的类型主要有哪些?

30. 卧式离心泵启动之前为什么要进行充水? 启动前充水有哪些方法?

31. 排水系统图的设计原则和要求是什么?

32. 渗漏排水和检修排水在排水系统设计中,什么时候需要分开使用? 什么时候可以结合在一起使用? 各有什么优缺点?

33. 排水系统中通常设置哪些自动化元件? 实现哪些自动化操作与控制?

参 考 文 献

[1] 沈祖诒. 水轮机调节[M]. 3 版. 北京:中国水利水电出版社,1998.

[2] 蔡维由. 中小型水轮机调速器的原理调试与故障分析处理[M]. 北京:中国电力出版社,2006.

[3] 蔡燕生. 水轮机调节[M]. 2 版. 郑州:黄河水利出版社,2006.

[4] 程远楚. 水轮机自动调节[M]. 北京:中国水利水电出版社,2010.

[5] 魏守平. 水轮机调节[M]. 武汉:华中科技大学出版社,2009.

[6] 周泰经. 水轮机调速器实用技术[M]. 北京:中国水利水电出版社,2010.

[7] 郭中枢. 中小型水轮机调速器的使用与维护[M]. 北京:中国水利水电出版社,1997.

[8] 魏守平. 现代水轮机调节技术[M]. 武汉:华中科技大学出版社,2002.

[9] 吴甲铨. 调速器的运行与故障分析[M]. 北京:中国水利水电出版社,1997.

[10] 李国晓. 水轮机调速器运行与维护[M]. 北京:中国水利水电出版社,2012.

[11] 郭建业. 高油压水轮机调速器技术及应用[M]. 武汉:长江出版社,2007.

[12] 伍哲身. 水轮机调节[M]. 郑州:黄河水利出版社,2002.

[13] 林亚一. 水轮机调节及辅助设备[M]. 2 版. 北京:中国水利水电出版社,1995.

[14] 范华秀. 水力机组辅助设备[M]. 2 版. 北京:中国水利水电出版社,1987.

[15] 陈存祖,吕鸿年. 水力机组辅助设备[M]. 北京:中国水利水电出版社,1995.

[16] 李郁侠. 水力发电机组辅助设备[M]. 北京:中国水利水电出版社,2013.

[17] 马素君. 水电厂辅助设备运行与监测[M]. 郑州:黄河水利出版社,2013.

[18] 肖志怀,蔡天富. 中小型水电站辅助设备及自动化[M]. 北京:中国电力出版社,2006.

[19] 水电站机电设计手册编写组. 水电站机电设计手册(水力机械)[M]. 北京:水利电力出版社,1989.

[20] 骆如蕴. 水电站动力设备设计手册[M]. 北京:水利电力出版社,1989.

[21] 国家市场监督管理总局,国家标准化管理委员会. 水轮机调速系统技术条件:GB/T 9652.1—2019[S]. 北京:中国标准出版社,2019.

[22] 国家市场监督管理总局,国家标准化管理委员. 水轮机调速系统试验:GB/T 9652.2—2019[S]. 北京:中国标准出版社,2019.

[23] 中华人民共和国工业和信息化部. 水轮机调速器及油压装置 系列型谱:JB/T 7072—2023[S]. 北京:中国机械工业出版社,2023.